可持续太阳能住宅

——示范建筑与技术

（下册）

［瑞士］罗伯特·黑斯廷斯
［瑞典］玛丽娅·沃尔 编著
邹 涛 译

中国建筑工业出版社

著作权合同登记图字：01-2008-3164号

图书在版编目（CIP）数据

可持续太阳能住宅——示范建筑与技术（下册）/（瑞士）黑斯廷斯，（瑞典）沃尔编著；邹涛译. —北京：中国建筑工业出版社，2012.11
ISBN 978-7-112-14538-6

Ⅰ.①可… Ⅱ.①黑…②沃…③邹… Ⅲ.①太阳能住宅-工程技术 Ⅳ.①TU241.91

中国版本图书馆CIP数据核字（2012）第173545号

Sustainable Solar Housing—Exemplary Buildings and Technologies edited by Robert Hastings and Maria Wall

First published by Earthscan in the UK and USA in 2007

本书由英国 Earthscan出版社授权翻译出版

责任编辑：程素荣　孙立波　尹珺祥
责任设计：赵明霞
责任校对：肖　剑　刘　钰

可持续太阳能住宅
——示范建筑与技术
（下册）
［瑞士］罗伯特·黑斯廷斯
［瑞典］玛丽娅·沃尔　编著
邹　涛　译
*
中国建筑工业出版社出版、发行（北京西郊百万庄）
各地新华书店、建筑书店经销
北京嘉泰利德公司制版
北京富生印刷厂印刷
*
开本：787×1092毫米　1/16　印张：17½　插页：4　字数：440千字
2012年12月第一版　2012年12月第一次印刷
定价：**58.00**元
ISBN 978-7-112-14538-6
（22600）

前　言

将住宅室内采暖的终端能耗减少到1/4～1/10是一个极具挑战的目标。而此类住宅项目的持续增长，正表明这样的目标不仅是可能实现的，而且在实际市场环境也是经济可行的。

本书共分两册。本册首先介绍了6个示范住宅项目，包括了独栋、联排及多户住宅，涉及了从瑞典林多斯到瑞士苏黎世等不同地区的多种气候条件。这些项目兼顾了美学价值与高性能的特点，其能源需求很低，全生命周期环境影响也很小。

这些项目之所以能够获得成功，是因为设计优秀，且技术应用合理。本册亦提供了相关技术信息，包括建筑围护结构、通风系统、传热（主要经送风）、产热、储热、发电及控制系统。

伴随高品质建筑部品的市场需求逐步提高，且有越来越多的建筑师具备了此类项目的设计经验，在预期能源价格持续上涨的情况下，此类项目的相关成本可望持续降低。高性能住宅的前景非常乐观！

Robert Hastings

S·罗伯特·黑斯廷斯
AEU建筑、能源和环境有限公司
瑞士，沃尔利琵伦

Maria Wall

玛丽亚·沃尔
能源与建筑设计部
隆德大学
瑞典，隆德

目 录

前言

引言

I.1 事实 …… 1
I.2 示范建筑 …… 2
I.3 技术 …… 3
I.4 结论 …… 7

第一部分 示范建筑

1. 概述 …… 11
1.1 项目的多样性 …… 11
1.2 建筑围护结构与构造 …… 12
1.3 技术系统 …… 13

2. 瑞典哥德堡林多斯被动式住宅项目 …… 15
2.1 项目描述 …… 15
2.2 能源 …… 18
2.3 经济性 …… 22
2.4 改进型产品 …… 23
2.5 总结 …… 23

3. 德国盖尔森基兴太阳能住宅 …… 25
3.1 项目描述 …… 25
3.2 能源 …… 28
3.3 全生命周期分析 …… 32
3.4 经济性 …… 35

4. 苏黎世Sunny Woods公寓楼 …… 37
4.1 项目描述 …… 37
4.2 能源 …… 39
4.3 全生命周期分析 …… 43
4.4 经济性 …… 49

5. 瑞士施坦斯Wechsel公寓楼 …… 53
5.1 项目描述 …… 53
5.2 能源 …… 55
5.3 全生命周期分析 …… 61
5.4 经济性 …… 66
5.5 经验总结 …… 66

6. 维也纳Utendorfgasse被动房公寓楼 …… 69
6.1 项目描述 …… 69
6.2 能源 …… 70
6.3 经济性 …… 74

7. 奥地利Thening正能源住宅 …… 77
7.1 项目描述 …… 77
7.2 能源 …… 77
7.3 经济性 …… 84

第二部分 技术

8. 简介 …… 89

9. 建筑围护结构 …… 91
9.1 不透明建筑围护结构 …… 91
9.2 建筑构造中的热桥 …… 100
9.3 门和门廊 …… 103
9.4 透明保温层 …… 109
9.5 窗户 …… 117
9.6 遮阳装置 …… 128

10. 通风 …… 139
10.1 通风基本原理 …… 139
10.2 通风类型 …… 141
10.3 高性能住宅的通风系统 …… 145
10.4 通风热回收 …… 149

11. 传热 …… 157
11.1 通风采暖 …… 157
11.2 辐射采暖 …… 163

12. 产热 …… 169
12.1 主动式太阳能供热：空气集热器 …… 169
12.2 主动式太阳能供热：水 …… 175
12.3 矿物燃料 …… 182
12.4 直接电阻式供暖 …… 184
12.5 生物质 …… 186
12.6 燃料电池 …… 189
12.7 区域供热 …… 194
12.8 热泵 …… 200
12.9 土壤对空气换热器 …… 204
12.10 土壤耦合热泵和地热能 …… 210

13. 显热储热 …… 215
13.1 储热 …… 215
13.2 潜热储热 …… 220

14. 电力 ········ 223
14.1 光伏系统 ········ 223
14.2 光伏-光热混合模块和聚光部件 ········ 227
14.3 家用电器 ········ 233

15. 建筑信息系统 ········ 239
15.1 简介 ········ 239
15.2 总线系统和传输系统 ········ 239
15.3 EIB在住宅领域的领先优势 ········ 245
15.4 安装总线在住宅领域的应用 ········ 245
15.5 应用BIM实现节能 ········ 247
15.6 成本 ········ 248
15.7 家庭自动化系统的市场认可度和未来发展 ········ 249
15.8 概括与展望 ········ 249

附录1 一次能源与CO_2换算系数 ········ 253
附录2 国际能源署 ········ 257
缩略语表（List of Acronyms and Abbreviatious） ········ 265
撰稿人名称（List of Contributors） ········ 269

引 言

S.Robert Hastings

I.1 事实

当前，建造或翻新住宅的设计应考虑下面两个基本事实：

1. 在建筑使用寿命期内，石油和天然气不再是价格便宜又安全的能源。
2. 可再生能源必然会取代价格昂贵的化石燃料。

因此，住宅的设计目标应当是实现超低能耗。而这在理论上竟然是出乎想象地容易实现，仅需要做到以下几步即可：

- 把能源需求降至最低：
  — 减少围护结构传导热损失和通风热损失；
  — 回收排风中的热量以加热新风；
  — 应用高效技术系统。
- 应用可再生能源：
  — 合理开窗增加太阳能得热与利用
  — 主动式太阳能供热系统与生物质燃料；
  — 光伏（PV）系统。

事实上，这不仅在理论上很容易实现，这样的住宅项目在欧洲已建成4000多个。高性能建筑的室内采暖终端能耗仅为15kWh/（m^2·a），甚至更低。其室内采暖、热水供应和技术系统电耗的一次能源消耗总量不超过45kWh/（m^2·a）。到目前为止，这种住宅的建造成本最多比普通住宅高10%。而你可以把这看做是建设符合未来需求的住宅所必须做的投资。

这项投资的回报之一，是舒适性的提高，譬如：

- 采用自动调节通风以改善空气质量；
- 更好的热舒适性，因为内墙表面，尤其是窗户表面，不再过于寒冷；
- 更好的自然采光，通过良好的设计达到最佳采光效果。

本书将探讨6个高性能住宅项目，它们拥有高水平的能源性能和舒适度。这些项目所在气候区范围包括寒冷气候（瑞典）和温和气候（德国、瑞士、奥地利）。它们代表各种住宅类型（独栋住宅、联排住宅以及公寓），包括轻型框架和砖石构造类型。

图I.1　位于奥地利Thening的独栋住宅

资料来源：Karin Kroiss，UWE Kroiss Energiesysteme，AT 4062 Kirchberg–Thening，www.energiesysteme.at

本书将展示用于建造高性能住宅的各种技术选择，着重在围护结构、通风、配热（通常采用通风系统）、产热、热储存、发电与电气用具等方面。

I.2　示范建筑

这里所选的示范项目都有某种突出的特性。

瑞典林多斯（Lindas）的联排住宅让人印象深刻，因为它即便在欧洲北部冬夜漫长的寒冷气候区，仍然能够实现高性能。同样值得注意的是客户与建筑师的精神可嘉，他们不只是建造一座样品房，而是建造了一大片的联排住宅。并且令人赞叹的是太阳能热水的应用，要知道瑞典大约有半年时间白天很短暂，并且常常是阴天。但这一不利条件在另外半年得到了补偿，因为那段时间白天更长，而生活热水需求也可以满足。

德国盖尔森基兴（Gelsenkirchen）的联排住宅，则形成了一个理想的实地试验，以验证不同构造和设计对实现高性能目标的影响。这里需要关注的不仅仅是建筑物使用期间所消耗的能量，还包括从建造到约 50 年预期寿命后最终拆毁的整个寿命期所消耗的能量。而基础设施（如街道和公用设施）在住区总能耗中所占的比例也很值得关注。该项目还是一个示范项目，意图实现从化石燃料依赖的煤炭和重工业经济向新的太阳能时代的转变。这是德国建设 50 个太阳能社区宏大构想的首批项目之一。

苏黎世的 Sunny Woods 项目也表明，建造能源需求小的住宅同样可能成为优秀的建筑设计获奖作品。真空管太阳能集热器与阳台栏杆的结合，为获取被动式太阳能得热和自然采光而设计大面积的窗户，

图I.2 安装真空保温屋面板

资料来源：VARIOTEC GmbH & Co.KG，DE–92318 Neumarkt，http://variotec.de

以及铺设光伏发电板的屋顶，成就了这一项目的美学品质。该项目还证明，超低能耗住宅也可以满足房地产市场高端买家的高期望。

与此相比，瑞士斯坦斯（Stans）的 Wechsel 公寓，比较适合房地产市场的中端客户。在建筑预算内均可实现光伏系统、光热系统以及热回收机械通风系统。

最具挑战性的是将高性能住宅作为社会住宅，因为其成本要控制在国家预算范围内。此时必须充分发挥创造力解决热桥和防火等问题，从而能在不影响建筑性能的前提下实现成本的节约。

最后，位于奥地利 Thening 的独栋住宅作为一种类型，其性能实现了与大型构筑物相当。而“小”本身意味着面积体积比（*A*/*V*）很高，也就是围护结构单位采暖容积得失热表面积会更大。

所有这些项目表明，有很多方法可以实现高性能、超低能耗住宅。本书第一部分将探讨一系列实现高性能的技术。

I.3 技术

如本章开始提到的，第一个目标是在采暖季节将内部热量保持在室内，而在夏季将外部热量隔离在室外。这就是围护结构的主要任务。考虑到舒适度和能源因素，围护结构还必须具有气密性，因而接下来的任务就是要保障新风供给，即需要一个通风系统。第三项任务是生产或分配用于室内采暖或生活热水的少许热量。最后一项任务便是供应电力。与建筑物供暖一样，其首要目标是将电力需求降到最低。只要在客户预算范围内，就可考虑应用太阳能来生产电力。

I.3.1 围护结构

围护结构设计的困难在于如何做到以尽量薄的墙体实现高水平的保温，并且同时要避免热桥。此时，物理现象是一种令人无奈的限制。

与大部分固态物质相比，空气是不良导热体，而多数保温材料正是通过封闭静态的空气来阻止热流的。例如矿棉、玻璃纤维、聚苯乙烯、聚氨酯以及自然保温材料如纤维、秸秆、羊毛和软木。不幸的是，实现高水平保温效果需要不计其数的静态空气微囊——于是墙体和屋面往往很厚，这会使居住空间有所缩小。

另一种方法是阻止辐射热和对流热的传导。目前的最佳选择是真空隔热板（VIP），目前有许多家公司都经营这种真空隔热板。示范项目中有住宅整体采用了真空隔热板保温，然而其成本对于拓宽市场而言仍然显得太高。目前，在特殊部位应用真空隔热板较受欢迎，譬如铺设在屋顶平台上。窗户——围护结构最薄弱的环节，也在应用这类技术来优化其 U 值。玻璃空腔层内侧表面的选择性涂层，可以防止热量从室内散失到外界。为进一步降低热损失，空腔内的空气用氩气或氪气取代。

除了保温方面，建筑施工还必须细致认真，避免出现热桥（如建筑结构构件穿透保温材料）并实现高气密性。当然，还应避免昂贵的围护结构因受潮而损害。

最后需要特别强调，如果住宅的保温很好，那么夏天也不易出现过热问题。因为不透明围护结构上的保温层会将热量隔离在室外。窗户至关重要。而关闭着的窗户，无论是装着单层玻璃［U=6.0W/（m^2·K）］或高保温玻璃［U=0.5W/（m^2·K）］，夏季时都会引入过多的热量。于是显而易见的结论是，遮阳措施非常重要，最好是外遮阳，这样可以把热量隔离在外界。

I.3.2 通风

如果说建筑保温不幸因为物理现象而受到了限制，则在室内空气质量方面，是人类自身的因素造成了两个主要的问题。第一，居住者（以及材料）会产生湿气、二氧化碳（CO_2）和气味。第二，房间居住者对空气质量并不敏感。持续敞开的窗户十分浪费能源，而如果要间歇地开关，又会要居住者整晚频繁起床操作。因而，机械通风对于气密性良好的低能耗住宅来说非常重要。为了实现低能耗目标，室内空气中的热量应在排放前先被回收。尽管在商业建筑和公共机构建筑领域——更不必说像飞机那样的情形，人们已经广泛接受了机械通风系统，然而居家的人们会对家庭环境更为挑剔。于是，在低预算的条件下，家庭通风也必须提供十足优秀的功能——譬如要避免热量不均、风感、噪声、传声和灰尘扩散等。并且，通风系统还可以用于传输热量，这也正是下文的主题内容。

I.3.3 热传递与热回收

在围护结构保温非常好的情况下，只需向房间传递极少的热量，即可令室内保持温暖。甚至于完全没有必要对传热系统做大的投资。因而还必须找到一个简单、低成本的方案。很多高性能住宅项目中的办法是将新风加热至50℃。

于是，最寒冷天气条件下，如何供热以确保足量的新风能够被加热到如此高的温度，就成为了一项挑战。还有另一项挑战，即在引入和加热外界干冷空气的同时，如何确保室内湿度不低于可接受水平。

第三个挑战是确保风机的电耗（考虑到电力的一次能源系数高）不会妨碍实现低能耗目标。另一种经常性的能源“开支”是融霜。温暖潮湿的室内空气会造成表面冷凝，如果是和零度以下的外界空气分隔开，则可能冻结甚至阻塞空气通道。一个比较昂贵的方法是经地埋管预热新风。近年来开始用于住宅的另一系统是转轮式热交换器。它一个好处是能从排风中回收湿气来提高新风的湿度。

第一代的住宅通风传热系统还存在一些问题。如今市场上已经出现一些基于经验改良的优化系统。关键在于要少做无用功。

I.3.4 产热

即使是“零能耗住宅”，甚至是“增能住宅”仍需要进行产热。这两个概念都需要让太阳能光伏板发电量等于或超过全年能耗总量（一次能源计算值），从而实现“零能耗”或“增能”概念。但这并不代表这种住宅就不需要输入能源。冬季太阳辐射弱，日照时间短，日光产出能量最低，供热需求更为凸显。此时必须产热。事实上，如果使用电力供热，则因为电力的一次能源消耗正是零能耗或正能源目标的对立面，这会使情况变得不利。于是此时面临的挑战，是如何采用低投资和低生态成本的方法，产出很少的一点热量以满足需求。下面给出了几个可行的方案。

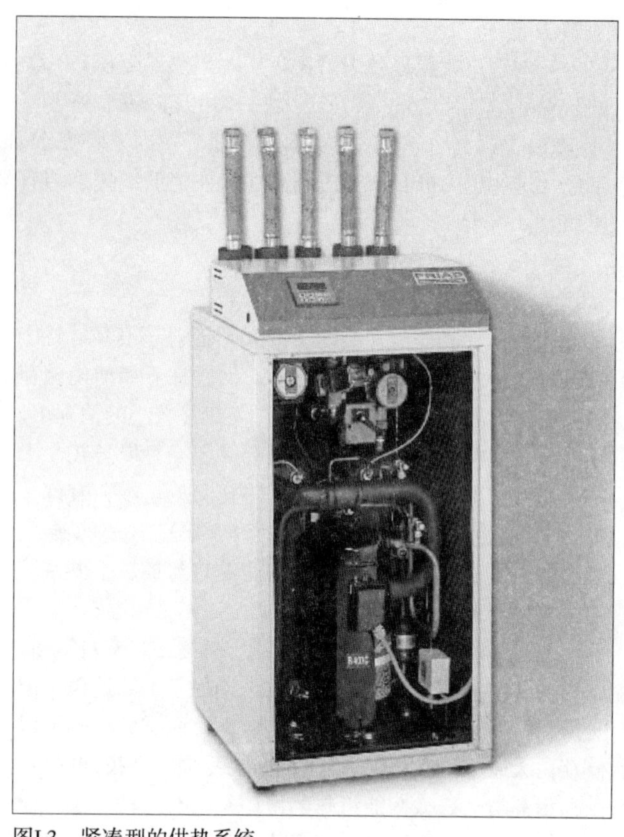

图I.3　紧凑型的供热系统

资料来源：FRIAP AG，CH–3063 Ittigen BE，friap@friap.ch，www.friap.ch

最常见的解决方案是热泵，直接利用排风热量作为热源，或者在温和气候中，应用通风换热器。该方案的局限性是不能在天气非常寒冷时使用，而必须切换到电加热系统。然而，对于多数供热系统来说，1kW 的电最多可以转换为 3kW 热量。如果配有地埋管换热器（在地埋管回路中循环的一种防冻方案），还可提高产热量。

木颗粒燃料炉具有许多优势，譬如以木材为燃料（CO_2 中和）、高度自动化，并且由于应用控制燃烧技术，其效率也很高。

对于公寓楼或者若干联排住宅，冷凝燃气炉可以作为集中供热的解决方案。名义效率可能超过100%。该解决方案的缺点是，由于绝对需热量相对较小，其固定成本、维护和投资费用显得比较高。如果能由多住户共同分担费用，则会更容易获得接受。

由于室内采暖能源需求量很小，生活热水耗热比重增加。其终端能耗甚至会超过采暖。但不同的是，室内采暖目标温度为 20—22℃，而生活热水需加热到 50℃，有时要达到 60℃。系统需要更高的“㶲”（能量做功的能力），因而其产热需求也更大。

考虑到生态效益因素，最适宜的方案是采用太阳能热系统。只需人均 1—2m² 集热器，太阳能热系统就可满足一半热水需求。而从经济角度看，可以认为如果采用了热泵或木颗粒燃料炉，它们也都应该用于加热生活热水。若全年运行，那么其较高昂的投资成本会回收得更快一些。然而从心理上看，把这些技术系统停用半年或更久，仅简单地利用阳光来加热水，也是很有吸引力的做法。

一些客户在深思熟虑后决定扩大集热器面积——譬如从 $6m^2$ 增加到 $20m^2$ 甚至更大——并且将储水箱容量从 500L 提高到 2000L，以及满足一部分室内采暖需求。不过，这些想法也必须考虑到高性能住宅的供暖季会有所缩短。

I.3.5　热储存

投射在住宅外围护结构上的太阳辐射，很容易就能满足全年的室内采暖和热水需求。问题在于如何使储存热损失降至最低，同时经济可行。储热量较小的情况下，阳光充足时可将超过需求的热量存储起来，以备在阴天时使用。太阳能储水箱是一种成熟完善的技术，有许多不同的解决方案，包括保持储水箱内部分层、使热损失最小化，以及通过控制策略规划使储热与集热整体系统的总效率最大化。

对于采暖，最直接的储热方式，就是建筑本身蓄热。木结构住宅遍布欧洲并在北美洲长期处于主导地位，但是缺乏砖石和混凝土结构的蓄热能力。而重型结构可以储存白天通过窗户获取的太阳能得热，而后在夜间释放，从而提高被动式太阳能得热的使用率。有一种方法可以提高轻型结构的储热能力，即使用相变蓄热材料。譬如在石膏板中加入石蜡微粒，可显著增加其热容量。

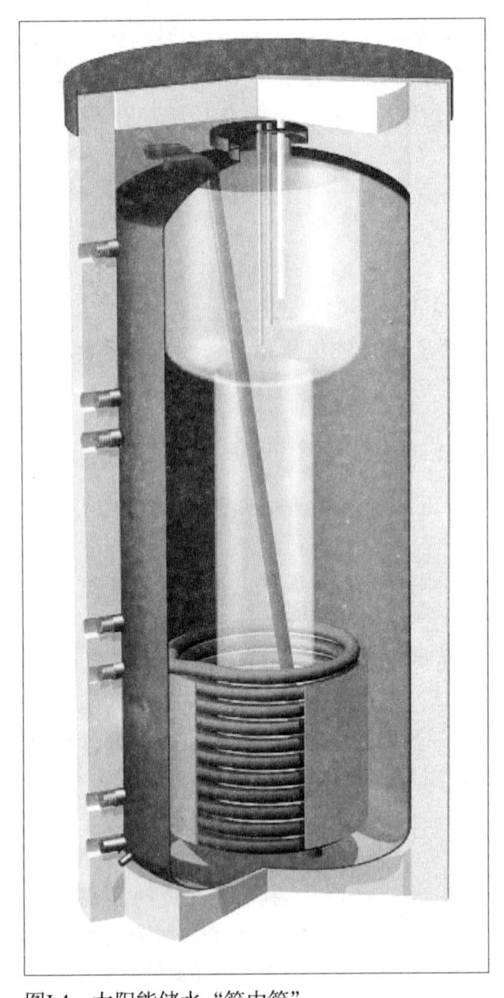

图I.4　太阳能储水“箱中箱”

资料来源：Wagner & Co，Coelbe，www.wagnersolar.com

I.3.6　电力

电力是最昂贵的能源类型，电力生产所消耗的一次能源也是最多的。相应地，用投射在建筑上的太阳辐射来发电是非常好的做法。从光能到电能的光伏转换是一种可靠的技术，不需要活动的部件，不产生噪声，发电无排放，可靠寿命长达几十年，唯一限制是它的成本。必须将每生产 1kWh 光电的投资成本，与每节省 1kWh（即通过建筑保温、高气密性、高性能窗户以及热回收通风系统等）的投资成本进行比较，甚至还需要考虑到一次能源系数。

为了提高光伏系统的产能率并提高其经济价值，一种办法是利用部分光伏板产生的“废”热。假设光伏板最多能把 15% 的太阳能转化为电，则其余 85% 则都被反射或转换为热量流失了。而混合光伏系统的目标，则是获取并利用部分废热——比如新风预热。当然这种方案还必须从经济方面与其他热源（比如换热器热回收）充分比较。

最后，事实上最经济环保的电能，就是那部分节省下来、不需要生产的电力。因此在选择电气设备（以及采暖、通风和热水设备的技术系统）时，应是电力需求越小越好。购买节能洗衣机可以节省的能源，其边际投资效益将比其他节能技术更高。然而还应考虑到构件的寿命。对高水平保温立面的投资，可以在建筑全生命期内实现节能。而一旦建成，进行后期改进就很困难并且会很不经济。

I.4 结论

要实现高性能的超低能耗住宅，理论上是非常简单的：确保低开支（能量损失），并且最大化收益（“免费”的内部和太阳能得热以及热回收）。事实证明这是完全可以实现的，仅在欧洲就已有4000多个此类住宅项目。这些项目的成功不仅因为有建筑设计人员的研习进步，还因为有设备制造商的参与。如今已有相当充分的知识储备可供新设计师“弄清情况”，而且还有许多种优质可靠的部品和系统可以实现高性能目标。本书的目的，就是要和您——高性能住宅的新一代设计者们，分享这些经验。

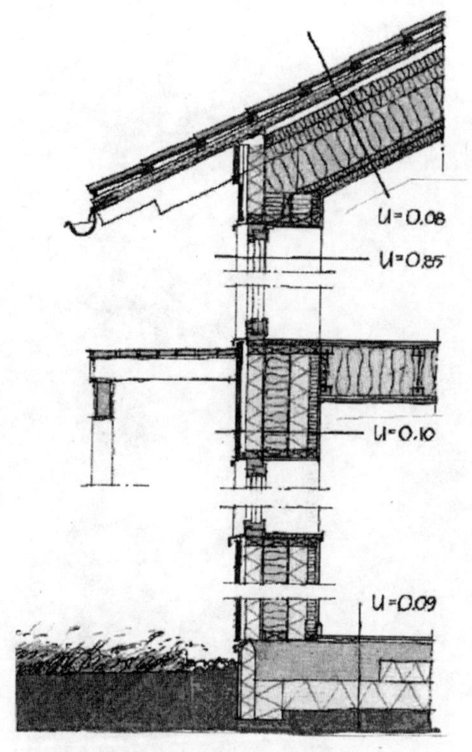

图I.5 瑞典林多斯联排住宅墙体剖面

资料来源：Hans.Eek，Arkitekt Hans Eek AB，Alingsås，Sweden，hans.eek@ivl.se

瑞典哥德堡林多斯被动式住宅项目

SEE CHAPTER 2，PAGES 15–24

Photographs：Maria Wall

瑞典哥德堡林多斯被动式住宅项目

SEE CHAPTER 2，PAGES 15–24

Photographs：Hans Eek

德国盖尔森基兴太阳能住宅

SEE CHAPTER 3，PAGES 25–36

Photographs：Carsten Petersdorff

苏黎世Sunny Woods公寓楼

SEE CHAPTER 4，PAGES 37–52

Photographs：Beat Kämpfen

瑞士施坦斯

Wechsel公寓楼

SEE CHAPTER
5，PAGES 53-68

Photographs：Beda Bossard

维也纳Utendorfgasse被动房公寓楼

SEE CHAPTER 6，PAGES 69-76

Photographs：Helmut Schoeberl

奥地利Thening正能源住宅

SEE CHAPTER 7，PAGES 77–86

Photographs：UWE Kroiss Energiesysteme

第一部分

示范建筑

EXEMPLARY BUILDINGS

1. 概述

Daniela Enz 和 S.Robert Hastings

1.1 项目的多样性

在阅读本书的过程中，一种有趣的线索是观察设计师们是如何把各种策略和技术应用于示范住宅项目，以及达到了何种效果。本章记述了分布在瑞典、德国、奥地利和瑞士的六个工程项目，给出了三种住宅类型：独栋住宅、联排住宅以及公寓楼。本概述将给出它们实现的具体指标及其相关范围。除位于盖尔森基兴的住宅外，其他项目的采暖和热水供应（包含技术系统用电）的一次能耗都达到超低水平（图 1.1.1）。值得关注的是，生活热水的能耗和室内采暖不相上下。

每个项目都有其独特之处。其中一个项目将关注点放在建造被动房的经济性方面，而其他项目则更着重于精细化的能源理念，更关注生态因素的优化或在建筑设计中融入太阳能技术。

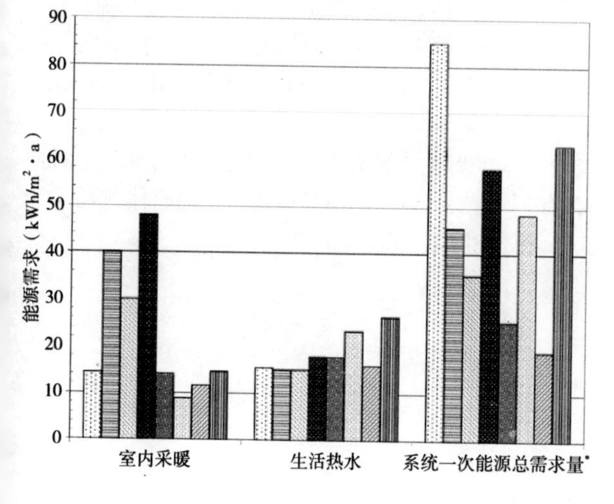

注：采暖、生活热水、泵以及风机系统的一次能源总需求量。不含家庭用电。

图1.1.1　能源需求

资料来源：AEU Ltd，Wallisellen

1.2　建筑围护结构与构造

6个工程项目位于寒冷气候区和温和气候区，因而紧凑建筑形式、高水平保温和高气密性的建筑围护结构，以及热桥最小化，都是降低热损失所必不可少的。图1.2.1表现了此类建筑的围护结构品质很高。除盖尔森基兴低能耗项目之外的其他建筑中，墙体、屋面以及楼板的U值范围都当在0.10—0.15W/（m^2·K）。

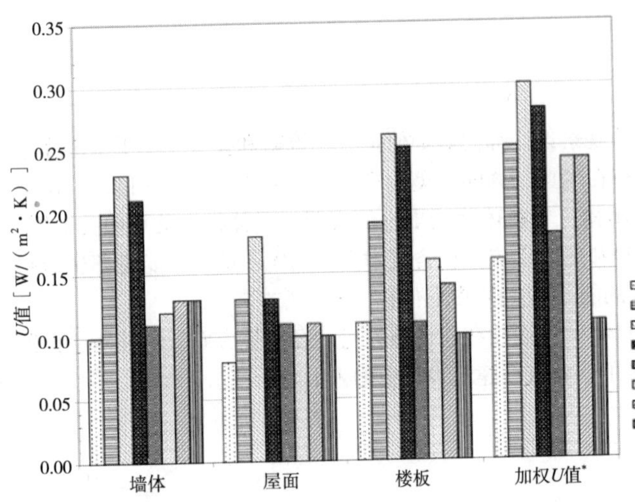

注：建筑围护结构部件的加权平均U值包括了墙体、屋面、楼板、窗户、门等，指每平方米围护结构表面的加权平均U值。

图1.2.1　建筑围护结构各部件的U值

资料来源：AEU Ltd，Wallisellen

高质量窗户也同样很重要。除盖尔森基兴的低能耗建筑以外，窗户（包含窗框与玻璃）U值在0.64—0.9W/（m^2·K）之间。Sunny Woods和Stans这两个项目中，墙体、屋面和楼板的U值都很不错；但是整个围护结构的总平均U值并未达到最佳水平。原因是这两个项目的窗户面积都很大。公允地说，被动式太阳能得热需要和整体围护结构U值变差结合考虑。如图1.2.2所示，所有项目均采用了高质量的窗户。

这些项目多为预制轻型结构或混合结构。研究中采用了累积能源需求法（CED）来比较上述两种结构形式。CED可量化住宅全生命周期——从材料生产、施工、运行到最终拆除——的整体能耗。在第3章介绍的盖尔森基兴太阳能住宅（共71幢住房）将详细展示CED分析内容。

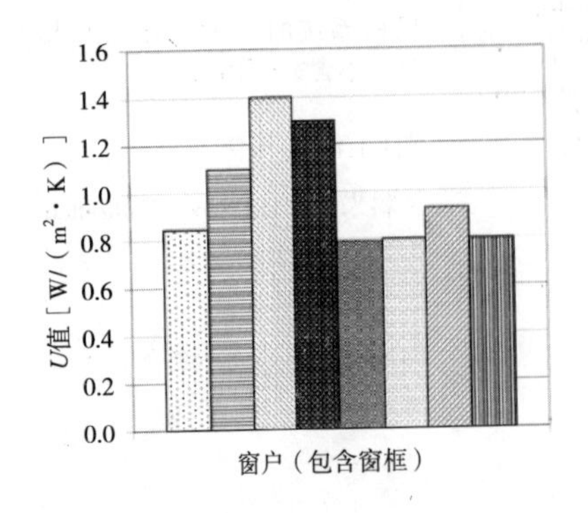

图1.2.2　窗户U值

资料来源：AEU Ltd，Wallisellen

1.3 技术系统

几乎所有被研究的建筑都有太阳能热系统。平板式集热器或真空管集热器既可以设置在立面或屋顶。建筑室内采暖需求非常低，这样就使生活热水供应在终端能耗上显得更加重要。太阳能热水系统，或热水与采暖联合系统可以进一步降低不可再生能源的消耗量。

上述六个工程项目中有四项都在屋顶设有并网光伏设备。各系统提供的电力范围为 1—16kWp（千瓦峰值）。运用了薄膜、多晶或单晶太阳能电池等不同的光电技术。在低能耗建筑中，尤其是考虑一次能源消耗时，电力在能量平衡中的分量很大。

所以项目都有热回收机械通风系统。该系统的效率为 80%—95%。有 3 个项目设有埋地管，可预热新风。这样可以防止换热器在低温下冻结。

剩余热量的生产采用了多种技术，例如热泵、生物质燃料、燃气或电热设备。在林多斯联排住宅项目中就采用了电热方式，如图 1.1.1 所示，这导致其一次能源需求非常高。表 1.3.1 总结了各住宅所采用的各类技术。

技术系统 表 1.3.1

	太阳能直接得热	太阳能集热器	光伏	埋地管	机械通风	热回收	热泵	生物质燃料	燃气	电热
1. 林多斯	•	•			•	•				•
2. 盖尔森基兴	•	•	•		•	•				
3. Thening 住宅	•	•	•	•	•	•	•			
4. Sunny Woods 公寓楼	•	•	•	•	•	•	•			
5. 施坦斯	•	•	•	•	•	•		•		
6. 维也纳	•				•	•			•	

2. 瑞典哥德堡林多斯被动式住宅项目

Hans Eek 和 Maria Wall

2.1 项目描述

瑞典哥德堡以南 20km 的林多斯（Lindås）风景秀丽环境怡人，当地市属企业 Egnahemsbolaget 在这里建造了 20 户住宅。目标是要证明以普通成本建造低需热量住宅是可行的，即便在北欧气候下，这些住宅也无须采用常规供热系统。这些住宅由 EFEM 建筑师事务所设计，并且是与查尔姆斯理工大学、隆德大学能源与建筑设计部、瑞典国家检测研究所以及瑞典环境、农业科学与空间规划研究理事会（Formas）共同合作的研究成果。

图2.1.1　4栋共20户联排住宅，屋顶均安装太阳能集热器

资料来源：Hans Eek

2.1.1　建筑概念

设计建筑的目标是用最低能耗提供优越的室内环境条件。庭院一侧的南立面设置大窗户以充分利用太阳热量。阳台与挑檐可防止住宅在夏季过多接纳太阳辐射。由于联排住宅进深达 11m,外墙相当小，并且有很高的保温和气密性，楼梯间上方的天窗让阳光照进住宅中部，而且夏季还能产生明显的烟囱效应，实现有效通风。

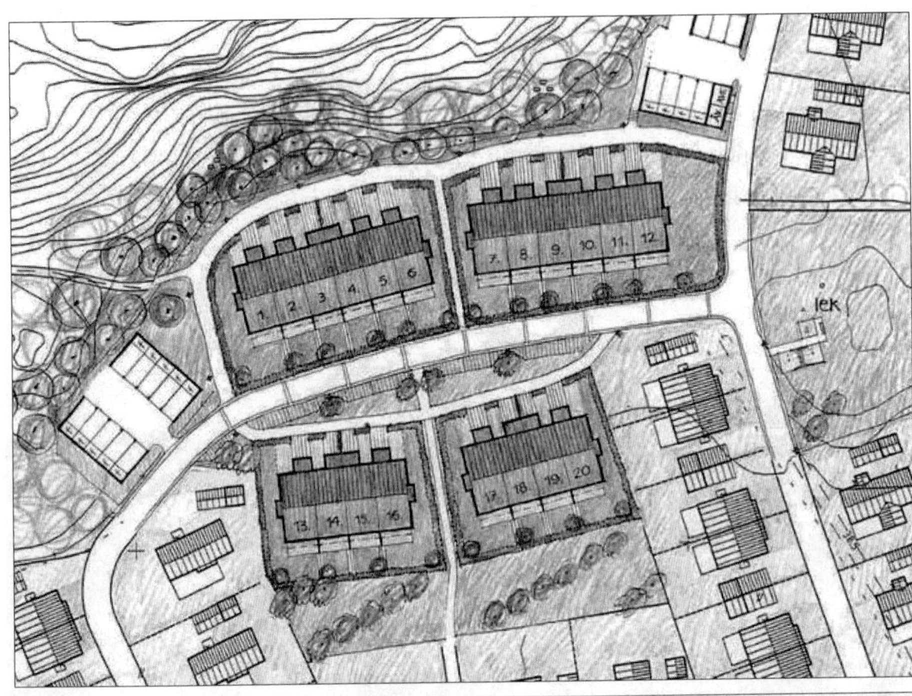

图2.1.2　总平面图

资料来源：EFEM建筑师事务所

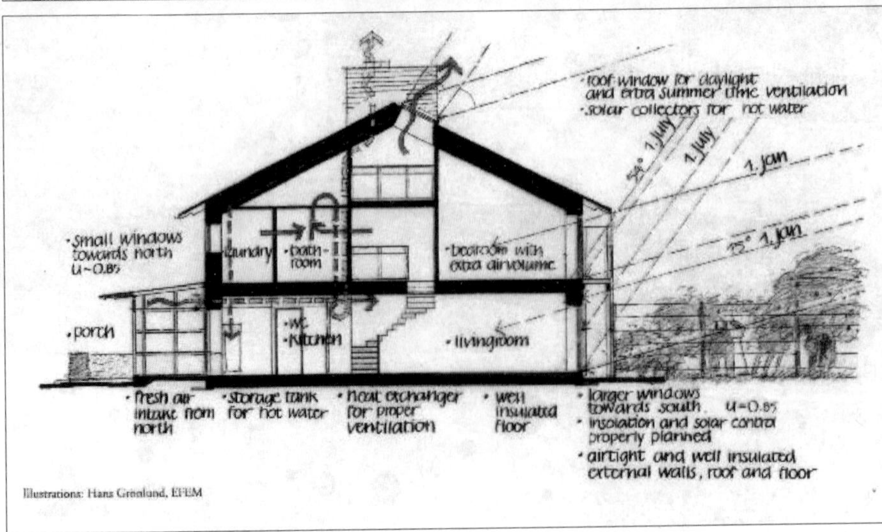

图2.1.3　剖面图

资料来源：EFEM建筑师事务所

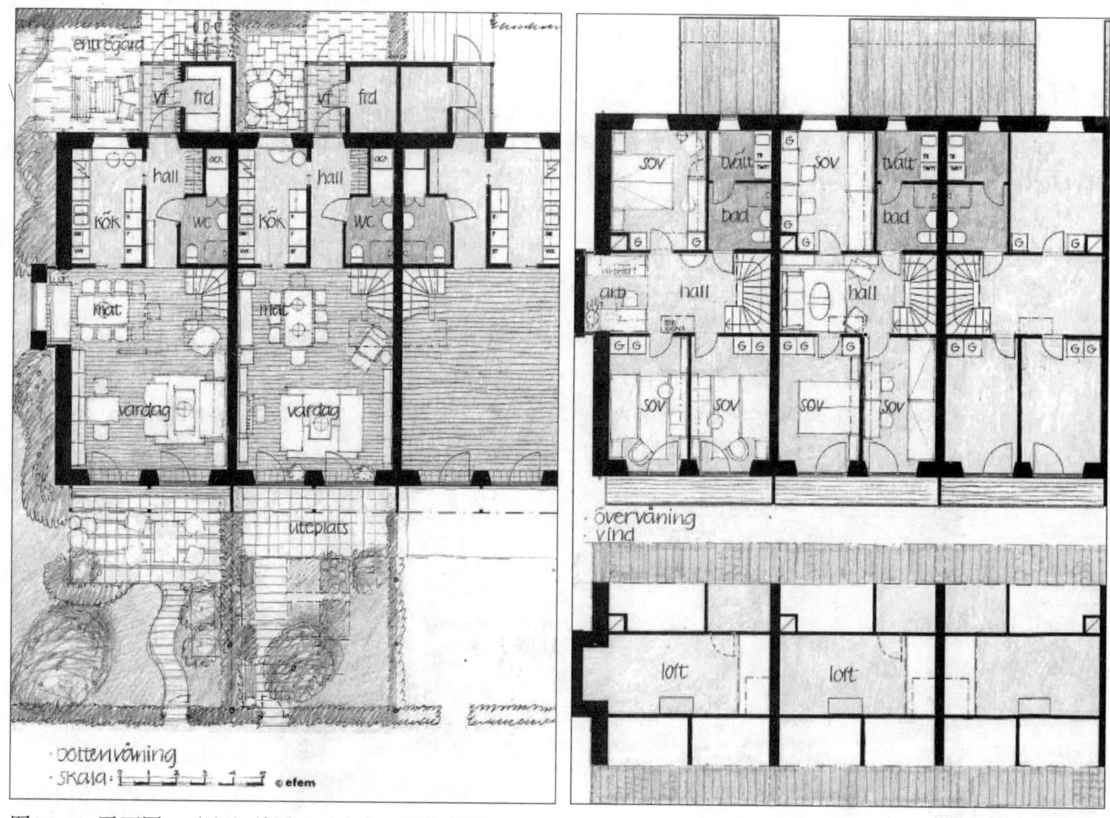

图2.1.4　平面图：（左）首层；（右）二层与阁楼

资料来源：EFEM 建筑师事务所

图2.1.5　南向视野

资料来源：Hans Eek

2.2 能源

2.2.1 能源概念

要在当地气候条件下，建造无须采用常规供热系统的住宅，是通过以下方式实现的：

- 高水平保温和高气密性的建筑围护结构：
  —整体平均 U 值为 0.16W/（m^2·K）；
  —气密性实测为 50 Pa 气压下 0.3L/（s·m^2）；
- 热桥减至最少；
- 平均 U 值 0.85W/（m^2·K）的节能窗户；
- 热回收高效通风（热回收率大约为 80%）；
- 每户 $5m^2$ 太阳能集热器用于生活热水供应。

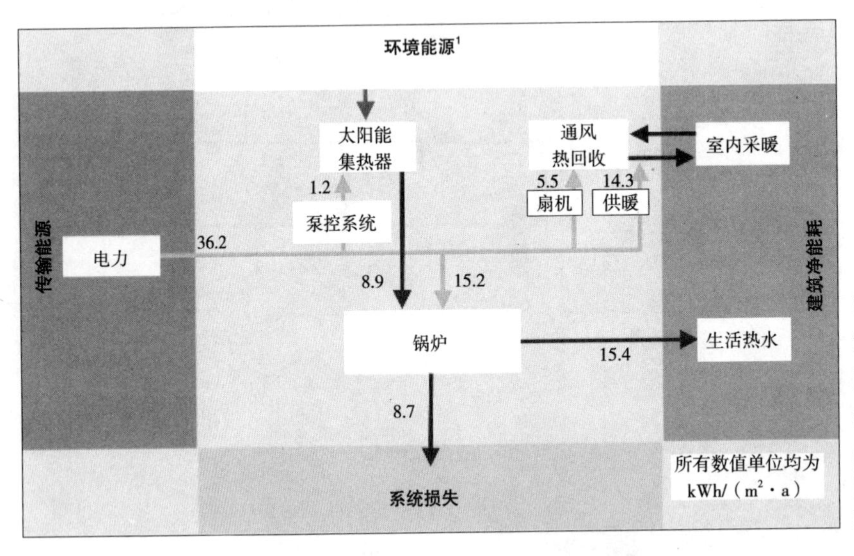

图2.2.1 生活热水（DHW）、室内采暖与通风的供能。图中数值为20户实测的平均供能值

资料来源：Maria Wall，图表设计由AEU（Robert Hastings）

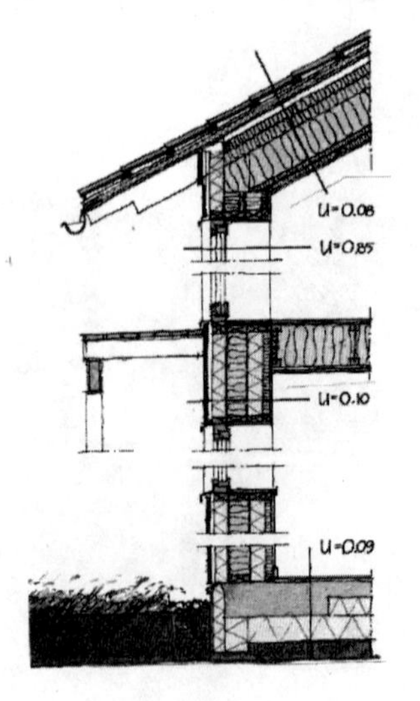

图2.2.2 剖面图

资料来源：EFEM 建筑师事务所

1 此指太阳能——译者注。

2.2.2 建筑围护结构

不透明建筑围护结构为轻型结构，且高度保温（见表 2.2.1）。

构造 表 2.2.1

构造	
屋面（陶瓦）	
顺水条与挂瓦条	6.0cm
膨胀聚苯乙烯	3.0cm
油毡衬底	
木梁	2.2cm
通风夹层/椽条	5.0cm
绝缘纤维板椽条和矿棉	45.0cm
双层聚乙烯膜	
椽条和矿棉	4.5cm
石膏板	1.3cm
总计	**67.0cm**
外墙（从内到外）	
石膏板	1.3cm
支架和矿棉	4.5cm
膨胀聚苯乙烯	12.0cm
聚乙烯薄板	
支架和矿棉	17.0cm
石膏板	0.9cm
膨胀聚苯乙烯	10.0cm
木条/通风夹层	3.4cm
木板	2.2cm
总计	**51.3cm**
楼板（内部）	
镶木地板	2.5cm
泡沫聚乙烯	0.5cm
混凝土	10.0cm
膨胀聚苯乙烯	10.0cm
聚乙烯薄板	
膨胀聚苯乙烯	15.0cm
排水层碎石	30.0cm
总计	**68.0cm**

2.2.3 窗户

窗户均为三层玻璃窗，有两种类型。第一种为可开启型，玻璃有两层低辐射镀膜，玻璃间层其中一层充氩气，另一层充空气。第二种是固定型，有两层低辐射镀膜，两个间层均填充氪气。能量透射率大约为 50%，可开启窗户的可见光透射率为 64%，固定窗户的可见光透射率为 68%。每户住宅的窗户平均 U 值为 0.85W/（$m^2 \cdot K$）。

图2.2.3 端墙上的窗户

资料来源：Maria Wall

2.2.4 外门

外门为瑞典的标准类型。

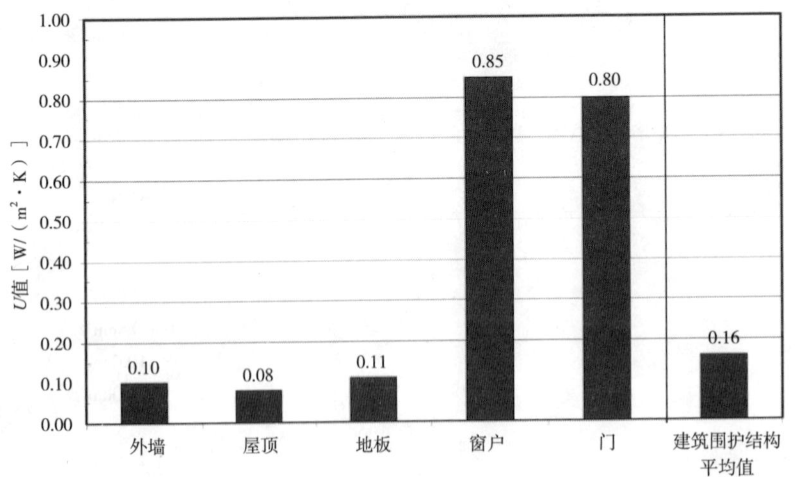

图2.2.4 建筑围护结构部件的U值

资料来源：Maria Wall，图表设计由AEU（Robert Hastings）

2.2.5 通风

逆流式换热器内的排风可加热送风。热回收率大约为80%。夏季可关闭换热器（应用自动旁通管），住宅无须预热送风，并可开窗通风。

人们住在这种住宅里和住在普通住宅是一样的，其实并不需要多花时间学习相关知识。如果外面很冷，住户不要开窗。如果外面温暖而阳光充足，住户可以开窗。如果外面太热，住户应该打开房屋两侧和屋顶的窗户，形成通风，并且放下南向窗户外的百叶窗或遮阳篷。

2.2.6 产热与配热

部分室内采暖需求是由住户自身(约1200kWh/a)、节能家电及照明(2900kWh/a)的可用得热满足的。剩余的室内采暖需求由电加热送风(900W)来满足。

这些住宅均按照北欧常规气候条件设计。室外长时间处于极低温的情况很少见，属于极端条件。在这种情况下，室内温度可能降低1℃或2℃。

2.2.7 热水供应

每户$5m^2$的太阳能集热器，可满足约40%的热水需求。500L储水箱配有浸没式电加热器以满足剩余能源需求。

图2.2.5 太阳能集热器与天窗

资料来源：Hans Eek

2.2.8 设计

设计阶段应用了计算机程序DEROB-LTH(由Maria Wall指导)，以研究能源性能、被动式太阳能利用以及室内环境。

2.2.9 能源性能

能源的实际需求量超出设计预期。这部分是因为住户自行提高了室内采暖温度，并且使用的家电数量也超过了设计阶段的假定。各户能耗差别很大，在45—97kWh/($m^2 \cdot a$)之间。各户总能耗与各户人口数量，以及与住宅位置(尽端户或中间户)之间没有明显的联系。不过，这些住宅平均而言要比按国家建筑规范建造的同类住宅能耗减少50%—75%。

实测 20 户的平均能耗 [kWh/ (m²·a)] 表 2.2.2

室内采暖与送风加热（电力）	14.3
生活热水供应（电力）	15.2
风机和泵	6.7
照明和家电	31.8
传输能源需求	68.0
生活热水供应（太阳能）	8.9
实测总能源需求	**76.9**

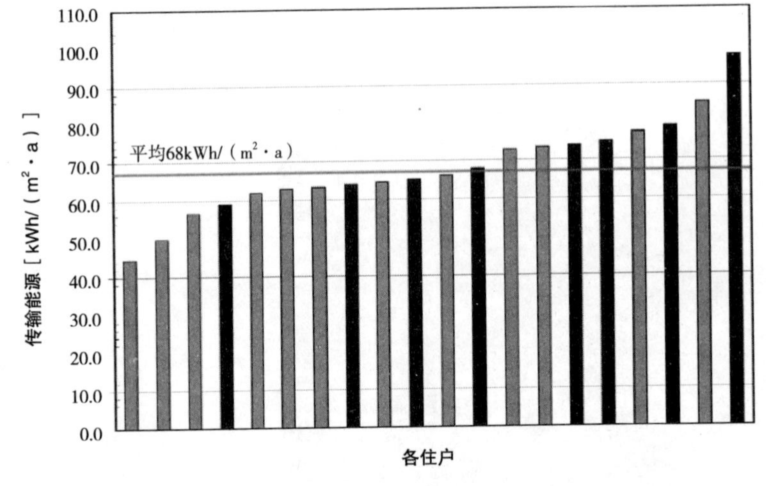

图2.2.6 实测每户全年的传输能源：热水供应、室内采暖、机械系统用电与家庭用电；黑色柱表示尽端户

资料来源：Maria Wall，数据来自Ruud and Lundin（2004）

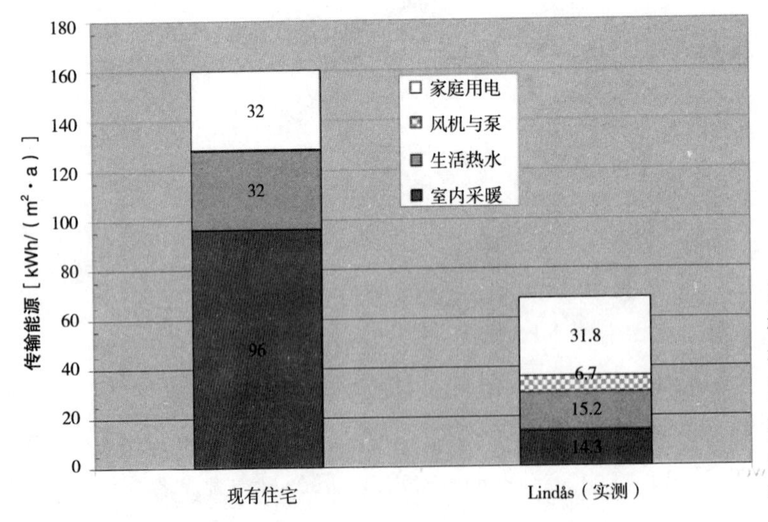

图2.2.7 瑞典现有住宅（即普通独栋住宅平均水平，据瑞典能源机构）的传输能源与Lindås联排住宅的比较

资料来源：Maria Wall，数据来自瑞典能源机构（www.stem.se）以及 Ruud and Lundin（2004）

2.3 经济性

建筑造价估算为普通水平。因保温措施、提高气密性、优化“被动式太阳能供热”和应用通风热回收而提高的造价，被供热系统大幅降低的成本以及超低能耗省下的运营费用抵消了。

该项目设计和评估阶段的经费，是由 Formas 和欧盟（通过 CEPHEUS 项目）提供。投资则由哥德堡住房抵押贷款公司（Egnahemsbolaget）承担。

2.4 改进型产品

项目中应用的是瑞典的标准产品。

2.5 总结

对住户进行的调查访问，发现大家对该项目都十分满意。他们最欣赏的是优良的室内空气质量和良好的通风条件。技术设备简单易懂且维护方便（Boström et al，2003；Ruud and Lundin，2004）。

住户们决定把冬季室内温度提高至约23℃，高于通常的采暖温度。具体原因不清楚。对于尽端户来说则可能需要一些额外的供热，因为其通风热回收效果略低于期望值，而窗户 U 值又比设计值差了一点。如果尽端户只是一个小型家庭，而且居住者喜欢较高室温，就需要额外的供热。

通风换热器应该改进。监测期间控制系统的性能并未达到期望值。防冻系统的功能也可以进一步改进。

太阳能热水系统的效率仅为37%，没有达到预期的50%。其中部分原因是储水箱热损失高于设计要求。储水箱保温不良，并且比系统所需要的尺寸大了一些。

另外，实际家庭用电量高于预期。住户拥有的电气设备较多，并且能效差于预期。

建筑成本在一定程度上要高于普通建筑，但投资回报期非常短暂。若大批量地建造此类住宅，由于无须采用传统供热系统，其成本将与普通住宅持平甚至更低。

设计过程是与客户、工程师、建筑师、顾问以及研究人员共同合作完成的。相关各方参加了一系列不同主题的研讨会（例如关于窗户、构造、通风系统和夏季舒适度）。在研讨会上，大家对各种备选方案进行探讨，制定了决策并对其理由进行阐述。在施工阶段，建筑师Hans Eek多次亲临工地现场，强调气密性的重要性以及如何确保正确施工。这些住宅很好地证明了设计低能耗、高舒适度且价格合理的住宅是完全有可能的。他们为瑞典新型高性能住宅的进一步发展提供了有益的参考。

致谢

在此要向业主、瑞典国家检测研究院和建筑设计公司EFEM表示感谢，是他们提供了本项目的相关信息、平面图和照片。

参考文献

Boström, T., Glad, W., Isaksson, C., Karlsson, F., Persson, M.L. and Werner, A. (2003) *Tvärvetenskaplig analys av lågenergihusen i Lindås Park, Göteborg*. Arbetsnotat no 25, Energy Systems Program, Linköping University, Linköping, Sweden

Hoffmann, C. (2004) 'Reihenhäuser in Göteborg', in C. Hoffmann et al (eds), *Wohnbauten mit geringem Energieverbrauch. 12 Gebäude: Planung, Umsetzung, Realität*, C.F. Müller Verlag, Heidelberg, pp211–222

Ruud, S. and Lundin, L. (2004) *Bostadshus utan traditionellt uppvärmningssystem – resultat från två års mätningar*, SP Report 2004:31, SP Energiteknik, Borås, Sweden

Wall, M. (2005) 'Terrace houses in Gothenburg – the first passive houses in Sweden', in *9th Internationale Passivhaustagung*, Ludwigshafen, Germany, pp561–566

Wall, M. (2006) 'Energy-efficient terrace houses in Sweden: Simulations and measurements', *Energy and Buildings*, vol 38, pp627–634

3. 德国盖尔森基兴太阳能住宅

Carsten Petersdorff

3.1 项目描述

3.1.1 概况与背景

盖尔森基兴（Gelsenkirchen）是德国鲁尔区的一部分，以钢铁和煤炭为主要经济支柱。由于这两大产业急剧衰落，盖尔森基兴正面临重要转折。而今，这座城市正在从“烈火之城”向“烈日之城”转变。一个新的住区开发项目在旧矿区建起，它是北莱茵－威斯特法伦州首批规划的50个“太阳能住区”项目之一。这项活动是1997年由联邦三个部门（经济事务部，住房与建设部，科学与研究部）与北莱茵－威斯特法伦州未来能源倡议办公室共同发起的。

图3.1.1 Gelsenkirchen太阳能住区
资料来源：Carsten Petersdorff

这项活动的目的，是通过适当的建造方法大幅降低能源需求，并且用太阳能来满足大部分的剩余能源需求。

为分析该试验项目的实际能源性能，AG-Solar 为北莱茵 - 威斯特法伦州政府进行了评估。各住宅均被监测，且以实测能源为基础进行评估。

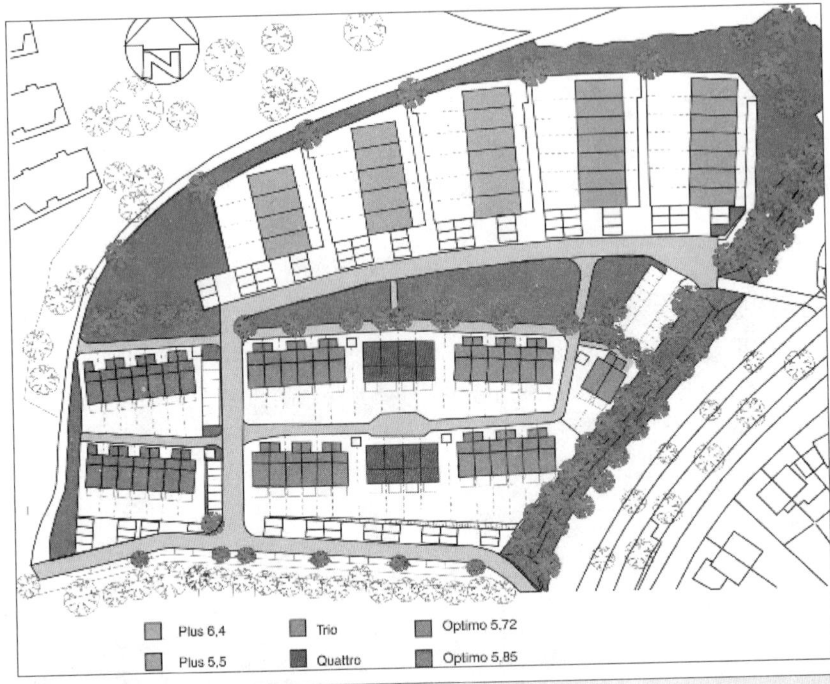

图3.1.2 总平面图

资料来源：Carsten Petersdorff

图3.1.3 南部片区的木框架住宅

资料来源：Carsten Petersdorff

建筑场地位于盖尔森基兴的中部，占地 38000m^2。由两个不同的开发商分别建造多类型的住宅。在场地南部，有 22 套住宅为轻型结构，16 套为重型结构。场地北部则有 33 栋人字屋顶的重型结构住宅。

图3.1.4 南部片区重型结构住宅

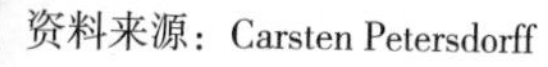

资料来源：Carsten Petersdorff

图3.1.5 北部片区重型结构住宅

资料来源：Carsten Petersdorff

3.1.2 建筑概念和建造

南部片区的木结构住宅

这 22 栋木结构住宅都为 3 层，总共包含 5—6 个房间。其中三分之二没有地下室，其他则有未采暖的地下室。所有主要房间都朝南。单坡屋顶向北倾斜 8°，覆盖植物。

南部片区的重型结构住宅

这 16 栋重型结构住宅在建筑设计上和木结构住宅相类似，区别在于全部都有不采暖的地下室。

北部片区的重型结构住宅

北部片区有 34 栋重型结构住宅，两层共有 5—6 个房间，人字屋顶为南北向。

3.2　能源

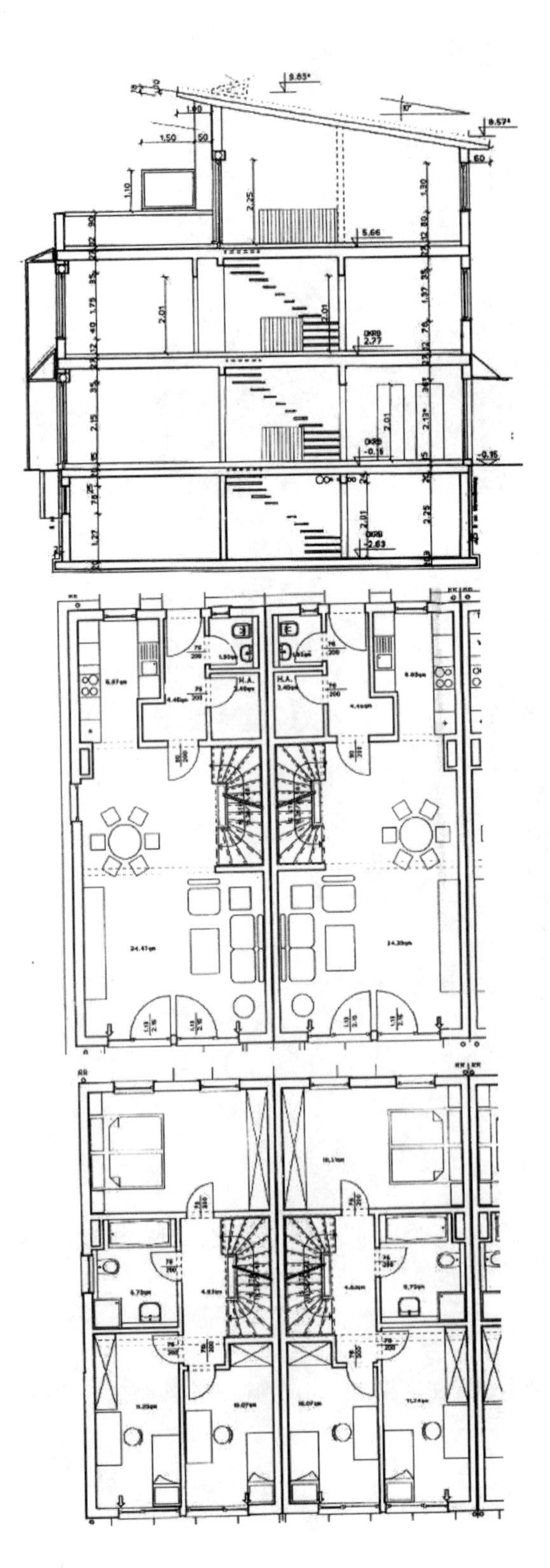

图3.2.1　剖面图

资料来源：Carsten Petersdorff

图3.2.2　首层平面图

资料来源：Carsten Petersdorff

图3.2.3　二层平面图

资料来源：Carsten Petersdorff

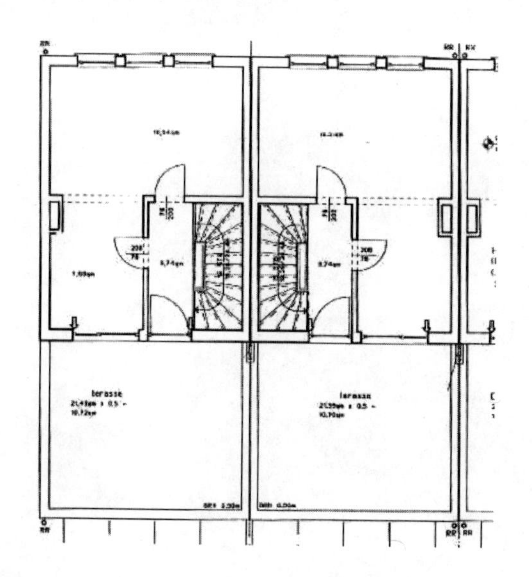

图3.2.4　顶层平面图
资料来源：Carsten Petersdorff

3.2.1　能源概念

所有住宅的最大供热需求约 40kWh/（m^2·a），由被动式和主动式太阳能来满足。

3.2.2　建筑围护结构

窗户

- *g* 值 =0.6；
- *U* 值（玻璃）=1.1W/（m^2·K）；
- *U* 值（窗框）=1.4W/（m^2·K）。

外墙

- 石膏板 =1.25cm；
- 胶合板 =1.3cm；
- 矿物纤维棉 / 框架 =14.0cm；
- 胶合板 =1.3cm；
- 拼木板 / 空气间层 =3.0cm；
- 反向拼木板 =3.0cm；
- 护墙板 =2.5cm；
- 总计 =26.35cm。

楼板

- 聚乙烯薄膜水泥找平 =8cm；
- 隔声保温层 =9cm；
- 混凝土楼板 =20cm；
- 保温层（XPS 多孔聚苯乙烯）=8cm；
- 砾石 =7cm；

- 填料 =5cm；
- 总计 =57cm。

屋面

- 石膏板 / 聚乙烯薄膜 =1.3cm；
- 矿物纤维保温层 / 椽条 =24cm；
- 木纤维嵌板 =2cm；
- 隔离薄膜（聚乙烯）；
- 屋面挡板（聚氯乙烯）；
- 保护层 =1cm；
- 种植土基层 =5cm；
- 总计 =33.3cm。

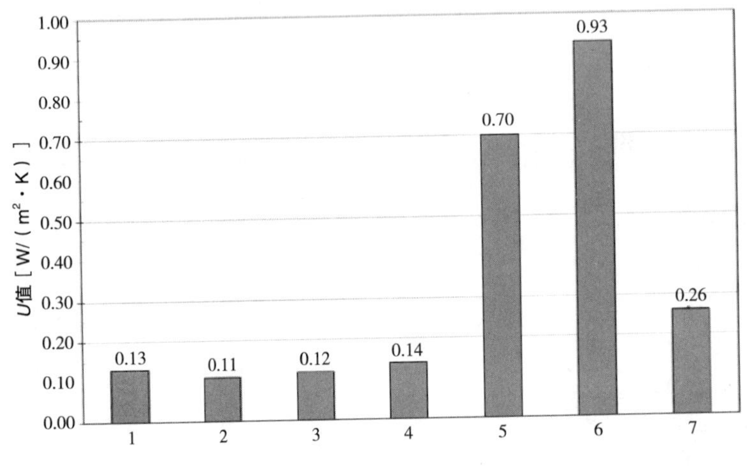

图3.2.5 *U*值

资料来源：Carsten Petersdorff

3.2.3 通风

机械通风

木结构住宅的中央通风系统配有高效风机（12W）用于排风，新风则通过立面上分散的特别开口导入。

热回收机械通风

南部片区有16套重型结构住宅，均配有分散式（房间）热回收通风系统。室内空气排出时，该系统会加热一处小型的蓄热体。隔一段时间后，风机反转，抽入外界空气，经过蓄热物质并被加热。该部件成对组合：当一台风机用于排风时，另一台风机则纳入新风。每栋住宅都有6台风机 / 蓄热系统。

3.2.4 产热与配热

北部片区与南部片区所采用的供热系统不同。北部片区有29栋独栋住宅，均配有独立的太阳能辅助燃气冷凝锅炉，可用于室内采暖与热水供应。太阳能集热器可满足65%的热水供能需求。

南部片区有48栋独栋住宅，每排住宅都配有一套微型区域供热系统。屋顶产生的太阳能热量与电力都是集中收集和分配的。太阳能可满足65%热水需求。这些集中供热站均由地方公用事业部门管理。

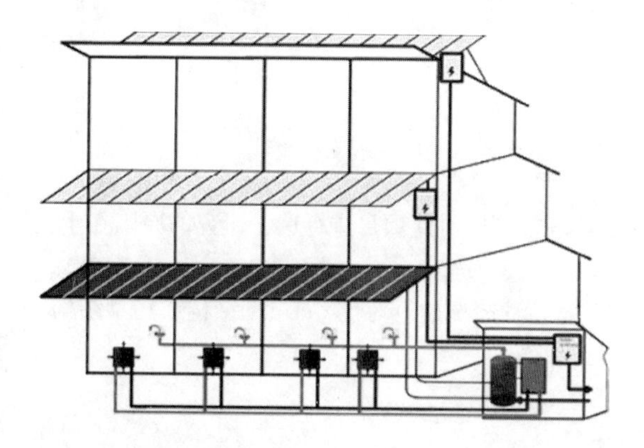

图3.2.6　配热，南部居住区

资料来源：Carsten Petersdorff

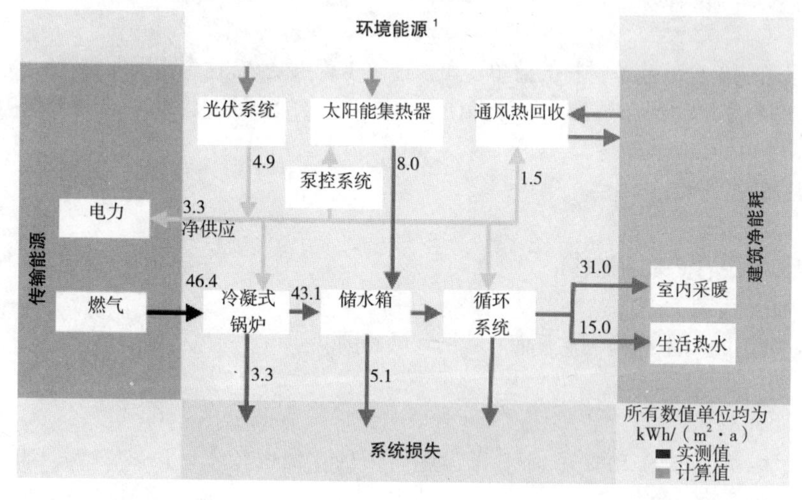

图3.2.7　能流图

资料来源：Carsten Petersdorff

3.2.5　电力

所有住宅均配有一套并网光伏（PV）系统。在北部片区，屋顶南坡上安装了 1.5kWp 光伏系统。在南部片区，各户则将 1kWp 的光伏板用作二层南向窗户的遮阳板。

图3.2.8　安装在屋顶的光伏系统

资料来源：Carsten Petersdorff

1　此指太阳能——译者注。

3.3 全生命周期分析

3.3.1 方法

采用累积能源需求（CED）法进行了全生命周期评估。特别针对此项目进行这一研究的原因在于：

- 住宅数量多，且有若干种不同结构形式，于是可以对各种情况进行对比，如重型结构或轻型结构、有或没有地下室等，从而总结这些不同因素带来的影响；
- 住宅保温很好，且结合了太阳能热系统和光伏系统；
- 可比较独栋住宅的独立式系统和（联排住宅的）集中式系统。

作为研究第一步，首先列出了一份全部建筑材料的清单。由于建筑工程很复杂，这个步骤非常耗时。例如饮用水管道由塑料、铝、塑料表层和保温层构成。计算住宅建设的一次能源投入量时，要用材料数量乘以给定的 CED 值。

这里对三种不同住宅类型进行了研究：

1. 住宅区北部片区的重型结构住宅（Plus 类型）；
2. 木结构住宅（Trio 和 Quattro 类型）；
3. 重型结构住宅（Optimo 类型），与木结构住宅平面布置图大致相同。

3.3.2 结果

建筑占的比重最大（累积能源需求的 78%）；而基础设施所占的比例也较大，达到 22%，如图 3.3.1 所示。

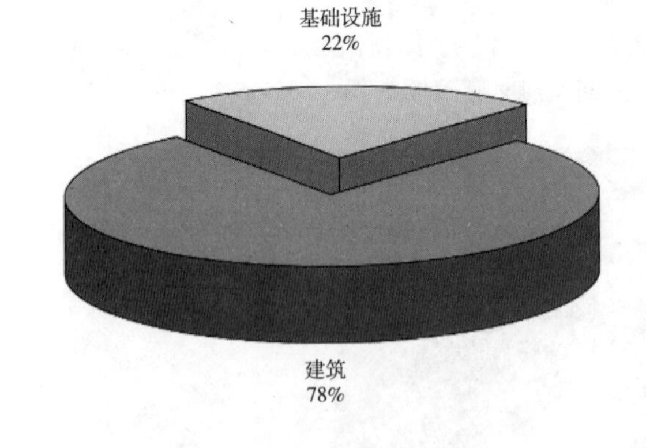

图3.3.1 建筑（浅灰色）与基础设施（深灰色）的累积能源需求（CED）比重

资料来源：Carsten Petersdorff

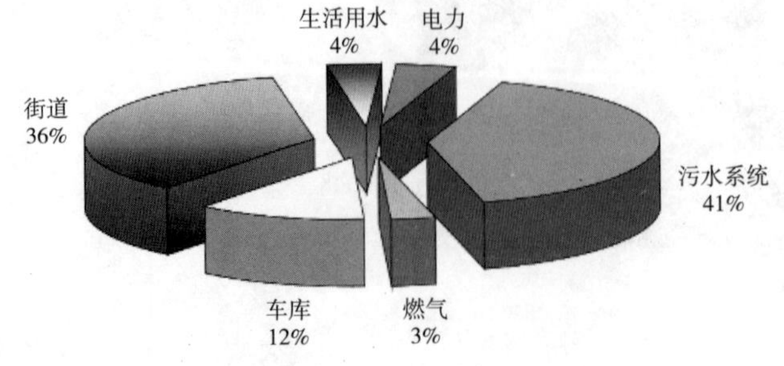

图3.3.2 基础设施

资料来源：Carsten Petersdorff

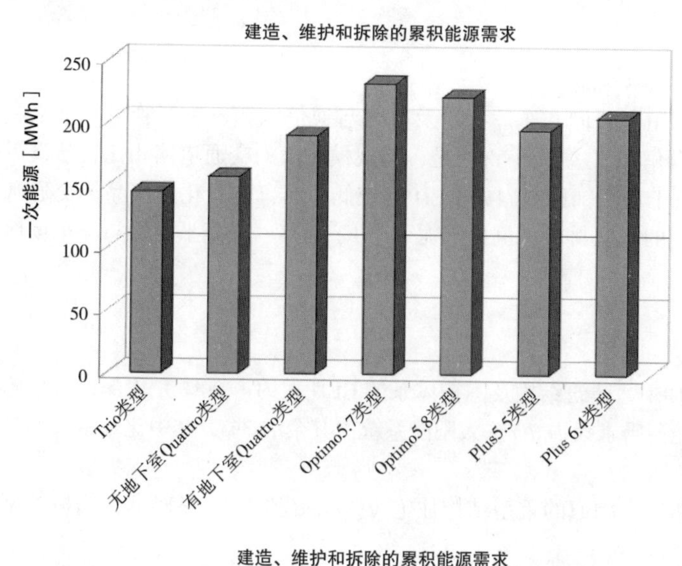

图3.3.3　不同建筑类型的比较

资料来源：Carsten Petersdorff

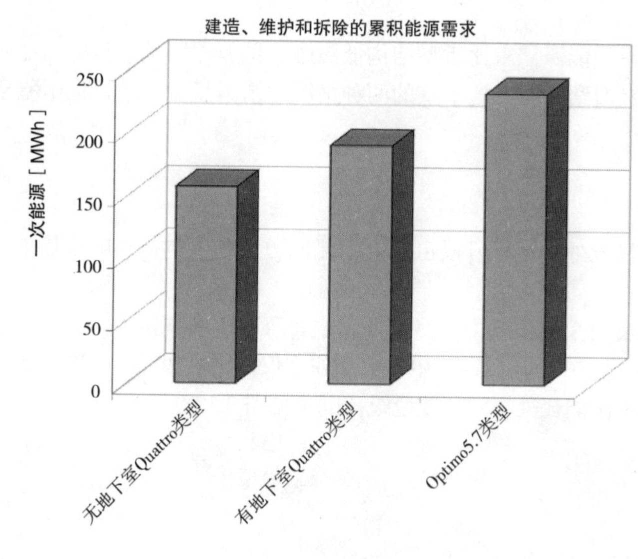

图3.3.4　建筑结构的比较

资料来源：Carsten Petersdorff

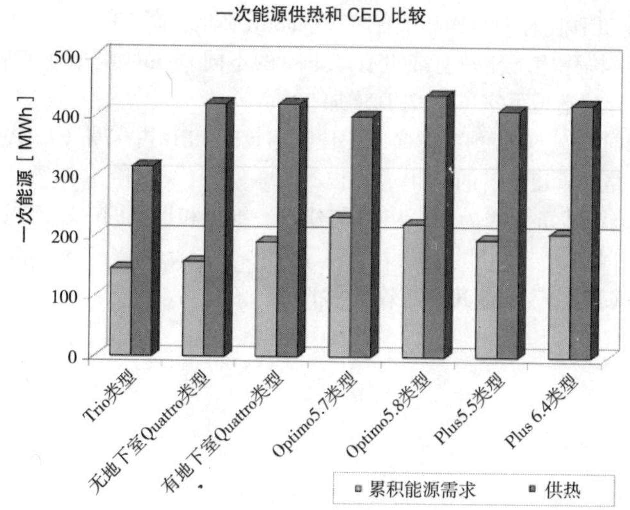

图3.3.5　单栋住宅供热与建造的全年一次能源需求

资料来源：Carsten Petersdorff

基础设施

住宅区的基础设施包括道路、人行道、公园和车库，以及电力与通信电缆、燃气管道、给水和排水管道。图 3.3.2 为累积能源需求的分解图。 令人惊讶的是，与规模庞大的交通道路相比，建设污水处理系统的能源需求要更高。这是由于道路铺面材料的 CED 值较低，沥青是石化副产品。交通基础设施 CED 的主要来源，是能源密集型的大宗材料（例如水泥），用于铺路、混凝土路缘与停车场地表等。

建筑

图 3.3.3 中比较了不同住宅类型的 CED，建筑结构及围护体系的 CED 大约占 90%！内部设备设施（燃气、水、供热与电气设备）的累积能源需求仅占 7%。太阳能系统占其余的 3%，其中比重最大的是光伏系统。

对于木结构住宅（Quattro 类型）和形式相似的重型结构住宅（Optimo 类型），可对两种结构类型进行比较。结果在图 3.3.4 中分别表示。

通过直接比较可以看出，木结构的累积能源需求比重型结构低 20%。部分原因是木材的蕴能被设定为中性。水泥的巨大影响，则在比较轻型结构有无地下室的两种情况中清晰呈现。增建地下室会导致 CED 增加约 22%。

CED 和供热及电力能耗的对比

除了建设、维护和拆除阶段的能源投入外，运行阶段也需要消耗能源，其中包括家电、热水和采暖能耗。

运行阶段能耗大约占一次能源消耗量的 85%。电力和热水需求主要取决于用户行为，采暖需求则与建筑的保温质量和通风系统息息相关。在 50 年寿命期之中，每套住宅仅用于供热的一次能源需求累计约为 22GWh，与建设、维护和拆除的一次能耗处在同一数量级范围（见图 3.3.5）。

3.3.3 全生命周期分析结论

研究的主要结论如下：

- 重型结构住宅（Optimo 类型）的 CED 比轻型结构相似住宅（Quattro 类型）高 20%。
- 轻型结构住宅的 CED 低于砖石结构住宅。比较有或没有地下室的不同 Quattro 类型住宅显示，钢筋混凝土的巨大影响十分突出，建造地下室可使 CED 增加 22%。
- 当考虑整个用地的累积能源需求时，在 50 年预期生命中，住宅建筑的 CED 占 77%（15GWh）；各住宅相应的配套基础设施（道路、管道等）的 CED 占 23%。
- 在这 50 年中，用于供热的一次能源需求大约为 22GWh，与建设、维护和拆除的一次能耗处在同一数量级范围。
- 增加保温和太阳能技术而提高的 CED，极易被其节能效果所抵消。

建筑成本（€ = 欧元） 表 3.4

（包含增值税、规划设计费用和土地成本）

	(€)
最低	180000
最高	235000

设备、光伏和太阳能集热器成本：

含增值税和规划设计费用

集中供热站	(€)
平均成本	40819
集中供热站的土地成本	2362

光伏和太阳能热	
光伏	8175
结构	1151
太阳能供热	3670
工程	716
协调与管理	1023
鼓风门测试	511
总计	**15245**

3.4 经济性

该项目的目标是建造年轻家庭可支付的住宅。因此，住宅的目标成本在 18—23.5 万欧元之间（包括增值税和场地建设成本）。北莱茵 – 威斯特法伦州各部门就太阳能住宅区补贴方案进行协调，从而使光伏和太阳能热系统获得了资助。同时，地方能源公用事业机构也支持了太阳能系统的建设。

相关能源措施的附加成本比普通住宅最多高出 5%，甚至更低。

参考文献

Wagner, H. J. et al (2002) *Endbericht Ökologische Bewertung im Gebäudebereich, Förderungsprojekt des Landes Nordrhein Westfalen*, Universität GH Essen und Ecofys, Essen, Germany

Wiesner, W. (2001) *Zwischenbericht für das Jahr 2001 – Koordination und Durchführung der Evaluierung der Solarsiedlung Gelsenkirchen Bismarck im Rahmen des Programms 50 Solarsiedlungen NRW*, TÜV Emissionsschutz und Energiesysteme GmbH, Köln, Germany

相关网站

50 Solarsiedlungen www.50solarsiedlungen-tuv.de

Projektträger ETN www.ag-solar.de/

Information about the campaign 50 Solar Housing Estate North Rhine-Westphalia: www.50-solarsiedlungen.de

Information about the Solar City Gelsenkirchen: www.solarstadt.gelsenkirchen.de/

4. 苏黎世Sunny Woods公寓楼

Daniela Enz 和 Alex Primas

4.1 项目描述

4.1.1 概述与背景

被动房 Sunny Woods 于 2000—2001 年建造，由瑞士建筑师 Beat Kämpfen 设计。它的名字正好诠释其建筑理念。这栋 6 户住宅位于苏黎世一个住区中，地段位于南向坡地上，并邻近一片树林。设计的主题是太阳能和木结构。

图4.1.1 南立面

资料来源：Beat Kämpfen，Zürich www.kaempfen.com

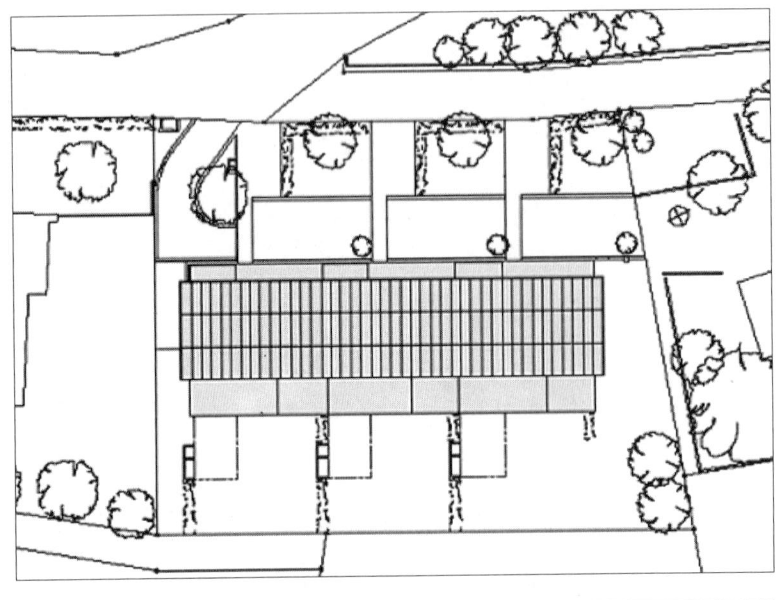

图4.1.2 总平面图

资料来源：Beat Kämpfen，Zürich，www.kaempfen.com

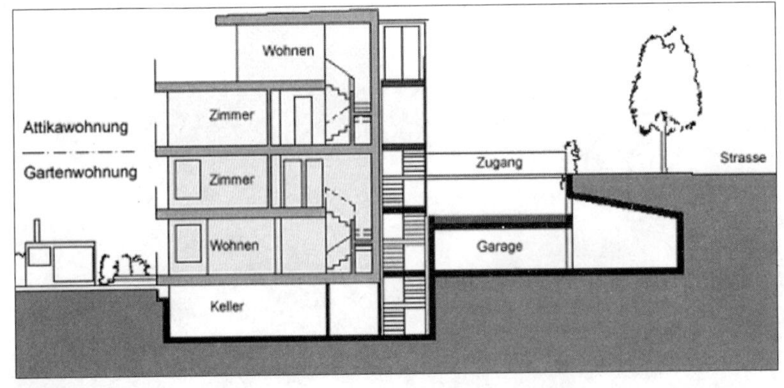

图4.1.3 剖面图

资料来源：Beat Kämpfen，Zürich，www.kaempfen.com

图4.1.4 阁楼平面

资料来源：Beat Kämpfen，Zürich，www.kaempfen.com

图4.1.5 三层平面

资料来源：Beat Kämpfen，Zürich，www.kaempfen.com

4.1.2 建筑概念

该建筑由 6 套宽敞的公寓构成，各住户在产权上和技术上都各自独立，其建筑标准和价格都有所提升。底层住户有小型花园；高层住户则有大屋顶平台。各户都类似独栋住宅，可直接从街道进入，不过都需要向上或向下走半层到达入口。

卧室位于入口标高，与邻户一墙之隔，但隔声措施很充分（图 4.1.3）。

主要房间的窗户面积很大且朝南。浴室、楼梯和设备用房分布在公寓朝北的部分。北、东、西立面只设小窗户。

车辆可停放在地下车库。

图4.1.6 木结构

资料来源：Beat Kämpfen，Zürich，www.kaempfen.com

4.1.3 结构

Sunny Woods 是瑞士首栋木结构 4 层多户住宅之一。它由大型预制木板建造，只有地下室、外部通道楼梯和地下停车场采用了混凝土。其他楼层均采用木结构，表面有 7cm 厚的水泥面层和隔声垫。木结构屋面上铺设铝制屋面板，上面安装着光伏板。

4.2 能源

4.2.1 能源概念

Sunny Woods 荣获了瑞士和欧洲的太阳能设计大奖。是瑞士第一栋以全年净零能源平衡为设计目标的公寓楼。该项目基于被动式太阳能设计原理，南向窗户几乎可以将整个南立面敞开。为了在这栋木结构建筑中充分利用太阳能得热，楼板上铺设了 7cm 厚的找平水泥砂浆层和 1.5cm 厚的黑色板岩地砖。

被动式太阳能设计融合了以下技术特点：

- 高保温、高气密性建筑围护结构：*U* 值（平均）：0.24W/（m^2 · K）；气密性测试（50Pa）：0.6ach；
- 热桥最小化；
- 高能效窗户：*U* 值（含窗框）：0.8W/（m^2 · K）；
- 高效热回收通风（效率为 90%）和地埋管新风预热。
- 光伏（PV）屋面，并网薄膜太阳能电池；16.2kWp；
- 用于热水和采暖的真空集热器：每户 $6m^2$；
- 节能家电。

4.2.2 建筑围护结构

设计特别注意了细节以避免出现热桥。背侧通风外墙厚度为 46cm。采用木板结构时，要达到同样的高保温标准，其墙体厚度可以比砖石结构小一些。

图4.2.1　风机

资料来源：Naef Energietechnik，Ingenieur-und Planungsbüro，Zürich，www.igjzh.com/naef/

图4.2.2　空气预热器

资料来源：Naef Energietechnik，Ingenieur-und Planungsbüro，Zürich，www.igjzh.com/naef/

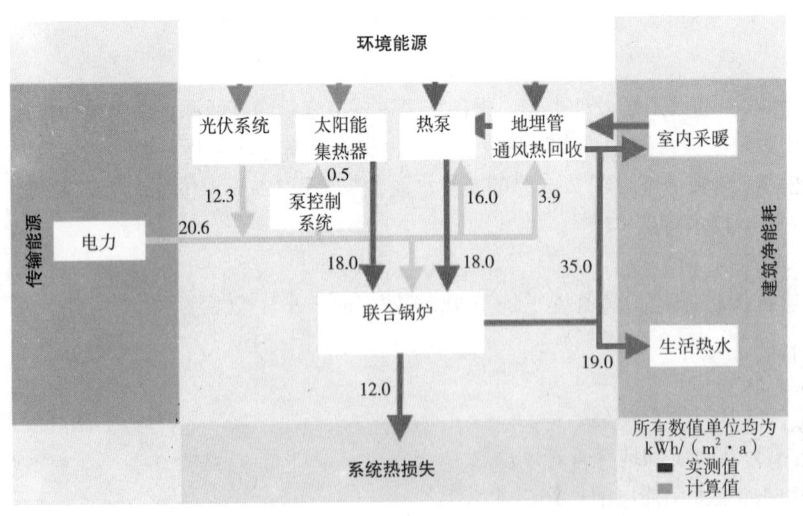

图4.2.3　供能系统：图中数值针对整个建筑

资料来源：Naef Energietechnik，Ingenieur-und Planungsbüro，Zürich，www.igjzh.com/naef/

对于难以保温的建筑立面，例如阁楼屋顶平台、顶棚前端、南立面窗框和前门，都额外铺设2cm厚的真空保温层。

窗户选用充氪气的三层太阳能玻璃。

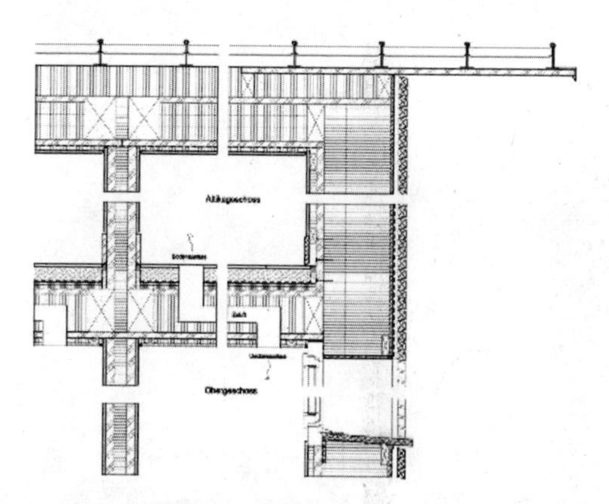

图4.2.4　北立面剖面详图

资料来源：Beat Kämpfen，Zürich，www.kaempfen.com

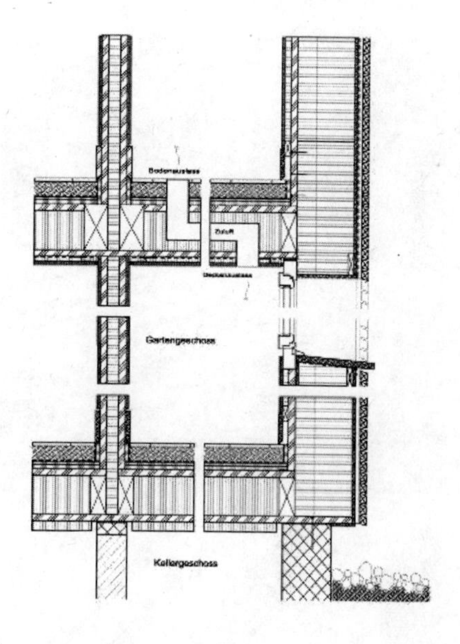

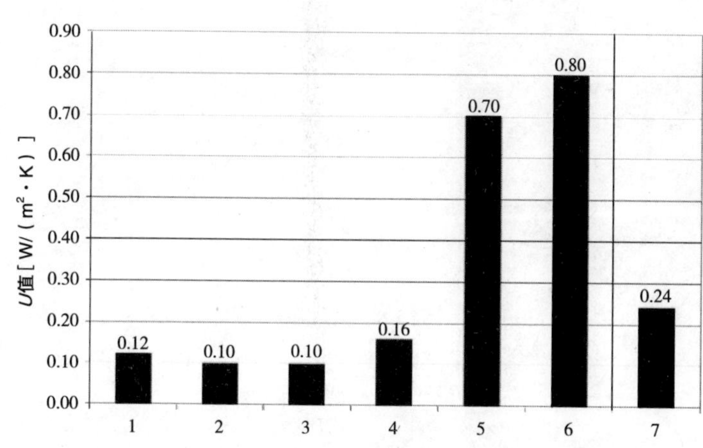

注：U值［W/（m^2·K）］：
1. 外墙；
2. 屋面；
3. 露台；
4. 楼板到地下室；
5. 窗户（玻璃）；
6. 窗户（含窗框），平均值；
7. 平均U值建筑围护结构

图4.2.5　U值

资料来源：Beat Kämpfen，Zürich，www.kaempfen.com

图4.2.6　地埋管

资料来源：Naef Energietechnik，Ingenieur-und Planungsbüro，Zürich，www.igjzh.com/naef/

图4.2.7 真空集热管用做阳台栏杆

资料来源：Beat Kämpfen，Zürich，www.kaempfen.com

图4.2.8 屋顶薄膜太阳能电池

资料来源：Beat Kämpfen，Zürich，www.kaempfen.com

4.2.3 屋面（从外到内）

- 光伏板，下方有空气间层；
- 铝板金属屋面 =6.0cm；
- 防水层；
- 斜置矿棉 =6.0—30.0cm；
- 三层板 =3.0cm；
- 箱形截面板 / 矿棉 =18.0cm；
- 木条 / 矿棉 =3.0cm；
- 防潮层；
- 石膏板 =1.5cm；
- 总计 =40.5—64.5cm；且
- U 值 =0.10W/（$m^2 \cdot K$）。

4.2.4 顶棚

- 天然石铺砖 =1.5cm；
- 校平水泥砂浆 =7.0cm；

- 聚乙烯薄膜；
- 隔声层 =3.5cm；
- 胶合镶木板 =3.0cm；
- 箱形截面板 / 矿棉 =18.0cm；
- 胶合镶木板 =3.0cm；
- 矿棉 =3.0cm；
- 石膏板 =1.5cm；
- 消声膜 =0.5cm；
- 石膏板 =0.9cm；
- 总计 =41.9cm。

4.2.5 通风

送风通过埋在地下的聚乙烯管预热。管径为 150mm，长 30m，埋地深度 3.5m。每套公寓配有两根这样的管道来预热新风。

空气通过交叉逆流式换热器时，被排风的回收热量进一步加热。地埋管预热可防止换热器在冬季冻结。

4.2.6 产热与配热

配热通过送风实现。各公寓顶棚内均装有通风管道，上一层楼的管道出风口在楼板上，下层楼的管道出风口在顶棚上（参见图 4.2.6）。浴室安装的散热器可以提高舒适度。

新风由太阳能集热器为热源的水对空气热泵加热。太阳能热系统提供的热量可用于生活热水和室内采暖。各户均有 $6m^2$ 真空集热器，同时将其用作阳台栏杆。储水箱储水 1400L。

两层楼高的设备间与浴室相邻，位于有保温的入口区北侧。这种分散式解决方案可以缩减管道长度。

4.2.7 电力

屋顶铺设有 $202m^2$（发电面积）容量为 16.2kWp 的并网薄膜太阳能电池，发电量正好与该建筑通风供热（热泵）的耗电量相当。按照项目说明，该住宅可以实现能源自给（不包括家用电器所需能源）。

为符合当地规范，屋顶仅倾斜 3°。这样会降低全年发电量，发电效率为 8%—10%。

4.3 全生命周期分析

4.3.1 方法

该分析是要在系统边界内，考虑材料生产、翻新和处理所消耗的能源。地下停车场不在系统范围内。计算住宅技术系统用电的一次能源需求量时，设定应用瑞士混合电力。家用电器用电量不在考虑范围内。

表 4.3.1 给出了住宅的基本参数。建筑用材数量和类型的相关资料选自施工平面图和竣工文件。

对于非晶硅光伏板（Unisolar 牌，三重薄膜电池），只粗略估计所列材料的性质。为表现其不确定性造成的影响，分析中还对比性地针对峰值功率相同的晶体光伏板系统进行了计算，数据取自 Frischknecht 等（1996）。

图4.3.1　北入口

资料来源：Beat Kämpfen，Zürich，www.kaempfen.com

基本参数　　表 4.3.1

参数	描述	单位	数值
建筑容积	采暖容积4900m³；非采暖容积2800m³	m³	7700
建筑面积	净采暖建筑面积	m²	1233
太阳能集热器	36m²真空管集热管，用于生活热水和室内采暖	kWh/a	17340
光伏系统	非晶硅三重电池组件（16.2kWp）	kWh/a	15000
室内采暖需求	通过环境+太阳能得热，可满足60%	kWh/a	10790
生活热水供应（DHW）所需热量	通过环境+太阳能得热，可满足82%	kWh/a	28900
电力、热泵	空气对水热泵，用于室内采暖和生活热水	kWh/a	9420
电力及其他	通风和泵的电耗	kWh/a	5580

注：具体数据见公寓设计参数。

4.3.2　结果

所有结果都是指每年每平方米净受热“实际使用面积”（建筑使用寿命：80 年）。为进行对比，考虑了参照建筑——一栋两层的联排住宅，其中不含聚苯乙烯保温砖砌地下室。6 户净使用面积均为 120m²。需热量为 65kWh/（m²·a）[生活热水：25kWh/（m²·a）]，采用普通燃气炉满足需求。

4.3.3　应用Eco-indicator 99的建筑全生命周期评估

图 4.3.3 给出了建造、翻新、处理、运输和运行对总生命周期的影响。评估中采用了 Eco-indicator 99（中间级别）。

根据图 4.3.3 可得出以下重要结论：

- Sunny Woods 全生命周期的总环境影响仅为参照建筑的 37%（设计值）或 44%（实测值）。
- 不同类型的光伏系统对总环境影响的作用达到 10%。
- 建筑寿命期内，建筑翻新用材的影响与初始建造时期的影响相似。
- 建造材料废弃处理的环境影响取决于混凝土的用量。建筑整修材料的处理则相对次要。
- 如果没有建设光伏系统，建筑日常运行所需的总电力环境影响达到住宅总影响的 20%。若热泵供电利用的是瑞士混合电力（以水电为主，化石燃料比例较小），则其电力需求的影响几乎可与光伏系统输出相抵消。欧洲混合电力（欧洲电力传输协调联盟，UCTE），采用光伏系统的住宅优势明显，可将总影响降低 25%。非晶光伏电池的环境影响偿还时间为 4 年。

图4.3.2　鸟瞰图

资料来源：Beat Kämpfen, Zürich, www.kaempfen.com

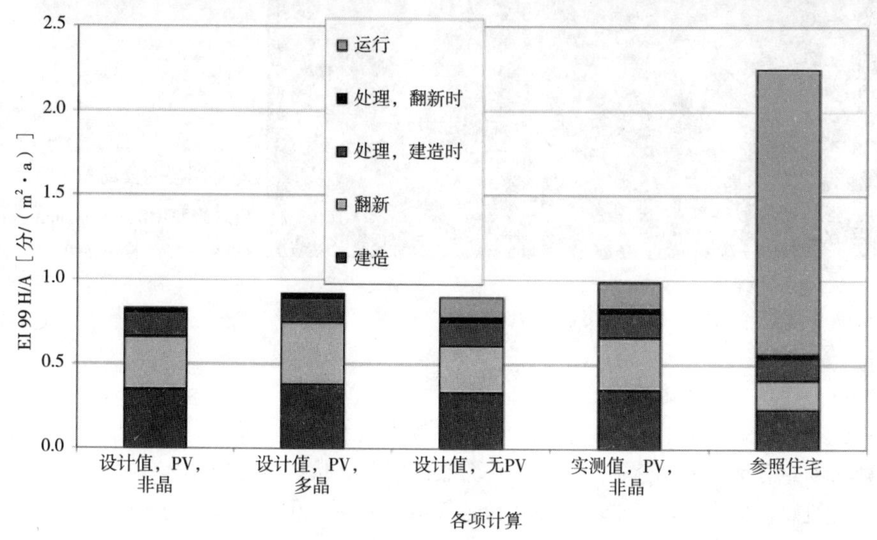

图4.3.3　生命周期各阶段的Eco-indicator 99 H/A

资料来源：Beat Kämpfen, Zürich, www.kaempfen.com

4.3.4　用Eco-indicator 99评估建筑构件环境影响

中间如图 4.3.4，运用 Eco-indicator 99 法（中间）分析不同材料组在整个生命周期的环境影响。

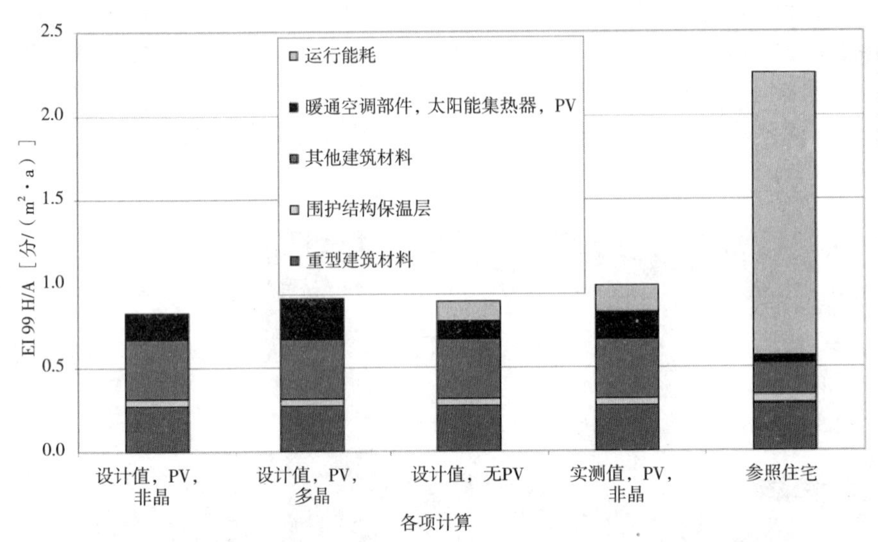

图4.3.4　建筑构件，Eco-indicator 99 H/A

资料来源：Beat Kämpfen，Zürich，www.kaempfen.com

图4.3.5　客厅，位于中间有阁楼的公寓

资料来源：Beat Kämpfen，Zürich，www.kaempfen.com

通过观察 Sunny Woods（如图 4.3.4）可以得出以下几点：

- 保温材料的影响仅占建筑总环境影响的 5%。
- 重型建筑材料占建筑总环境影响的 33%，主要由地下室和地板水泥层造成。
- 暖通系统仅占建筑物总环境影响（建造与翻新，不含太阳能和光伏系统）的 5%。
- 太阳能集热器占建筑总环境影响（建造与翻新，包含管道、换热器和储水箱）的 6%。

- 非晶光伏系统占建筑总环境影响（建造与翻新，包含屋顶安装的零部件）的6%。采用晶体型电池的光伏系统是“最糟”的情况，其环境影响比重上升至16%。

其他建筑材料（占总影响47%），其中窗户的影响较大（占总影响19%），因为采用了填充氪气的三层玻璃。

4.3.5 建筑构件的环境影响：应用累积能源需求法（CED）评估

如图4.3.6所示，不可再生能源的累积能源需求（CED）数值差异较大。

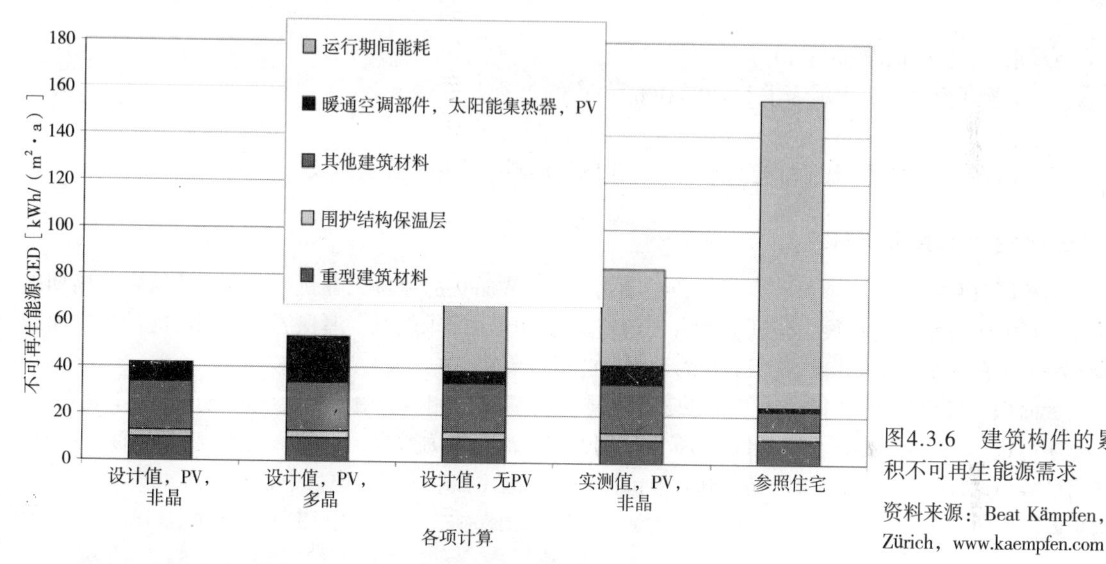

图4.3.6 建筑构件的累积不可再生能源需求

资料来源：Beat Kämpfen，Zürich，www.kaempfen.com

图4.3.7 客厅，位于西侧有阁楼的公寓

资料来源：Beat Kämpfen，Zürich，www.kaempfen.com

Sunny Woods 在全生命周期内对不可再生能源的累积能源需求在参照建筑 CED 的 27%（设计值）至 53%（实测值）。建议安装光伏系统，从而将不可再生能源用量降到最低。光伏系统清单数据的灵敏度高于应用“Eco-indicator 99”评估时的计算值（占总体影响 20% 以上）。用 Frankl（2002）的多晶光伏电池数据所得 CED，要比计算中得到的 CED 低 68%。而设计值和实测值之间的差异很大，是因为遮阳设施实际上没有充分发挥效果，导致供热需求提高。

采用 Eco-indicator 99 评估不同建筑构件的影响的结果则十分相近。其中，保温层占总影响的 7%，重型建材 23%，建筑的不可再生累积能源总需求，光伏系统占 8%，太阳能热系统 5%，其他供热、通风和空调（HVAC）构件占 6%。

对于有非晶光伏系统（设计值）的建筑，其生命周期内还采用了下列可再生能源：

- 水电：2.1kWh/（m^2·a）；
- 生物质燃料（以木料为主）：20.8kWh/（m^2·a）。

总体而言，可再生能源占总能源的 35%。生物质燃料主要用于建造阶段。

4.3.6 全生命周期分析总结

与相同气候条件下的参照建筑相比，被动房 Sunny Woods 的建造、翻新和处理在建筑生命周期内的环境影响十分小。这在很大程度上是由于建筑运行的能源需求较低。厚保温层会因蕴能的增加而产生 5%—7% 的负面影响，但与此相对照的是大量的运行节能。

大面积光伏屋顶输出的能量，与供热和生活热水能源需求相当。由于光伏电池数据具有不确定性，在此还很难得出清晰的结论。如果在计算中使用 UCTE 混合电力数据，则其环境影响与建筑运行相比能明显减小（18%—49%）。如果混合电力中包括大量水电（如瑞士混合电力中，水力占 40%），则计算结果就会取决于电池的类型（蕴能；产品质量）和所用的评估方法。应用 CED 进行评估可知，在任何

图4.3.8 设备间

资料来源：Beat Kämpfen，Zürich，www.kaempfen.com

情况下，采用光伏系统的建筑物都有最佳表现（与没有光伏系统的建筑相比 CED 减少 24%—40%）。

Sunny Woods 展示了建筑热损失最小化、太阳能得热最大化的情况下，全生命周期的环境影响能够很低。对此类建筑进行进一步的生态优化会比较困难，这可能会对防火、隔声或空间造成负面影响。

不过其优良的能源性能仍可进一步提高。用于热水的一次能源使用量比采暖高 3 倍。从更广泛的背景看，住户交通出行的环境影响明显更大，因为整个建筑的全年总环境影响，仅相当于所有住户各有一辆轿车每年行驶 5800km 的情形（Eco-indicator 99 H/A）。

4.4 经济性

该项目完全属于建筑师 Beat Kämpfen，他购买了该住宅的产权并成为总承包商。他设计了建筑，以“交钥匙”的方式出售公寓，并且在开工前就订好了价格。所有的购房者都来自周边邻里，用工地布告板直接做广告宣传，效果远超过报纸广告。但是 Sunny Woods 的销售过程并不顺利，因为它代表了一种新的建筑类型。人们对木结构的消防安全性和耐用性有一些顾虑，并且对被动房概念不太适应。对购房者来说，生态方面的考虑是次要的，良好的地段位置和高质量的平面布局设计对他们更加重要。

4.4.1 建筑成本

账目分类：全部成本，含自费设计和 7.6% 增值税 **表 4.4.1**

	（€/m^3）	（€/m^2）	总计（€）
平均成本	427	1400	3289761
居住面积（标准装修）	511	1703	2554630
车库、地下室	272	865	735599

资料来源：Beat Kämpfen，Zürich，www.kaempfen.com

账目分类：全部成本，包括 7.6% 增值税，不含设计 **表 4.4.2**

技术系统成本	（€/m^3）	（€/m^2）
电气设备（不含照明）		102167
光伏设备		183900
供热/通风		326933
地下管网	13622	
设备间装置	190711	
通风系统	54489	
太阳能集热器	68111	
卫生器具（不含厨房）		108978

资料来源：Beat Kämpfen，Zürich，www.kaempfen.com

图4.4.1　南立面遮阳设备

资料来源：Beat Kämpfen，Zürich，www.kaempfen.com

4.4.2　能源措施成本

与其他建筑相比，Sunny Woods 的一项重要增量成本是光伏系统。供热系统的成本增加约 30%—40%，各公寓的独立性（都有自用的系统）也增加了成本。

总体而言，单纯建造成本比普通建筑多 5%。

4.4.3　有创新性的构件

- 建筑围护结构：
  —墙体：镶木板（Pius Schuler AG，www.pius-schuler.ch）。
- 室内采暖和生活热水：
  —真空集热器（B. Schweizer Energie AG，Chnübrächi 36，CH-8197 Rafz，Switzerland）。
- 电力：
  —Unisolar-Baekert 的 32Wp 标准光伏板（非晶硅三重薄膜电池）（Fabrisolar AG，www.fabrisolar.ch 以及 www.flumroc.ch/photovoltaik）。

致谢

感谢建筑师和能源规划师提供项目相关信息、设计图和照片。

参考文献

Frankl, P. (2002) 'Life Cycle Assessment (LCA) of PV Systems – Overview and Future Outlook', conference (PV in Europe – From PV Technology to Energy Solutions), Rome, Italy
Frischknecht, R., Bollens, U., Bosshart, S. and Ciot, L. M. (1996) *Ökoinventare von Energiesystemen: Grundlagen für den ökologischen Vergleich von Energiesystemen*, Institut für Energietechnik, ETH Eidgenössische Technische Hochschule, Zürich
Hoffmann, C., Hastings, R. and Voss, K. (2003) 'Mehrfamilienhaus in Stans', in *Wohnbauten mit geringem Energieverbrauch. 12 Gebäude: Planung, Umsetzung, Realität*, C.F. Müller Verlag, Heidelberg, pp211–222
Kämpfen, B. (2002) 'Mehrfamilienhaus Sunny Woods', in *Tagungsband zur 6. Europäischen passivhaustagung, Basel, January 2002*, Fuldaer Verlagsagentur, Fulda, pp87–96
Schmidt, F. (2002) 'Das Passivhaus wird schick', in *Schweizer Energiefachbuch*, KünzlerBachmann Verlag, St Gallen, Switzerland, pp65–69

5. 瑞士施坦斯Wechsel公寓楼

Daniela Enz 和 Alex Primas

5.1 项目描述

图5.1.1 南立面

资料来源：Beda Bossard, BARBOS Büro für Baubiologie Bauökologie and Energie

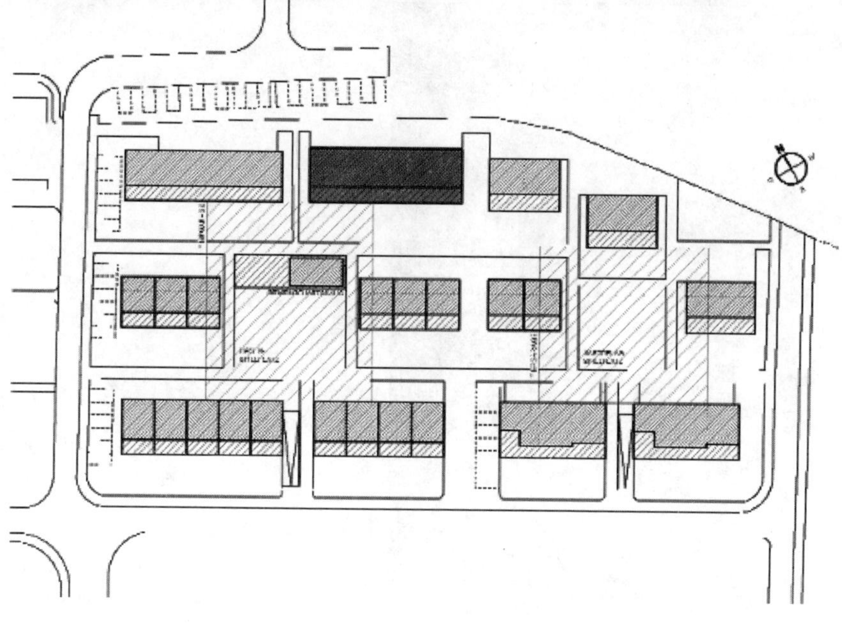

图5.1.2 总平面图

资料来源：Beda Bossard, BARBOS Büro für Baubiologie Bauökologie and Energie

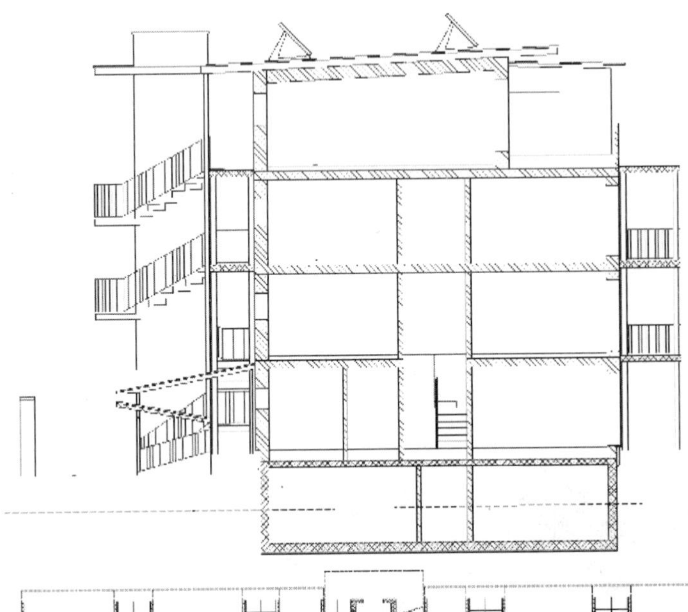

图5.1.3　横剖面图

资料来源：Beda Bossard, BARBOS Büro für Baubiologie Bauökologie and Energie

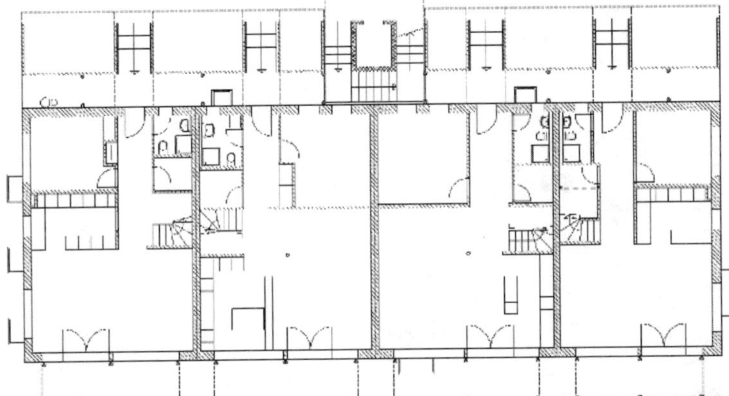

图5.1.4　平面图

资料来源：Beda Bossard, BARBOS Büro für Baubiologie Bauökologie and Energie

图5.1.5　预制木结构

资料来源：Beda Bossard, BARBOS Büro für Baubiologie Bauökologie and Energie

5.1.1 概述与背景

自 2001 年 8 月以来，已有 8 户入住 Wechsel 公寓楼。该建筑坐落在瑞士中部的施坦斯，Wechsel 是瑞士首个多户被动房。由 BARBOS Bauteam GmbH 设计，其所在住宅区共有 12 幢公寓楼。

建造商希望建设一座高能效建筑，充分利用被动式和主动式太阳能得热，既有环保意义又具经济效益。剩余热能需求由可再生能源来满足。针对热生产和热分配问题进行探讨之后，最终采用的解决方案是被动房建筑。

5.1.2 建筑理念

该建筑共四层，由 8 个公寓构成，其中 6 个为复式公寓。顶楼 4m 的后退区可用作露台。紧凑的立方形建筑面南而建（向西侧偏 30°）。主要房间玻璃面积大，朝向南边。各公寓平面布置图略有差异，这反映出居住者的个人偏好。

技术室、杂物间和私有地下室设在地下层。可在地下车库泊车。

5.1.3 结构

该建筑为木结构。内外墙的预制木构件有选择性地采用钢梁和钢柱进行了加固，并且在几天内就安装固定完毕。顶棚为木框架 / 混凝土混合结构。

地下室为砖混结构，无采暖。北立面对外通道处阳台和楼梯以及南向阳台，分别采用钢结构和钢筋混凝土建造，它们在热量上与高水平保温的方形建筑是完全隔开的。

5.2 能源

5.2.1 能源概念

南立面窗户面积较大，达到 50%。南向房间面积宽敞可以使太阳能得热深入建筑。其他立面只设置一些小窗户。

该建筑具有以下技术特点：

- 高保温气密性建筑围护结构：*U* 值（平均值）：0.26W/（$m^2 \cdot K$）；密封增压试验（50Pa）：0.6 ach；
- 热桥最小化；
- 节能窗户：*U* 值（含窗框）为 0.9—1.07W/（$m^2 \cdot K$）；
- 热回收（效率约为 80%）高效通风和地埋管新风预热；
- 太阳能集热器用于热水及采暖：40.5m^2；
- 木颗粒燃料供热系统：9—25kW，覆盖率 70%；
- 屋顶光伏（PV）系统，并网单晶硅太阳能电池：1.44kWp；
- 节能设备。

单位室内采暖需求：11.6 kWh/（$m^2 \cdot a$）。热水能源需求为：15.9kWh/（$m^2 \cdot a$）。系统的一次能源需求为 19.1kWh/（$m^2 \cdot a$）。以上数值均针对净采暖居住面积。

图5.2.1 通风

资料来源：P. Wälchli，ETH Student，Zürich

图5.2.2 控制系统

资料来源：P. Wälchli，ETH Student，Zürich

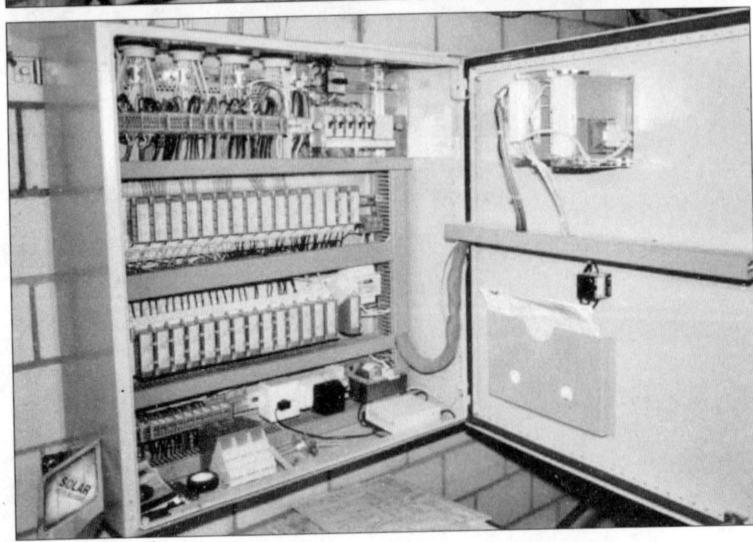

图5.2.3 能源供应

资料来源：P. Wälchli，ETH Student，Zürich

图5.2.4 纤维水泥板和木条板

资料来源：P. Wälchli，ETH Student，Zürich

5.2.2 建筑围护结构

由于建筑体量紧凑，并且采暖区和非采暖区之间有严格的结构分离和热分离，因而保温层可保持连续性，从而将热桥减至最小。

预制的背侧通风外墙的 U 值极佳，达到 0.13W/（m^2·K），结构厚度不超过 40cm。

在消防安全方面，北立面覆盖纤维水泥板。其他立面朝向垂直的白色木档板。

窗户铺设内膜热镜 TC 88 并填充氪气。玻璃 U 值为：0.7W/（m^2·K），g 值为 0.5。随着窗户尺寸的变化，整个木框窗户的 U 值在 0.9—1.07W/（m^2·K）范围内变化。

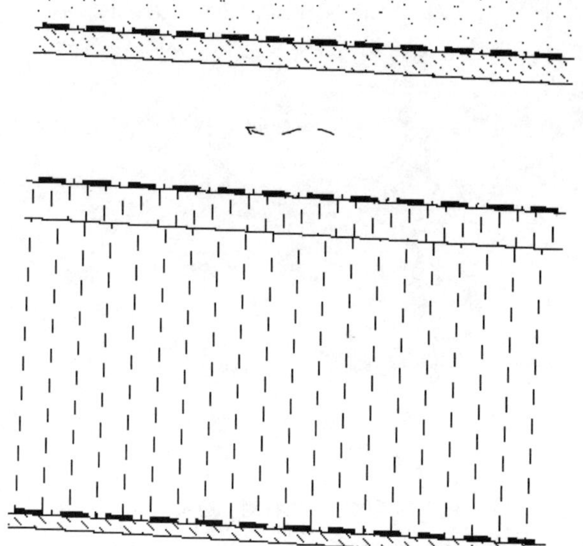

图5.2.5 屋面

资料来源：Beda Bossard，BARBOS Büro für Baubiologie Bauökologie and Energie

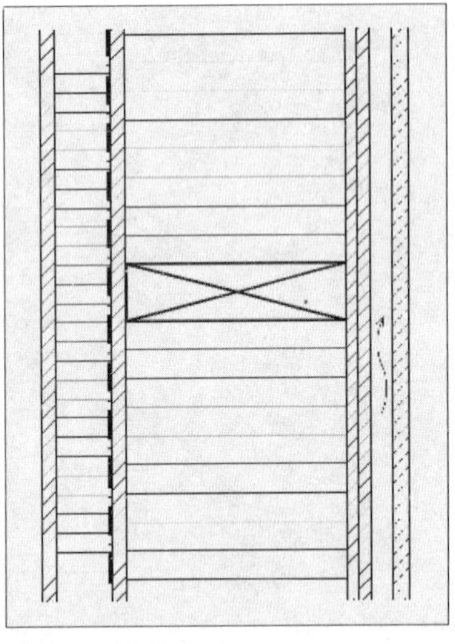

图5.2.6　墙体

资料来源：Beda Bossard，BARBOS Büro für Baubiologie Bauökologie and Energie

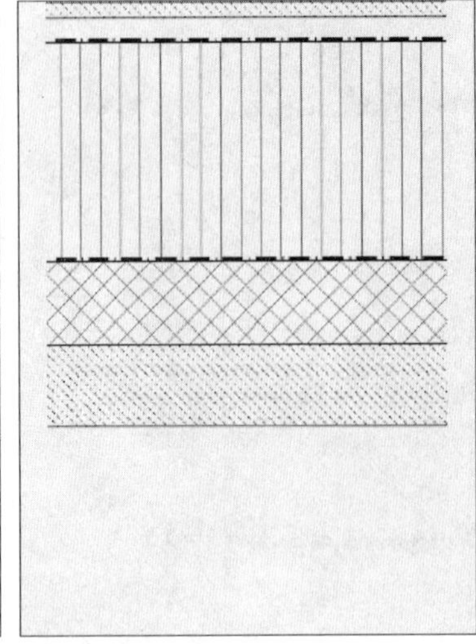

图5.2.7　露台

资料来源：Beda Bossard，BARBOS Büro für Baubiologie Bauökologie and Energie

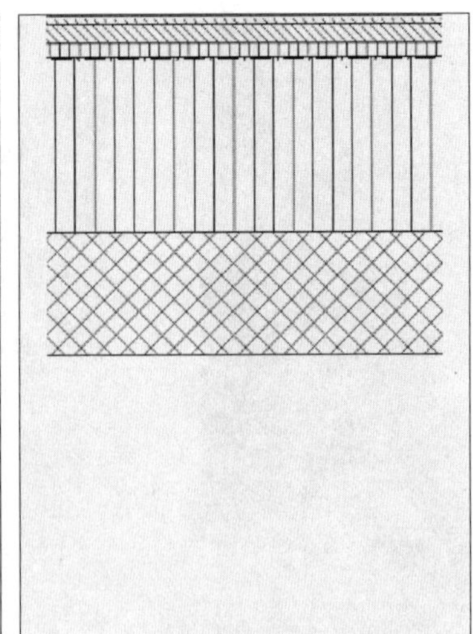

图5.2.8　楼板至地下室

资料来源：Beda Bossard，BARBOS Büro für Baubiologie Bauökologie and Energie

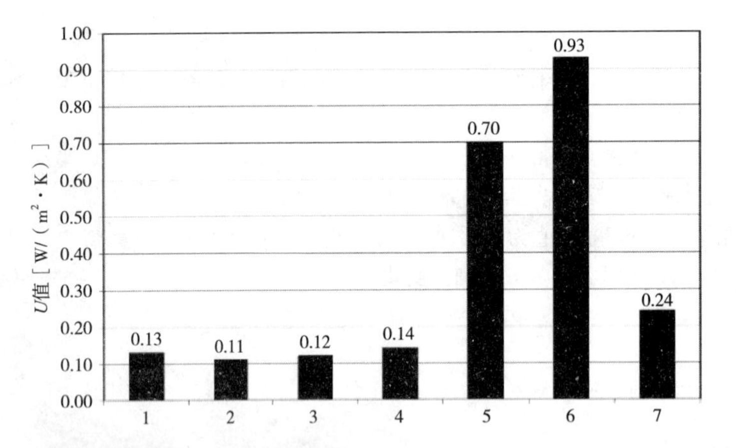

注：U值［W/（m^2·K）］

1. 外墙；
2. 屋面；
3. 露台；
4. 楼板至地下室；
5. 窗户（玻璃）；
6. 窗户（含窗框），平均值；
7. 建筑围护结构平均U值

图5.2.9　U值

资料来源：Beda Bossard, BARBOS Büro für Baubiologie Bauökologie and Energie

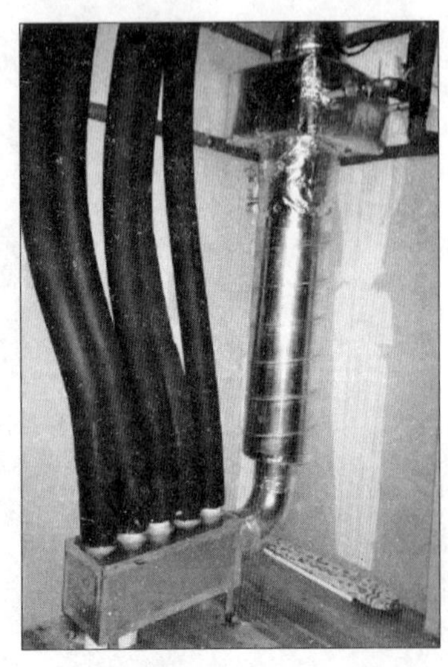

图5.2.10　采用加热盘管（上右侧）和吸收管（中右侧）送风

资料来源：Beda Bossard, BARBOS Büro für Baubiologie Bauökologie and Energie

图5.2.11 屋顶安装的太阳能集热器和光伏设备

资料来源：Beda Bossard，BARBOS Büro für Baubiologie Bauökologie and Energie

5.2.3 屋面（从外到内）

- 种植土（高强度种植）；
- 防护排水毡；
- 防水层；
- 木槽板 =2.7cm；
- 空气间层 =14.0cm；
- 屋面薄膜；
- 木纤维板 =4.0m；
- 木椽条 / 矿棉 =32.0cm；
- 防潮层和隔气层；
- 石膏板 =1.5cm；且
- 总计（不含绿色屋顶）=54.2cm；
- U 值 =0.11W/（m^2 · K）。

5.2.4 外墙（从内到外）

- 石膏板 =1.5cm；
- 含矿棉的木条 =6.0cm；
- 防潮层和隔气层；
- 石膏板 =1.5cm；
- 木板 / 矿棉 =24.0cm；
- 石膏板 =1.25cm；
- 石膏板 =1.25cm；
- 空气间层 =2.4cm；
- 木槽板 =1.9cm；
- 总计 =39.8cm；且
- U 值 =0.12W/（m^2 · K）。

5.2.5 露台

- 木条板 =2.4cm；
- 防护层 =4.0 m；
- 防水层；
- 木椽条 / 矿棉 =32.0cm；
- 防潮层和隔气层；
- 木框架 / 混凝土结构 =12.0cm；
- 木座板 =12.0cm；
- 总计 =62.4cm；且
- U 值 =0.13W/（m^2・K）。

5.2.6 楼板至地下室

- 镶木地板 =1.5cm；
- 石膏板 =2.5cm；
- 隔音层 =2.0cm；
- 防潮层和隔气层；
- 软木保温 =26.0cm；
- 钢筋混凝土 =18.0cm；
- 总计 =50.0cm；且
- U 值 =0.14W/（m^2・K）。

5.2.7 通风

埋在地下的聚乙烯管预热送风。管道直径 200mm，长度为 4m × 25m，埋地深度 1.8m。地埋管预热可防止换热器在冬季结冰。

回流空气经过效率为 80% 的交叉逆流式换热器，回流空气中的热量经回收后进一步加热空气。然后，空气通过共用隔墙内的通风管道转移到公寓中。各公寓均有独立的送风和回流空气通风道。

送风经加热盘管进一步加热，最高可达 46℃，通过楼板和墙体上的出口送出。排风则是从厨房和浴室中抽出，经过热回收系统排出户外。

夏季可采用旁通管避开热回收系统。

5.2.8 产热与配热

Wechsel 公寓楼所需热能由木颗粒燃料供热系统和太阳能集热器生产。

木颗粒燃料供热功率在 9—25kW 之间变动。木颗粒燃料的全年产热量为 25.5kWh/（m^2・a），达到总热能需求 36.5kWh/（m^2・a）的 70%。总热能需求中 14.5kWh/（m^2・a）是用于室内采暖，22kWh/（m^2・a）则用于制备生活热水。

屋顶的 18 个太阳能集热器分布成两排，保持 45° 倾角。总吸热体面积达到 40.5m^2。太阳能保证率为 30%。

太阳能集热器和木颗粒燃料供热系统都向联合锅炉系统提供热量，以集热器热量优先。只有当集热器不能满足需求时，才启动木颗粒供热系统。

锅炉中的热水可为公寓提供生活热水，并通过水对空气换热器加热送风，最高可至 46℃。

配热通过送风实现。在浴室安装的散热器则可提高舒适度。

5.2.9 电

Weehsel 公寓楼的家庭用电为 15.7kWh/（m^2·a），技术系统（泵、电梯和控制系统）用电为 3.1kWh/（m^2·a）。

屋顶安装的 12m^2 光伏系统为并网系统，采用单晶硅太阳能电池。总额定输出量为 1.44kWp。8 个串联组件都朝向正南并保持 30° 倾角。第一年，该设备产量为 1694kWh。光伏发电可用来为无采暖的地下室除湿。

5.3 全生命周期分析

5.3.1 方法

在系统边界内，应当考虑影响住宅总能源需求的所有材料的生产、更新和处理。两个地下停车场区域不在系统边界范围内。瑞士混合电力则用于满足通风系统和泵的用电需求。另外，部分结果中包含了家用电器的电耗。

图5.3.1 北立面实景

资料来源：Beda Bossard，BARBOS Büro für Baubiologie Bauŏkologie and Energie

表 5.3.1 给出了 Wechsel 住宅的一些基本参数。建筑用料数量和类型的相关材料选自施工平面图、建筑文件和技术报告。

Wechsel 住宅的基本参数

表 5.3.1

参数	描述	单位	数值
建筑容积	按照SIA116计算的总容积	m^3	5209
建筑面积	净采暖建筑面积	m^2	998
太阳能集热器	40.5m^2平板集热器，用于生活热水和室内采暖	kWh/a	11000
光伏系统	单晶电池组件（12m^2，1.44kWp）	kWh/a	1200
采暖需求	太阳能热量可满足30%，生物质燃料满足70%	kWh/a	14500
生活热水（DHW）需热量	太阳能热量可满足30%，生物质燃料满足70%	kWh/a	22000
生物质燃料需求	采暖和生活热水的木颗粒燃料需求	kWh/a	26500
电力及其他	通风系统和泵的电力需求	kWh/a	3100

注：数据针对包含全部8户公寓的整栋住宅的设计值。

图5.3.2 南向阳台

资料来源：Beda Bossard, BARBOS Büro für Baubiologie Bauökologie and Energie

5.3.2 结果

所有结果都是指每年每平方米净受热面积（建筑使用寿命：80a）的环境影响。为便于比较，研究设定了参照建筑。该参照建筑是没有地下室的两层联排住宅，采用砖墙承重结构，且有聚苯乙烯保温层，共有 6 个净使用面积为 $120m^2$ 的住户，采用非冷凝燃气供热满足需热量 65kWh/（m^2・a）[热水：25kWh/（m^2・a）]。

5.3.3 应用Eco-indicator 99评估建筑全生命周期

图 5.3.4 给出了全生命周期内建造、翻新、处理、运输和运行各阶段在总环境影响中的比重。分析应用了 Eco-indicator 99（中间级别）加权评估法。

根据图 5.3.4 可得出以下重要结论：

- Wechsel 住宅全生命周期的总环境影响仅为参照建筑总环境影响的 42%（设计值）到 45%（实测值）。
- 该建筑（不含家庭用电）运行期间的环境影响占建筑物总环境影响的 13%（设计值）到 19%（实测值）。
- 几乎一半的总环境影响是楼板、地下室、基础形成的，这些构件大部分由水泥类材料（如混凝土）构成。

图5.3.3 厨房

资料来源：Beda Bossard, BARBOS Büro für Baubiologie Bauökologie and Energie

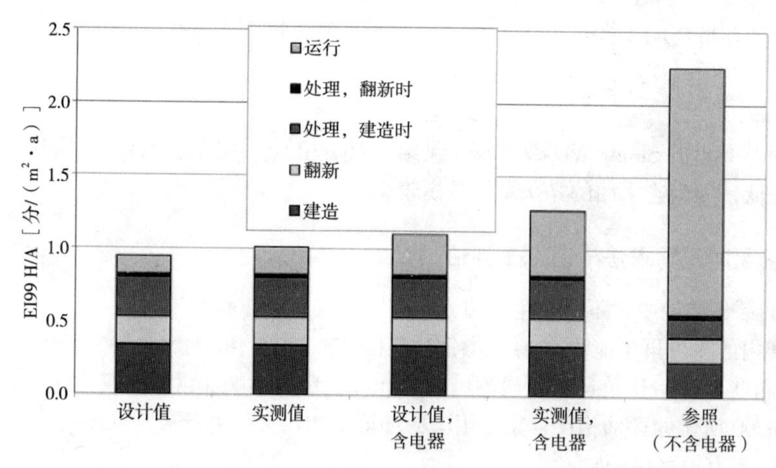

图5.3.4　生命周期各阶段，Eco-indicator 99 H/A

资料来源：Eco-indicator 99 H/A，www.esu-services.ch

- 家庭用电影响相对较低，是总环境影响的 14%—20%。这是因为，瑞士混合电力中可再生能源的比例较大（40% 为水电）且家用电器能耗较低［设计值为 12.6kWh/（m^2·a）；实测值为 21.4kWh/（m^2·a）］。

5.3.4　应用Eco-indicator 99评估建筑构件

图 5.3.5 给出了全生命周期中不同材料组的环境影响，用 Eco-indicator 99 法（中间级别）进行分析。Wechsel 建筑的重要因素（如图 5.3.4）如下：

- 保温材料的环境影响仅为建筑总环境影响的 7%。其中 50% 以上是由楼板软木保温层造成的。
- 重型建筑材料的环境影响占总体的 32%，主要是由地下室、基础和楼板水泥层造成。
- 供暖与通风系统的环境影响仅占总体（建造与翻新，不含太阳能和光伏系统）的 6%。

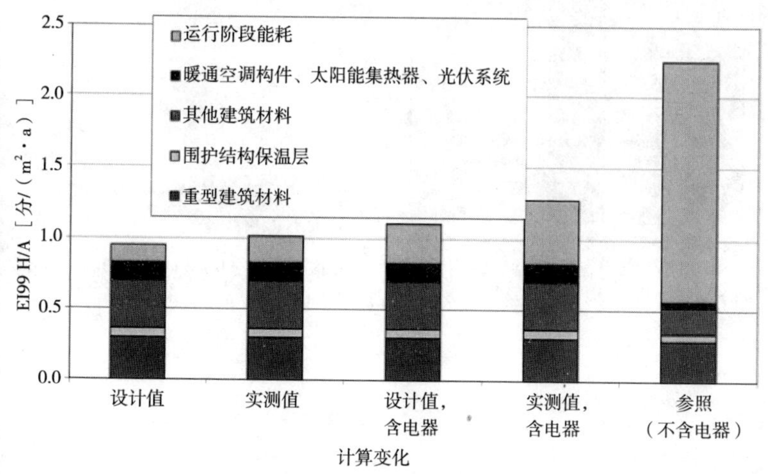

图5.3.5　建筑构件，Eco-indicator 99 H/A

资料来源：Eco-indicator 99 H/A, www.esu-services.ch

- 太阳能集热器和光伏系统的环境影响大约占总体（建造与翻新，包含管道、换热器和储水箱）的 7%。

Wechsel 公寓楼的评估结果与苏黎世的 Sunny Woods 公寓（见第 4 章）相似，不同之处在于其暖通空调（HVAC）构件的环境影响更低，因为它采用的光伏系统规模较小。

5.3.5　建筑构件的影响：应用累积能源需求法（CED）评估

在累积能源需求法（CED）的评估结论中，不可再生能源方面的差异较大（如图 5.3.6）。

Wechsel 公寓楼在全生命周期内的不可再生能源 CED 是参照建筑的 27%(设计值)到 53%(实测值)。由于室内采暖和生活热水使用可再生能源，建筑运行阶段不可再生能源的环境影响非常小，仅为总体的 2%—3%。与应用 Eco-indicator 99 所做的评估相比，家庭用电的环境影响较大。由于核发电效率低，家庭用电在建筑总环境影响中的比例为 40%—50%。

不同建筑构件的累积能源需求影响评估结论，与 Eco-indicator 99 评估接近。保温层和重型建筑材料的环境影响分别占总体的 9% 和 23%。HVAC 构件中，太阳能系统和光伏系统占总体的 6%，其他 HVAC 构件占 5%。

除不可再生能源需求外，在不考虑家庭用电（设计值）的条件下，建筑在全生命周期内还使用了下列可再生能源：

- 水电：5.5kWh/（m^2・a）(超过 50% 的电力为建筑运行所用)；
- 生物质燃料（以木材为主）：50kWh/（m^2・a）(58% 的木材在颗粒燃料炉中消耗，即产能 28.9kWh/（m^2・a）)。

建筑结构中的生物质蕴能主要是在软木保温层和木地板中。

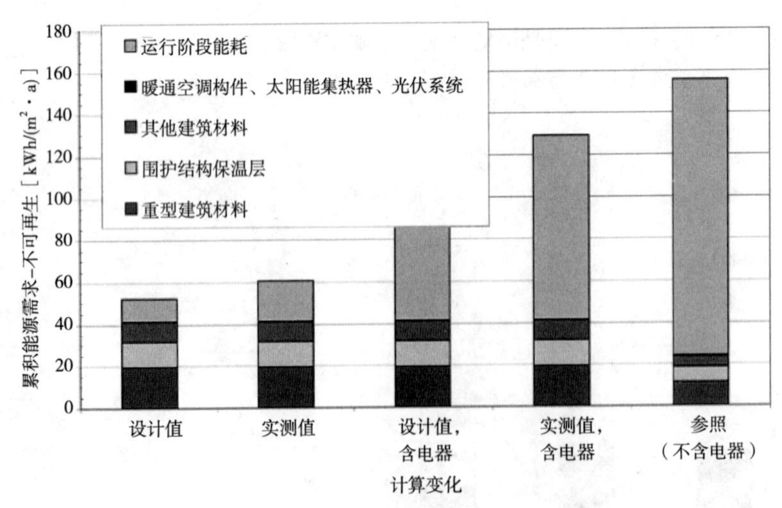

图5.3.6　建筑构件——累积能源需求（不可再生）

资料来源：Alex Primas, Basler and Hofmann Ingenieure und Planer, Zürich

5.3.6 全生命周期分析总结

图5.3.7 北侧的通廊

资料来源：P.Wälchli, ETH Student, Zürich

与参照建筑相比，在有效利用不可再生资源方面，施坦斯的 Wechsel 被动房在建造、翻新和处理阶段的环境影响结果较好。对与 Wechsel 建筑本身，楼板、地下室和基础等重型建筑构件的环境影响非常凸显。而保温材料对建筑结构的总环境影响的作用很小，但是对建筑使用阶段的能源需求影响很大。

由于该建筑强调以可再生能源作为基本概念，因而其建筑运行能耗对建筑总环境影响的作用较小。实测值和设计值之间的差别主要是由于设计值过于乐观（例如通风的电力需求方面）造成的。

从家庭用电量可以看出设计值和实测值之间的较大差别。其主要原因是居住者所用照明系统的功效较差。结果表明对高效建筑来说，高效家电的作用也很大。若这方面能达到设计值，建筑的总

图5.3.8 住宅区：南侧实景

资料来源：P. Wälchli, ETH Student, Zürich

环境影响可以降低 25%。可据此得出结论，节能家电（如照明、冰箱等）对于低能耗住宅来说非常重要。

除家电外，最有优化潜力的是楼板结构。铺设楼板时应尽量少用混凝土和水泥。不过另一方面，轻型楼板构造可能引起隔声问题，而多户住宅必须避免这些问题。

5.4 经济性

该项目最初来源于在一起工作的 4 户家庭。另外的 4 套公寓则在设计阶段就已经售出了。鉴于项目本身的吸引力和施坦斯怡人的居住环境，公寓的销售是件轻而易举的事。

建筑物（标准装修）的投资成本为 205.8 万欧元。与普通住宅相比，Wechsel 项目的增量成本为 14.5%。

账目分类：一切成本，包括设计费和 7.6% 增值税　　表 5.4.1

相关建筑成本	€/m³	€/m²	总计€
建筑成本（标准装修）	395	1645	2058000
总投资成本（含建筑用地）			3100000
技术系统成本			
光伏设备			12300
年运行成本			
公寓楼供暖和一般维护	木颗粒燃料		1971
	供热系统		
	通风系统		3005
	总计		4976

注：瑞士联邦能源办公室出资61300€资助本项目；瑞士政府则额外提供了20400欧元用于项目后评估。

5.5 经验总结

有必要将供暖与通风系统设计放在初期阶段，这有利于优化管道的布置。一方面可以改进房间空调设备；另一方面可降低成本。内墙应用预制木构件有利于管道布线安装。

在冬季室内温度方面，顶楼的一套公寓因通风系统动力不足而无法供热。除此之外，其他公寓都可以达到目标值。结果是使用了电弧炉。由于需热量非常低，而且只是短期使用电炉，因此该方案是可以接受的。有一种方案可以避免此类问题，即采用水压地板采暖系统，也就是把供暖与通风系统分开。与加热盘管预热新风相比，这样做的优点之一是降低了地板采暖系统的工作温度。

Wechsel 被动房公寓楼与住宅区内按照普通建筑标准建造的其他公寓看上去没有区别。能源措施对建筑的整体规划设计有显著影响；而提高舒适度，以及考虑居住者喜好也是同样重要的。譬如在洗手间安装散热器很不错，这能够进一步提高舒适度。

图5.5.1 入口第一层

资料来源：P. Wälchli，ETH Student，Zürich

最后，来自住户的支持对于充分发挥被动房的功能而言起着决定性的作用。

致谢

感谢相关建筑师和能源规划师为本书提供项目相关信息、图纸和照片。

参考文献

Betschart, W. and Rieder, U. (eds) (2000) 'Projektvorstellung: Überbauung Passiv-Acht-Familienhaus, Wechsel, 6370 Stans', in W. Betschart and U. Rieder (eds) *Fachtagung Energieeffizienz dank Passivhaus, Luzern, January 2001*, HTA Luzern, Luzern, pp95–115

Hoffmann, C. (2003) 'Mehrfamilienhaus in Stans', in C. Hoffmann et al (eds) *Wohnbauten mit geringem Energieverbrauch. 12 Gebäude: Planung, Umsetzung, Realität*, C.F. Müller Verlag, Heidelberg, pp171–182

Humm, O. (2002) 'Ein Passivhaus nach Schweizer Art', *Gebäudetechnik*, vol 1, pp14–19

6. 维也纳Utendorfgasse被动房公寓楼

Helmut Schoeberl

6.1 项目描述

图6.1.1 维也纳Utendorfgasse被动房公寓楼

资料来源：Schoeberl and Poell OEG, Vienna, www.schoeberlpoell.at

6.1.1 概述与背景

维也纳 Utendorfgasse 被动房公寓楼的设计和建造，着重探索了社会住宅按“被动房”标准进行设计的重要相关问题。当前面临的挑战是：如何在满足该标准的同时，将成本控制在社会住宅有限的预算范围内。Schöberl und Pöll OEG 成功地建成了首个此类的高标准项目。

该项目的主要特点是：

- 高效益：被动房标准的增量成本不大于 75 €/m^2 有效居住面积；
- 低能耗－被动房标准：室内采暖能源需求≤ 15kWh/（m^2・a）；热负荷≤ 10W/m^2；气密性 n_{50} ≤ 0.6ach；一次能源需求≤ 120kWh/（m^2・a）；
- 高舒适：可控通风、良好隔声、高卫生性和高用户接受度。

6.1.2 建筑概念

建筑场地位于维也纳 Utendorfgasse 7，占地 $2600m^2$。现有一栋建筑位于场地西侧。三栋新建筑中，有两栋与该建筑相邻，且与防火墙相接。每栋建筑长约 19m，进深 15m，楼高四层并有顶层阁楼。电梯－楼梯间位于各栋住宅北侧。建筑占地面积约为 $850m^2$，居住面积约 $3000m^2$。每户约 $75m^2$。所有住宅均有南向窗户、凉廊、阳台或露台。地下车库依照规定设置了 39 个停车位。

被动房UTENDORFGASSE：1140维也纳

Section
HEIMAT ÖSTERREICH

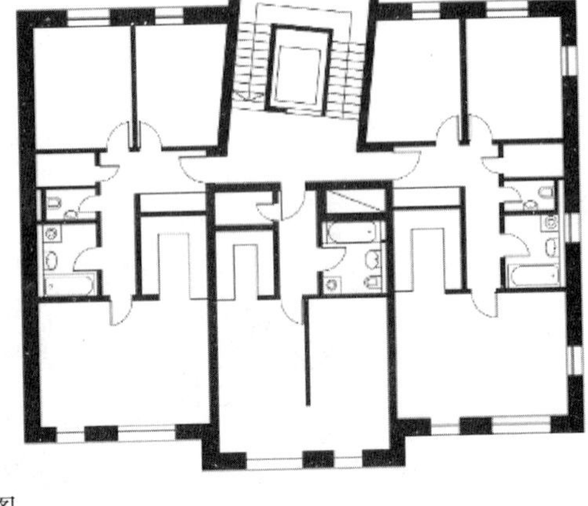

图6.1.2 其中一栋建筑的剖面（左）与标准楼层平面（右）示意图

资料来源：Franz Kuzmich，Vienna

6.1.3 建造

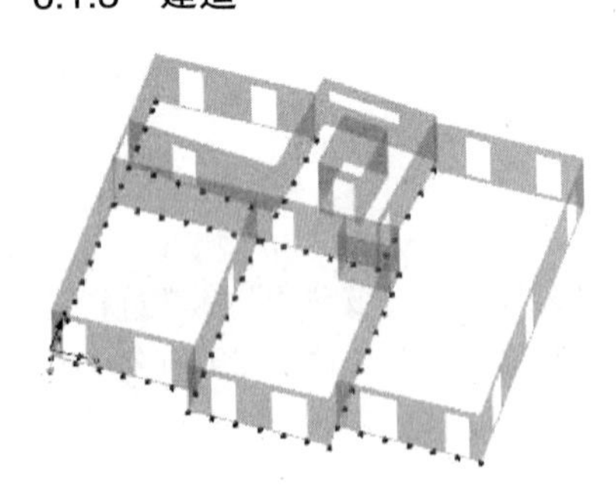

为了实现承重墙与地基之间的热工分离，建筑应用了充气混凝土，构成了一条特殊的隔热带。外部面层为砖石砌筑。通常情况下的方案会采用诸如“Purenit”之类的高强度保温层，但是价格会太过昂贵。

图6.1.3 热工分离的静态系统

资料来源：Werkraum ZT OEG，Vienna，www.werkraumwien.at

6.2 能源

6.2.1 被动房概念

由于建筑围护结构热工性能优良，热负荷仅为 $9.4W/m^2$。在室温 20℃条件下，平均室内采暖能源需求计算值为 $14.7kWh/(m^2 \cdot a)$。

生活热水、采暖、通风和家庭用电的一次能源特征值优于被动房标准中 $120kWh/(m^2 \cdot a)$ 的最大值。达到该目标值需采用节能家电。热水、采暖和通风的一次能源需求量计算值为 $46kWh/(m^2 \cdot a)$。

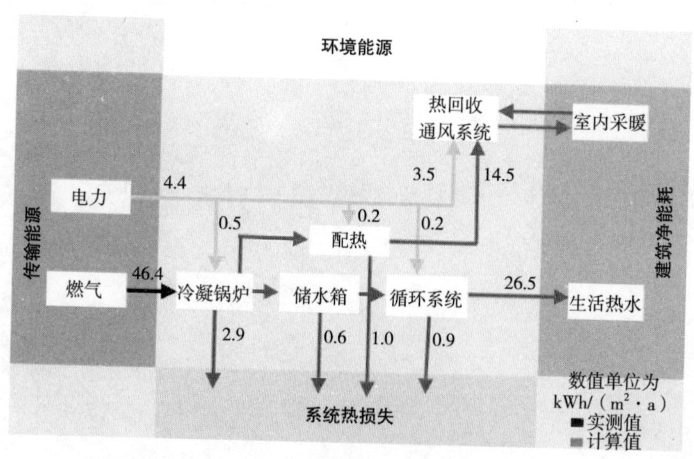

图6.2.1　能源供应

资料来源：Schoeberl and Poell OEG，Vienna，www.schoeberlpoell.at，and AEU GmbH

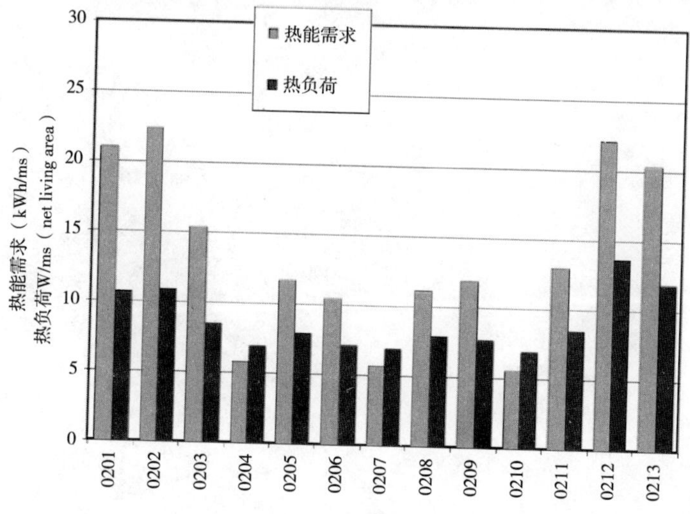

图6.2.2　二号住宅楼各户热负荷和热需求各月分布

资料来源：TU-Vienna Zentrum für Bauphysik und Bauakustik，Vienna，www.bph.tuwien.ac.at

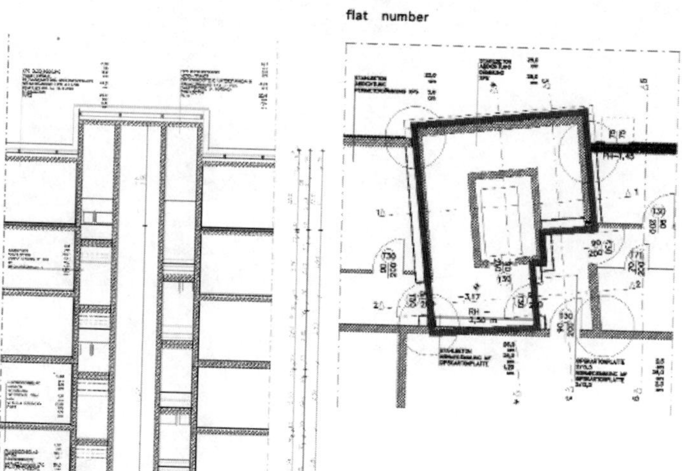

图6.2.3　电梯-楼梯间保温界面的剖面图（左）与平面图（右）

资料来源：Schoeberl and Poell OEG，Vienna，www.schoeberlpoell.at，and Franz Kuzmich，Vienna

6.2.2 建筑围护结构

选用保温层厚度为 27cm 的墙体结构。

6.2.3 外墙

- 膨胀性聚苯乙烯保温层［EPS–F ≤ 0.035W/（m^2·K）或≤ 0.040W/（m^2·K）］=27.0cm；
- 钢筋混凝土层 =18.0cm；
- 总计 =45.0cm；
- *U* 值 =0.125 或 0.143W/（m^2·K）。

6.2.4 屋面

- Domitech 屋面（www.domico.at）；
- 矿物纤维保温层 =44.0cm；
- 隔气层 =0.4cm；
- 钢筋混凝土层 =20.0cm；
- 总计 =64.4cm；
- *U* 值 =0.096W/（m^2·K）。

6.2.5 顶棚

- 钢筋混凝土层 =20.0cm；
- 调整层 =3.0cm；
- 隔声层 =3.0cm；
- 隔离层 =0.02cm；
- 找平层 =5.0cm；
- 楼板面层 =1.5cm；
- 总计 =32.5cm；
- *U* 值：0.847W/（m^2·K）。

6.2.6 最低楼层顶棚

- 钢筋混凝土层 =30.0cm；
- 浇筑找平层 =3.0cm；
- 膨胀聚苯乙烯保温层（EPS）=35.0cm；
- 隔音层 =4.0cm
- 隔气层 =0.2cm；
- 砂浆找平层 =5.0cm；
- 楼板面层 =1.5cm；
- 总计 =78.7cm；
- *U* 值：0.095W/（m^2·K）。

电梯 – 楼梯间位于有保温的建筑围护结构之内，并延伸至地下停车场。这种布局有以下优点：

- 电梯 – 楼梯间一月的温度约 17℃，未设置保温设施时仅为 4℃。

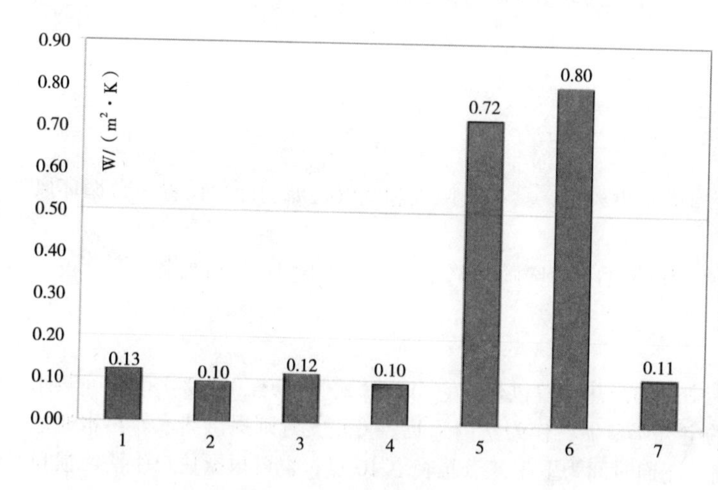

注：U值［W/（m^2·K）］：
1. 外墙；
2. 屋面；
3. 露台；
4. 地面到地下室；
5. 窗户（玻璃）；
6. 窗户（含窗框），平均值；
7. 平均U值建筑围护结构

图6.2.4　U值

资料来源：Schoeberl and Poell OEG，Vienna，www.schoeberlpoell.at，and AEU GmbH

- 外围护结构保温层连续不中断，因而不会造成热桥。
- 避免让住宅和楼梯之间的衔接过于复杂。
- 住户的户门无须昂贵的高水平保温。

Utendorfgasse 公寓的窗户质量非常好：
- U（整体）=0.92；
- U（窗框）=0.96；
- U（玻璃）=0.81；
- g 值 =0.48。

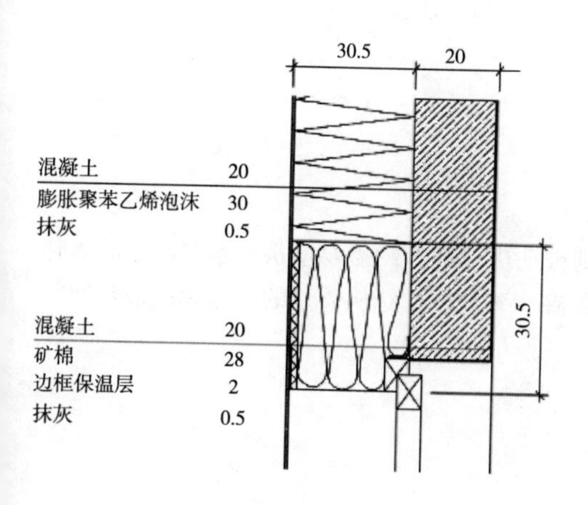

图6.2.5　窗户防火措施：防范火势沿建筑立面蔓延

资料来源：Schoeberl and Poell OEG，Vienna，www.schoeberlpoell.at，and Franz Kuzmich，Vienna

6.2.7　防火保温周界

由于建筑立面保温层较厚，十分有必要在窗户周边特别应用防火措施。为此特别进行了细部设计——应用覆盖有膨胀聚苯乙烯表层的矿棉垫。

6.2.8　遮阳

建筑首层、二层、三层和四层的檐廊足以达到遮阳效果，可以避免过热问题。顶层公寓则可同时采取内部和外部遮阳措施。天窗的内外侧都有遮阳措施。

6.2.9　通风系统

通风系统包括：

- 各楼的电梯 - 楼梯间均安装了屋面中央风机，具有热回收和空气过滤功能，设置一台循环风机和防冻用的电预热调温装置；
- 各住户采用分散式送风采暖，四档调节的射流喷嘴和调速通风机可由住户自行控制。

6.2.10　产热与配热

整栋建筑物的采暖和热水供应由集中式的产热装置供热。它由一台燃气锅炉（80kW）和普通热水箱构成。循环管将热水送至各公寓户的空气调节器，作为室内采暖，另一支管则提供热水。热水通过泵（<200W）实现循环，由定时器控制。流通时间为上午 4 点至晚上 10 点，也可根据住户生活习惯自由调节。

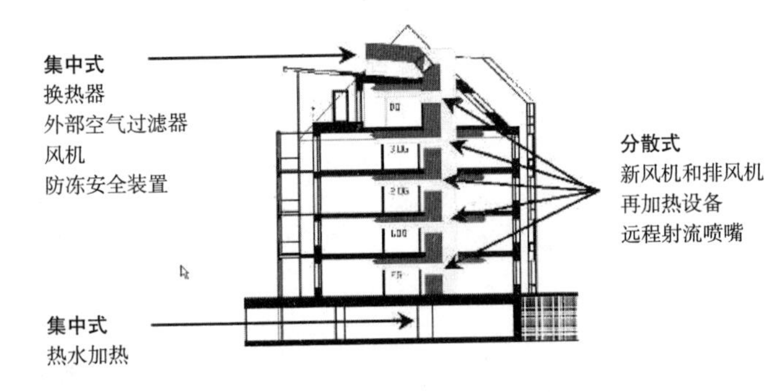

图6.2.6　技术概念

资料来源：Schoeberl and Poell OEG，Vienna，www.schoeberlpoell.at

6.3　经济性

6.3.1　被动房标准的增量成本

与满足低能耗标准的维也纳社会住宅成本相比，达到被动房标准大约需要增量成本 73 €/m^2 居住面积。该增量成本将超出社会住宅预算 7%。成本增加主要在于建筑围护结构质量的改进和高效热回收通风系统。图 6.3.1 给出节约的成本和增量成本。

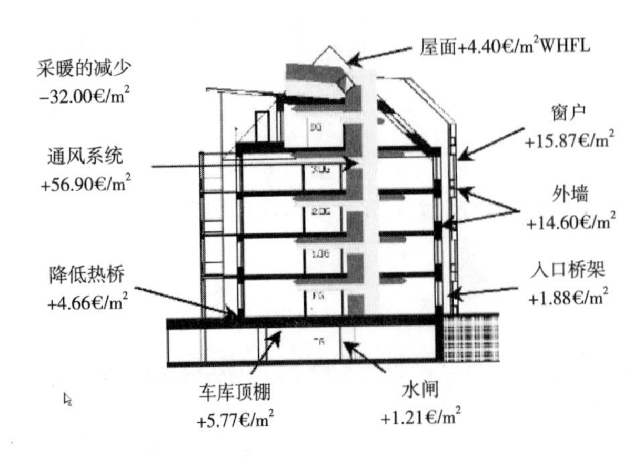

图6.3.1　达到被动房标准的社会住宅每平方米居住面积的建设增量成本，不含营业税（2003）

资料来源：Schoeberl and Poell OEG，Vienna，www.schoeberlpoell.at

6.3.2 被动房的使用成本

电力占总使用成本的60%。热水为第二大开支。采暖仅占总使用成本的15%。

参考文献

Schöberl, H., Bednar, T. et al (2004a) *Anwendung der Passivhaustechnologie im sozialen Wohnbau (Applying Passive Technologies in Social Housing)*, Final report of the research and demonstration project, Federal Ministry for Transport, Innovation and Technology, Federal Ministry for Economic Affairs and Labour, Vienna

Schöberl, H., Hutter, S., Bednar, T., Jachan, C., Deseyve, C., Steininger, C., Sammer, G., Kuzmich, F., Münch, M. and Bauer, P. (2004b) *Anwendung der Passivhaustechnologie im sozialen Wohnbau (Applying Passive Technologies in Social Housing)*, vol 68, Fraunhofer IRB Verlag, Bauforschung für die Praxis, Stuttgart

Schöberl, H., Bednar, T. et al (2004c) *Applying Passive Technologies in Social Housing*, Summary, www.schoeberlpoell.at, Vienna

7. 奥地利Thening正能源住宅

Daniela Enz

7.1 项目描述

奥地利 Kroiss 家庭的正能源住宅是一栋生态环保的被动式住宅，位于林茨以西约 15km 处的 Thening。它采用预制木构件建造。业主的设想是建造一座净零能耗住宅，而建筑师 Andreas Karlsreiter 更超越了这一目标：该住宅的一次能源产量大于消耗。

图7.1.1 奥地利Thening正能源住宅：南向视角
资料来源：UWE Kroiss Energiesysteme，Kirchberg-Thening，www.energiesysteme.at

7.1.1 建筑概念

该建筑结构紧凑，朝向南。北立面仅有一扇小窗户。考虑到灵活布局的重要性，首层平面形式简洁，面向花园敞开。私密区域则多设置在二楼。

水平向护壁板由云杉制成，后面是优质的保温层和 DWD 板、植物纤维保温层和定向纤维板（oriented strand board-OSB）。

7.2 能源

7.2.1 能源概念

被动房标准和可持续生态设计目标是依照以下能源概念实现的。

- 高度保温的木框架结构；
- 外立面集热器 $17m^2$；
- 热回收率为 85% 的通风系统，用于采暖和制冷；

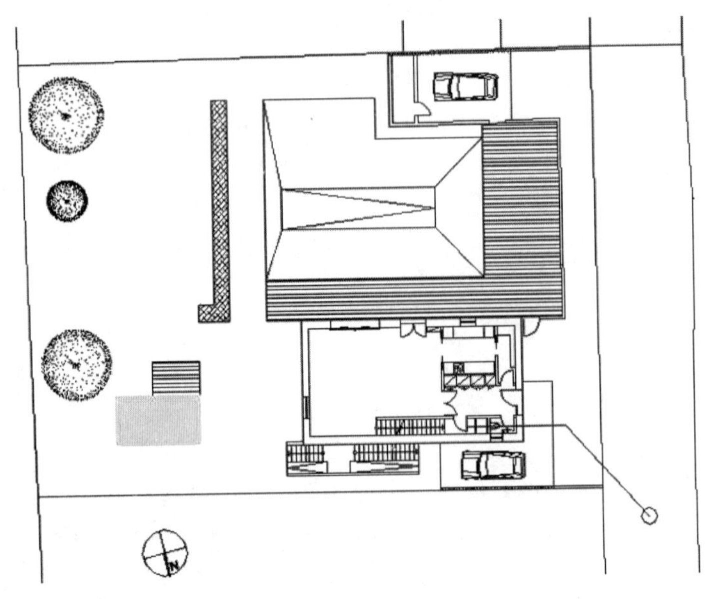

图7.1.2　总平面图

资料来源：Andreas Karlsreiter

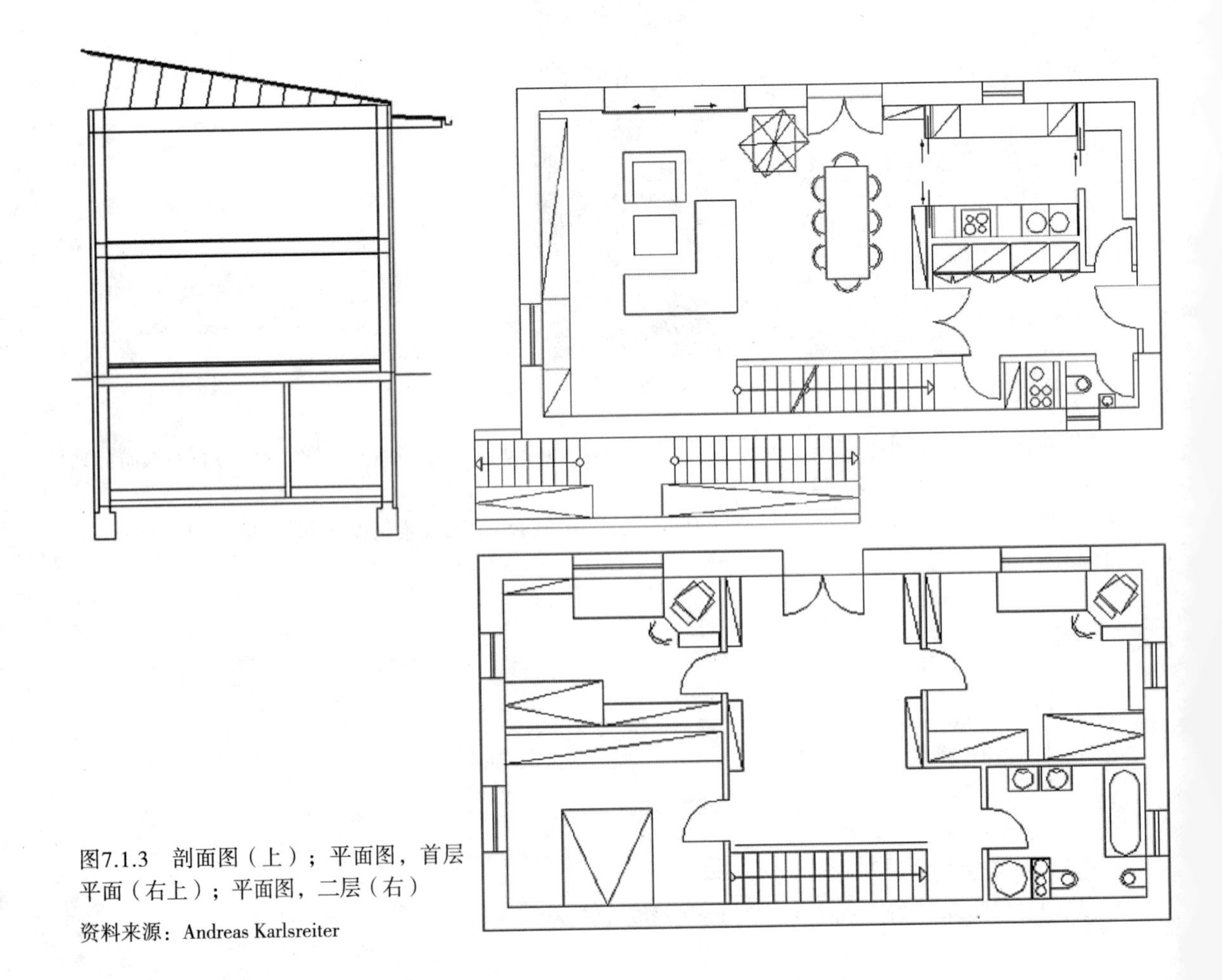

图7.1.3　剖面图（上）；平面图，首层平面（右上）；平面图，二层（右）

资料来源：Andreas Karlsreiter

- 6000L 雨水过滤储水箱；
- 屋顶上安装 10350Wp 并网光伏系统。

得益于高保温水平和高热回收率，取消了通常用于紧急供热的供热管，从而大大节约了成本。

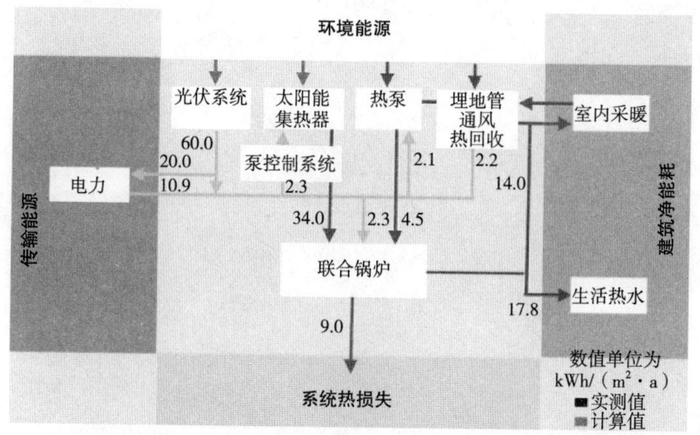

图7.2.1 能源供应概念

资料来源：UWE Kroiss Energiesysteme，Kirchberg-Thening，www.energiesysteme.at

屋顶向南倾斜 10°，这样光伏（PV）板可与建筑结构融为一体。光伏组件共 86m²，由 Solarfabrik 采用碳中和生产工艺制造电力生产量比消耗量多三分之一，多余的电力传入公共电网。

7.2.2 数据资料

- 居住面积 =150m²；
- 采暖容积 =668m²；
- 围护结构面积 =481m²；
- 总建筑面积 =206m²。

各部分建造情况如下：

地下室

- 楼面瓷砖 =1.0cm；
- 砂浆底层 =6.0cm；
- PAE 防护膜；
- 45/42 TSDP；
- 聚苯乙烯 =10.0cm；
- 混凝土 =10.0cm；
- 砾石 =30.0cm；
- 总计 =57.0cm；
- U 值 =0.11W/（m²·K）

外墙

- 纤维石膏板（Fermacell）=1.5cm；
- 含亚麻保温层的安装层 =6.0cm；

- 生态隔气层
- OSB 板 =1.5cm；
- TJI 龙骨 /Isocell 纤维素 =30.0cm；
- DWD 板 =1.6cm；
- 总计 =40.6cm；
- U 值：0.11W/（m^2・K）

顶棚

- 衍生木材板 =2.2cm
- 集成材 =32.0cm
- 矿物纤维保温层 =10.0cm；
- PAE 膜作隔气层；
- 木板卡夹 =2.4cm；
- 石膏板 =1.5cm；
- 总计 =48.1cm；
- U 值：0.11W/（m^2・K）

屋面

- 橡胶护膜；
- Rheinzink 金属片；
- 冷凝水排水槽护膜；
- 木板卡夹
- 通风层；
- 防潮膜 =2.4cm；
- 多封闭孔膜保温部件 =11.0cm；
- 衍生木材板 =1.6cm；

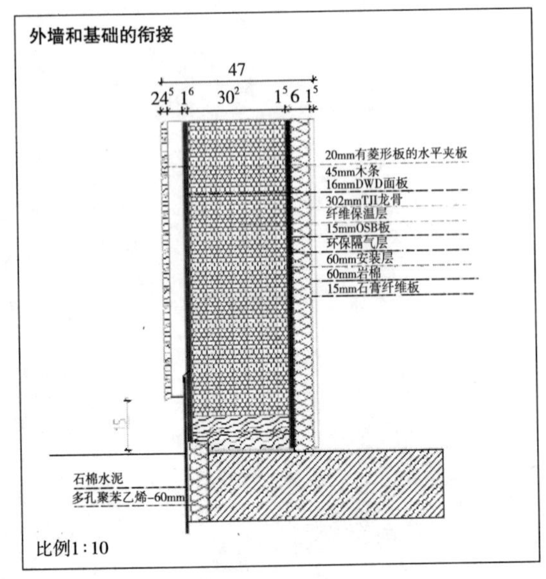

图7.2.2 外墙结构和基础细部

资料来源：Berchtold Holzbau GmbH，Wolfurt，www.berchtoldholzbau.com

- 集成材，矿物纤维保温层 =10.0cm；
- PAE 膜作隔气层；
- 木板卡夹 =2.4cm；
- GKF=1.5cm；
- 总计 =28.9cm；
- *U* 值：0.11W/（m^2·K）

窗户

窗户为三层玻璃的 Sigg Passivhaus 窗户。

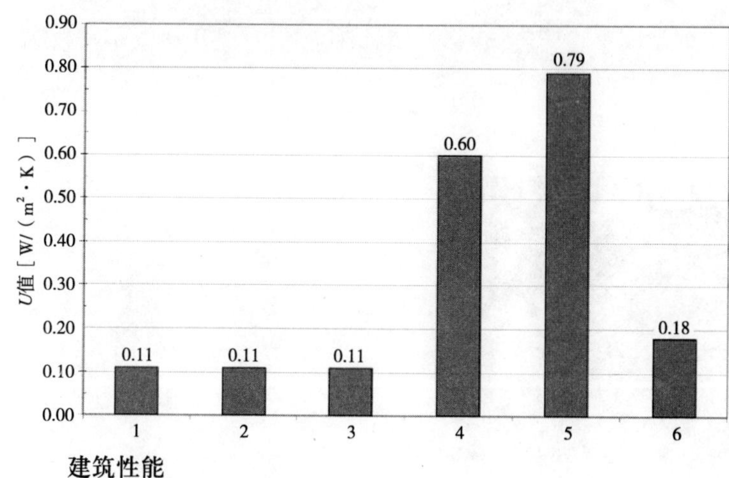

注：*U*值［W/（m^2·K）］：
1. 外墙；
2. 屋面；
3. 楼板到地下室；
4. 窗户（玻璃）；
5. 窗户（含窗框），平均值；
6. 平均*U*值建筑围护结构。

图7.2.3 *U*值

资料来源：UWE Kroiss Energiesysteme, Kirchberg-Thening, www.energiesysteme.at

建筑性能

- 总需热量 =2800kWh；
- 单位建筑面积需热量 =14kWh/（m^2·a）；
- 热负荷 =3.3kW；
- 单位面积热负荷 =16.2W/m^2；
- 围护结构气密性 =0.9ach。

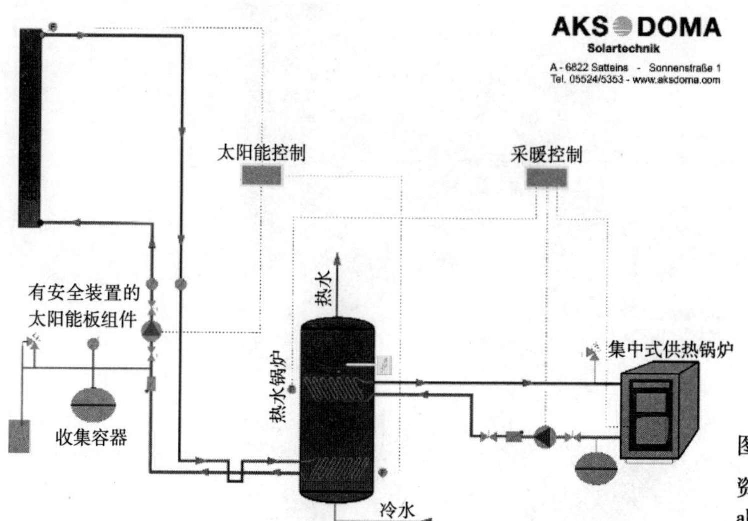

图7.2.4 太阳能集热器用于热水供应

资料来源：AKS Doma Solar, www.aksdoma.com

图7.2.5　外立面太阳能集热器的吸热体

资料来源：AKS Doma Solar，www.aksdoma.com

图7.2.6　光伏组件安装

资料来源：UWE Kroiss Energiesysteme，Kirchberg–Thening，www.energiesysteme.at

图7.2.7　客厅

资料来源：UWE Kroiss Energiesysteme，Kirchberg–Thening，www.energiesysteme.at

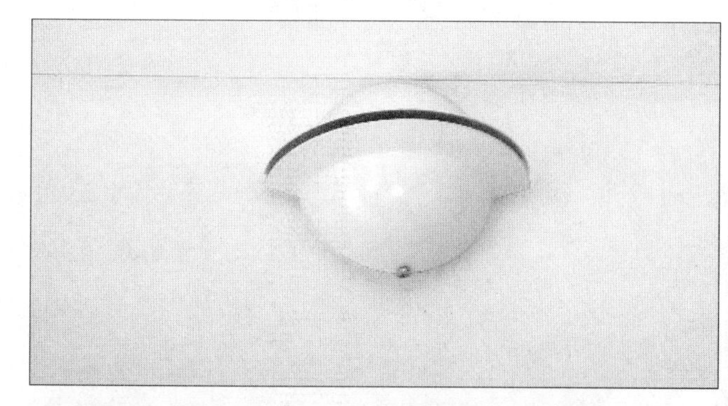

图7.2.8 室内送风口

资料来源：UWE Kroiss Energiesysteme，Kirchberg-Thening，www.energiesysteme.at

图7.2.9 环境空气送风口

资料来源：UWE Kroiss Energiesysteme，Kirchberg-Thening，www.energiesysteme.at

图7.2.10 地下管道

资料来源：UWE Kroiss Energiesysteme，Kirchberg-Thening，www.energiesysteme.at

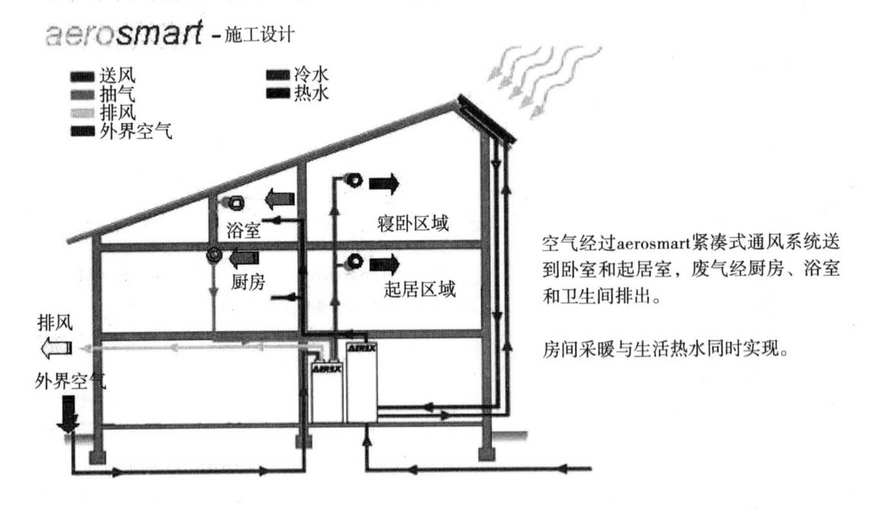

图7.2.11　民用工程系统示意图

资料来源：UWE Kroiss Energiesysteme，Kirchberg-Thening，www.energiesysteme.at

通风系统用于这两层楼，热回收率为 85%。经地埋换热管，进入系统的空气升温至 12℃；并通过两个过滤器净化后以每秒 300mm 的速度传送至起居室。空气在厨房、浴室和洗手间排出室外。空气对空气换热器将新风温度提高至少 4K。电热泵则提供其余需热量，以保证空气传输到起居空间时的温度为 16—20℃，且每小时换气一次。夏季，地面制冷新风有助于保持室内舒适度。住宅采用 460W 的节能灯。

7.3　经济性

7.3.1　建筑成本

建筑成本　　表 7.3.1

相关建筑成本（“交钥匙”工程，含浴室、厨房、照明、车库，不含光伏系统）	（€/m³）	（€/m²）	总计（€）
成本	403	1795	269150
技术构件成本			Euros
光伏系统			87200
电气设备			5100
供热/通风			18200
太阳能系统			5830
雨水利用			3640

注：光伏系统由上奥地利省拨款赞助购买。　　符号€=欧元

7.3.2　具创新性的部件

- 公众支持：Oö Energiesparverband（区域能源机构；www.energiesparverband.at）；
- 建筑师：Andreas Karlsreiter（www.energiesysteme.at/prod02htm）；
- 木结构住宅：Berchtold Holzbau（www.berchtoldholzbau.com）；
- 窗户：Tischlerei Sigg（www.sigg.at）；
- 通风：Drexel und Wei β（www.drexel-weiss.at）；

- 计算：E–plus（www.e–plus.at）；
- 光伏：Stromaufwärts （www.stromaufwaerts.at）；
- 太阳能系统：AKS Doma Solar （www.aksdoma.com）；
- 雨水：GEP Umwelttechnik （www.gep–umwelttechnik.com）；
- 能源概念：Uwe Kroiss Energiesysteme（www.energiesysteme.at）。

7.3.3 荣誉

Kroiss 家庭住宅于 2001 年和 2002 年分别获得上奥地利省环境与自然大奖（Oberösterreichischen Landespreis für Umwelt und Natur）和奥地利太阳能奖。上奥地利省环境研究院（Umweltakademie des Landes Oberösterreich）把 Kroiss 家庭住宅列入了气候先锋（Klimapionier）项目的名单。

致谢

感谢业主、建筑师和能源工程师提供了本项目的相关信息、设计图和照片。

第二部分

技术

TECHNOLOGIES

8. 简介

S. Robert Hastings

此前各章节介绍的示范建筑均获得成功，这得益于优秀的设计方案，以及所选择的各个高效系统和部件的优良性能，它们与整个建筑系统融为一体，本节将针对各个系统分别进行研究，而建设高性能住宅就需要把所有这些系统整合起来。

这里将从建筑围护结构开始，因为高水平保温、高气密性的外壳，对建筑来说是头等重要的。如果围护结构气密性非常好，通风系统就将对保障良好的空气质量变得至关重要，良好的通风还能避免冬季湿度过高以及霉菌滋生等问题。下一步，则是在排风与新风之间设置热回收系统。在高保温建筑中，加热新风需要的能耗比重很高。先进的热回收系统可回收80%以上的本来会随排风直接散失的热量，从而可使能源需求最小化。

一旦需热量大幅降低，面临的下一个挑战就是产热和配热如何能做到高效、经济，并实现最佳舒适度要求。通风系统可以把热量和新风输送到每个房间。这是美国家庭常用的解决方案，但在其他许多国家却是一种新事物。采暖需求极低的住宅，是实现送风采暖的理想条件。由于采暖功率非常小，送风温度不到55℃时符合卫生标准的空气量就可以传输足够的热量。这样可以把气流噪声降至最小，还能防止出现高温送风时的灰土气味。最后一点，但也仍然很重要的是，应用这种通风系统一举两得，这就无须建设其他工程系统，从而可以节省建造和运营成本。

下一个问题，是热源。最生态环保的能源是太阳。太阳能之水和空气集热系统是成熟可靠的解决方案。两者的优点在于能够同时为采暖和生活热水提供热量。其中生活热水占了超低能耗住宅总能源需求的一大部分。但是光热系统只能视为“备用系统”，仍然需要建设一套主供热系统。生物质（主要是木材或木颗粒燃料）作为间接的太阳能应用方式是不错的主供热系统方案。另一种间接热源是土壤对空气换热器，在夏季将太阳能存储在地下，冬季抽取出来利用。垃圾燃烧产生的热量用于区域供热，也可归列于可再生能源，这是考虑到人类必然会产生垃圾。对其他产热系统——包括生态和可持续性较差的解决方案，这里也进行了研究，目的是全面对比从而选择最佳系统方案。如果能有高效的热储存方式——不论是仅几天还是跨季节，许多产热系统能够更高效地运作。这里讨论了两种储热方式：显热蓄热和潜热蓄热。

电耗因一次能源值很高而成为一个关键课题。于是，设置光伏发电系统能显著降低高性能住宅的总一次能源消耗。同样，选用低能耗设备非常有效。每节省1度电的效益，会以电力的一次能源系数得到倍增，而本书中设定电网电力的一次能源系数为2.35。因此，高能效的冰箱、洗碗机、洗衣机和炉灶，以及住宅技术系统的高能效风机、泵和控制器，都会大幅降低总一次能源消耗。

本书最后一部分对“建筑信息系统”做了探讨，这一技术在今天已经存在，并且是未来一个重要的发展方向。它不仅能使住宅技术系统的管理控制和综合性能达到最佳，还为居住者提供了便利、舒适和安全保障。

的确，超低能耗住宅正是未来建筑的发展方向。它不仅有助于减缓不可再生资源的消耗，还可实现更高的舒适度。关键在于——正如在开篇中提到的那样——要选择和应用各种高效率的系统，并要使它们与整体可持续建筑理念优化整合、协同运作。

9. 建筑围护结构

9.1　不透明建筑围护结构

Hans Erhorn 和 Johann Reiss

9.1.1　概念

对于普通建筑而言，建筑围护结构的传导热损失通常占总体热损失的 50%—75%。这种热损失是可以大幅减少的，譬如德国自 1970 年以来就已经降低了 50%。

而高性能住宅可将这一数值再减一半。对于每平方米采暖建筑面积对应 1.5—2.0m² 建筑围护结构的典型住宅而言，其传导热损失可降低到每平方米建筑面积小于 0.3W/K。普通住宅的空气渗透和自然通风热损失常可达 0.4W/（m²·K）。若采用高气密性围护结构并添加节能通风系统，该热损失可减少至 0.1W/（m²·K）。这样，如图 9.1.1 所示，传导和通风产生的总热损失可以降低至每平方米采暖建筑面积 0.3—0.5W/K。

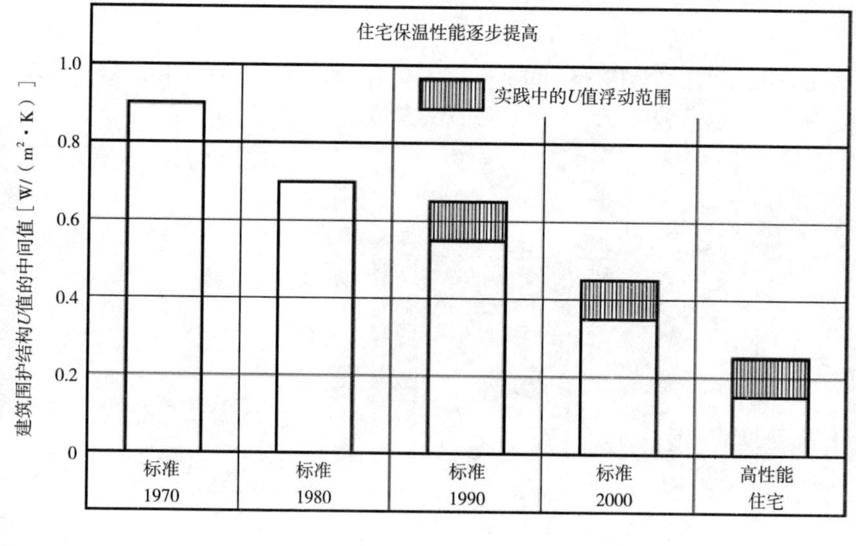

图9.1.1　过去的35年里，德国建筑围护结构（含窗户）平均*U*值的变化情况

资料来源：Fraunhofer-institut Bauphysik

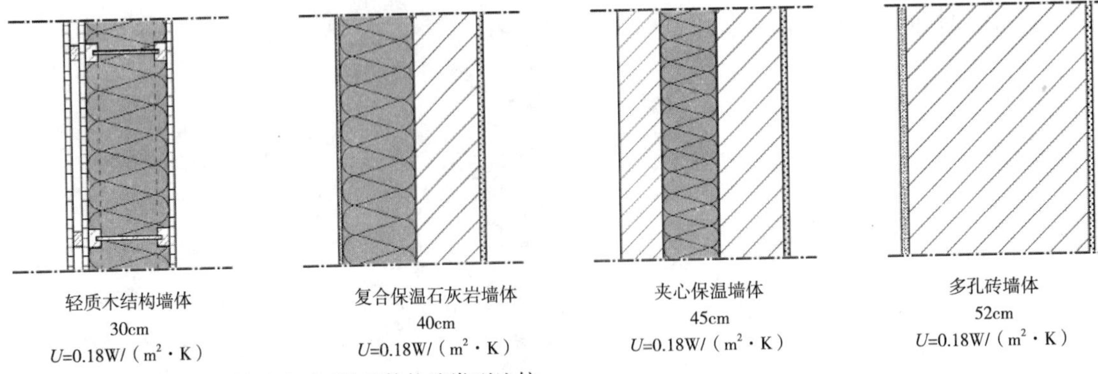

图9.1.2 *U*值相同而材料尺寸不同的墙体构造类型比较
资料来源：Fraunhofer Institut für Bauphysik，Stuttgart，www.ibp.fraunhofer.de

同样重要的是热功率的大小。高性能住宅的峰值采暖负荷，在温暖气候中为 6W/m²（设计温度为 0℃），在寒冷气候中为 15W/m²（设计温度为 -30℃）。该数值仅为常规新住宅所需热功率的 1/3—1/4。

许多建筑围护结构都已经实现了这一性能指标。

冬季，屋面会把住宅的热量辐射散失到寒冷的空气中，与环境温度相比屋面温度可相差达 50K。夏季时，由于日照角度更高，屋面对阳光热量的接收最为强烈。正因如此，屋面通常是围护结构中保温水平最高的。

外墙

相同的保温性能可以用不同的墙体构造实现，但是墙体厚度会有很大差异。图 9.1.2 所示为厚度为 33—52cm 的不同构造。

图 9.1.3 所示为具创新性的先进轻质木结构（Kluttig et al，1997）。采用 I 型支柱或 I 型接榫（TJI）可减少结构中木材的比例，从而进一步提高 *U* 值。这种构造可使 *U* 值低于 0.1W/（m²·K）。

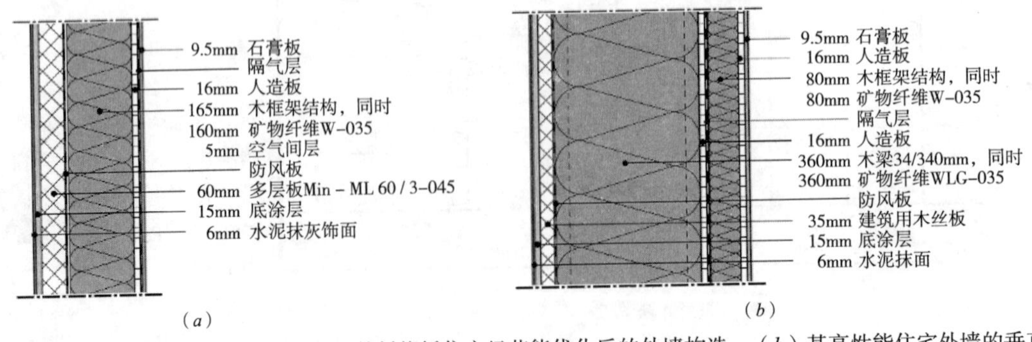

图9.1.3 改进后的轻型结构：（*a*）某低能耗住宅经节能优化后的外墙构造；（*b*）某高性能住宅外墙的垂直剖面
资料来源：Kluttig et al（1997）

地下室的顶板 / 楼板

全年中，采暖空间与非采暖地下室或基础地面的温差，仅为其与环境温差的 30%—80%。不过，这部分热损失会减弱其他围护结构的保温在降低建筑需热量方面的效果。

实践表明，一种有效的方法是双层保温。可以增厚楼板的隔声层。于是楼地面下悬铺的水管和风管也可采用这种办法得到保温。第二层保温层位于地下室顶板或底层楼板之下，这样减少了与之衔接的墙体或基础之间的热桥，从而大幅降低传导热损失。由于这些热桥的存在，地下室或楼板的 U 值不应超过 0.2W/（$m^2 \cdot K$）。

整个建筑围护结构

图 9.1.4 给出了典型高性能住宅各外部构件的单位建筑面积热损失，图中第一栏为得热量，正好与这部分热损失相抵消。窗户和通风产生的热损失达到了 60% 以上（尽管窗户也有助于被动式太阳能得热）。一旦建筑的不透明围护结构能有好的保温性能，其热损失相比之下会显得很少。

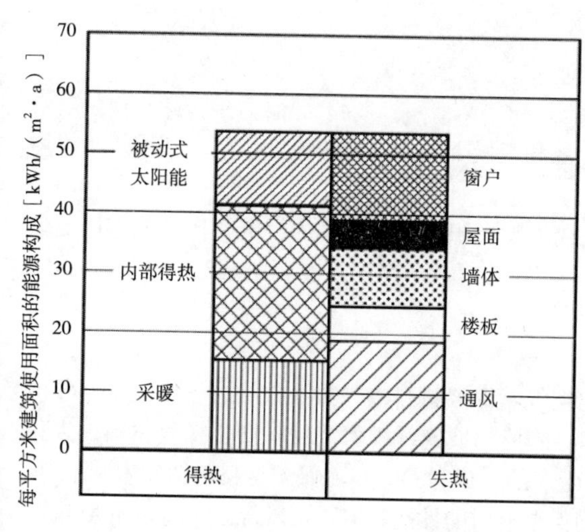

图9.1.4　温和气候中（德国），某高性能住宅各建筑组分相应的单位建筑面积热损失

资料来源：Fraunhofer Institut für Bauphysik，Stuttgart，www.ibp.fraunhofer.de

图 9.1.5 所示为不同建筑围护结构部件的投资成本与保温性能的相关性（Erhorn et al，2000）实现不透明围护结构的良好保温性能，其成本要比提高窗户保温性能低了很多。总体而言，屋面的单位投资成本最低，其次是地下室顶板和外墙。其保温性能改进的成本增量相当温和。将保温水平从普通提高到高性能水平只需 30—50 欧元 /m^2 的成本。 而且，部分增量成本能够被供热设备和配热系统规模缩小而抵消。

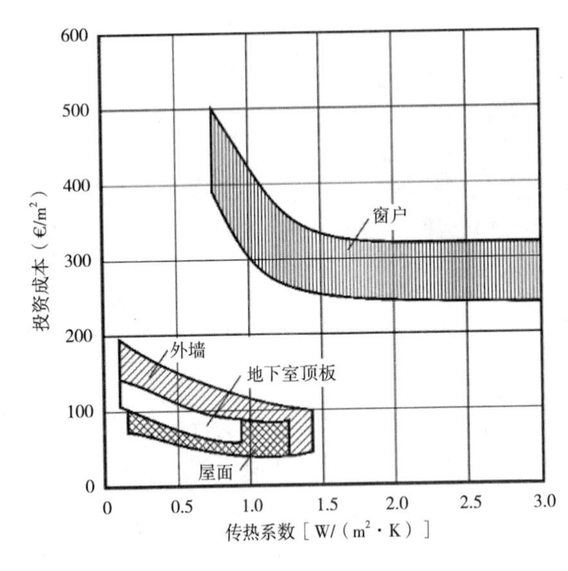

图9.1.5 德国（以2002年成本数据为基础）各建筑围护结构部分的投资成本和保温性能比较

资料来源：Fraunhofer Institut für Bauphysik，Stuttgart，www.ibp.fraunhofer.de

方案细化很重要

热桥的存在，会使保温效果降低 25% 之多。对于温和气候下的 150m^2 的独栋住宅，其需热量可增至 2000kWh/a。

避免热桥，与购买昂贵的供热设备、增厚保温层或加装太阳能系统所需的投资相比，能够以更低的成本，节省更多能源。

9.1.2 各类材料

保温材料之所以能保温，是因其包含大量静止的空气。保温材料的导热系数接近于不流动空气的导热系数［λ=0.024W/（m·K）］。保温材料类型繁多：矿棉和玻璃纤维保温材料属于矿物材料；大宗保温材料则多数为有机物。聚苯乙烯和聚氨酯是化工生产的合成材料。自然保温材料包括软木、木材、大麻纤维、纤维素、棉花和羊毛。表 9.1.1 概括了不同保温材料的性能和特点（Energiesparen im Altbau，2000）。

有很多方法可以进一步降低保温材料的导热系数。例如，可以将惰性气体封闭在保温材料的多孔结构中。另一种办法是嵌入高红外辐射物质（如石墨），以减少材料结构空隙间的辐射热交换。最有效的方法是抽尽材料多孔结构中的空气。高性能保温材料的热传导率可降低到 0.01W/（m·K）以下。

9.1.3 保温系统示范

含石墨的膨胀聚苯乙烯（Neopor）

保温材料的导热系数受泡沫材料骨架结构影响，泡沫材料越轻，其导热系数越高（因空隙比率较高）。在膨胀聚苯乙烯（EPS）中嵌入的石墨，就能够在密度很低的情况下达到较好的保温效果。如图 9.1.6 所示，细胞气孔间的辐射热传导受阻，从而使导热率可降低 20%。 与普通 EPS 相比，只需消耗一半甚至更少的原材料，就能达到相同的保温效果（see www.basf.de）。

保温材料性能　表 9.1.1

保温材料	导热系数	添加成分	长期性能	循环再生	健康性	备注
软木	0.045	沥青	潮湿时会长霉菌而损坏	可以	可致癌（苯并芘）	有永久弹性；仅使用无焦油产品
椰纤维	0.0445	硫酸铵（防火）	—	可以	—	
木纤维板	0.045	软木材	如同大块木材	可以，可生物降解	—	
纤维素	0.040	硼砂；硼酸	不发霉；防虫	可以	可能包含PCB（油墨）；高浓度微尘风险	安装时注意防尘
泡沫玻璃	0.040–0.055	坑砂；回用玻璃	抗老化；防虫	可回用；不可循环	—	
石棉	0.035–0.04		不会退变；防虫	几乎不能回用或作其他用途	不可采用KI>40或没有无害性证书的保温材料	安装不正确时问题不大
玻璃纤维	0.035–0.04		不会退变	几乎不能回用或作其他用途	不可采用KI>40或没有无害性证书的保温材料	安装不正确时问题不大
挤塑聚苯乙烯	0.03–0.04		耐用；防虫	回用性未知	如果燃烧会释放有毒气体	
膨胀聚苯乙烯	0.035–0.04		不抗紫外线；防潮；不会退变	部分可循环	如果燃烧会释放有毒气体	—
聚氨酯板	0.025–0.035		耐用	不可循环使用	—	—
珍珠岩	0.055–0.07		—		可导致放射性上升	—

资料来源：Energiesparen im Altbau（2000）

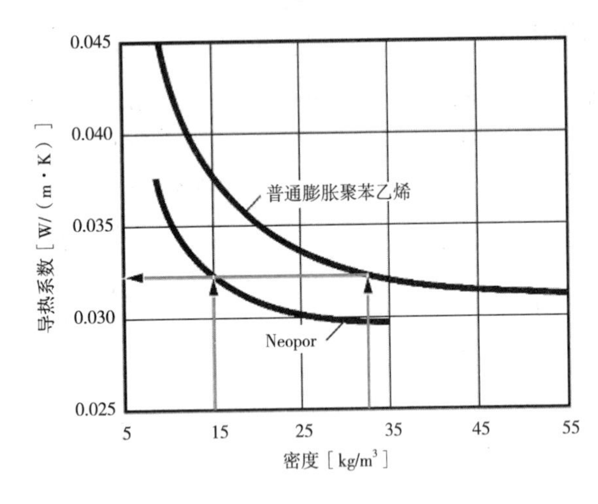

图9.1.6 标准膨胀聚苯乙烯（EPS）和含石墨材料的导热系数比较

资料来源：www.basf.de

高性能砖结构

制砖行业已开发出高性能住宅专用的新型砖。策略之一是优化孔眼结构并减少截面中的导热桥。图 9.1.7 所示为导热率低于 0.09W/（m · K）的两个构造形式。

另一策略是采用挤压工艺制砖。这样可制成一种新的泡沫型材料，其导热率低于 0.04W/（m · K）。这种构造的单片砖块的 U 值可低于 0.1W/（m^2 · K）（www.wienerberger.de）。

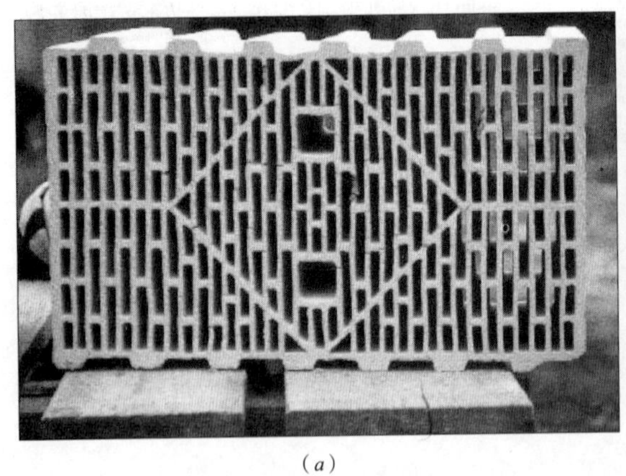

（*a*）

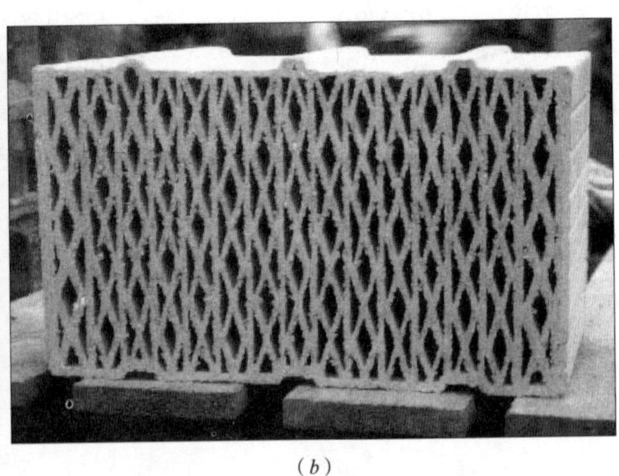

（*b*）

图9.1.7 （*a*）优化孔眼结构；（*b*）减少结构支柱的高性能砖块

资料来源：Fraunhofer Institut für Bauphysik

高性能的抹灰

抹灰行业也改进了灰浆层的性能以适应高性能住宅需求。策略之一是在灰浆混合物中加入玻璃小球。该方法借鉴了透明保温业的普遍做法。但在高能效砖结构上应用透明灰浆的具体优势目前尚未研究过。图 9.1.8 所示为在砖石上应用抹灰的视觉效果。此时，太阳辐射热的吸收和与外界的对流传热不会同时在同一面层上发生。这样就提高了直接辐射与散射辐射的得热量。这种墙体测得的失热量比普通抹灰方式低 15%—25%（www.sto.de）。

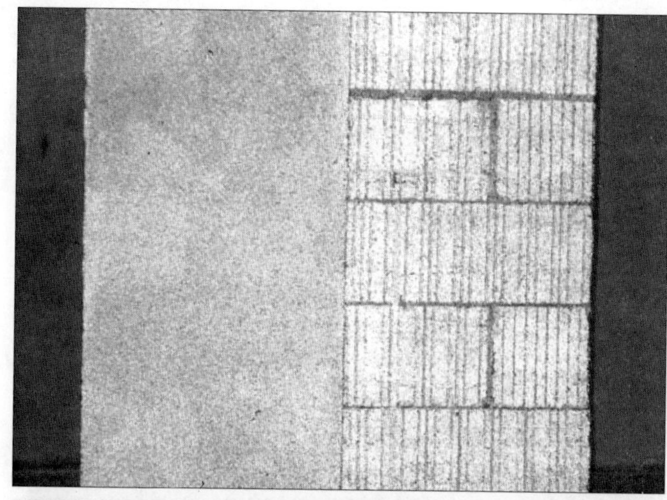

图9.1.8　在砖面上应用普通灰浆与玻璃小球灰浆的效果比较

资料来源：Fraunhofer Institut für Bauphysik

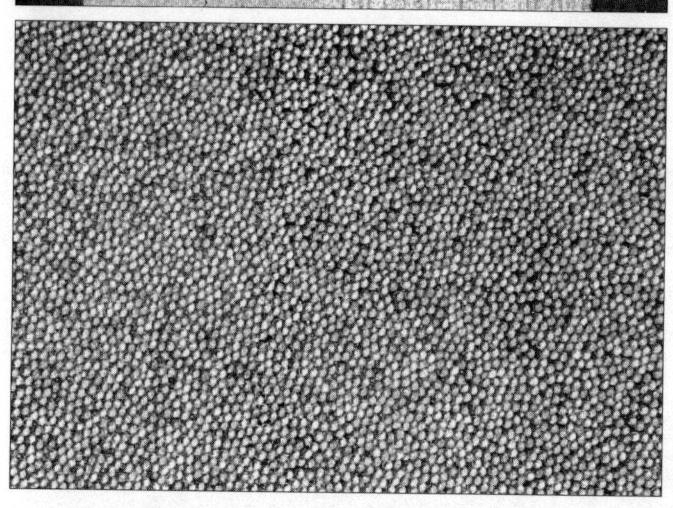

图9.1.9　红外涂层抹灰法的应用效果，有"荷花效应"（lotus effects）

资料来源：Fraunhofer Institut für Bauphysik

对于墙壁内侧抹灰，相变材料（PCMs）可与构造相结合。举例说明，图 9.1.10 所示，可将微囊蜡滴混入灰浆。结果是墙体的热容量有所升高。这样可以降低室内温度的峰值，减少夏季过热的风险，还可以提高冬季被动式太阳能得热的有效性。这项技术仍在开发过程中（参见 www.ise.fhg.de/english/press/pi_2001/pi05_2001.html）。

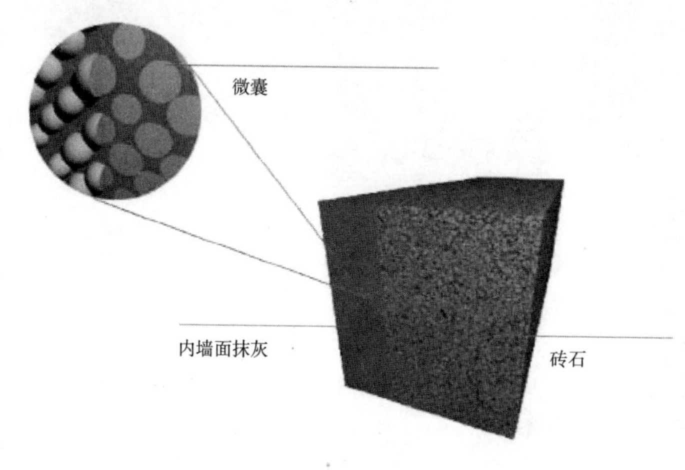

图9.1.10　灰浆中加入微囊相变材料（PCM）的原理示意图

资料来源：www.ise.fhg.de/english/press/ pi 2001/pi05_2001.html

聚氨酯（PU）保温系统

聚氨酯（PU）是一种硬壳泡沫塑料，其胞状结构是通过应用膨胀剂生产的。导热系数为 0.025—0.035W/（m·K）。聚氨酯的耐热温度为 90℃，通常用于屋面、顶棚或内墙（详见 www.ivpu.de）。

聚氨酯保温系统的典型应用情况　　表 9.1.2

应用领域	上人屋面，安装在椽条上方	上人屋面，安装在椽条下方	平屋面	露台/停车平台	斜屋面	顶棚/墙体	阁楼	楼板	内保温	内顶板	工业建筑
不同涂层的聚氨酯产品											
特种纸 WLG 035	□	□	■	■	■	□	□	■	□	□	□
矿渣棉 WLG 030	■	□	■	■	■	■	■	■	■	■	■
铝层压板 WLG 025	■	■	■	■	□	■	■	■	■	■	■
复合膜 WLG 025	■	■	■	■	□	■	■	■	□	■	■
复合膜 WLG 030	■	■	■	■	□	■	■	■	□	■	■
非层压板 WLG 030	□	□	■	■	■	□	□	■	□	■	■
复合物 WLG 030	■	■	□	□	□	■	■	■	■	■	■
成形构件	□	□	■	□	□	□	□	□	□	□	■
现场发泡	□	□	■	□	□	■	□	□	□	□	■

真空保温系统

真空保温型构件在市场上已有出售。如图 9.1.11 所示，其导热系数是普通材料的 1/11。这就使得高性能住宅结构更轻薄。一种构造是采用覆有一层高性能铝箔的真空硅胶。其结构中的气体压力约为

图9.1.11　热阻相等的真空保温板和矿棉板的比较

资料来源：www.vip-bau.ch

1mbar[1]，预计每年的泄漏率低于 2mbar。为了在运输和建筑施工过程中进行保护，该构件要胶粘封装在聚苯乙烯板之中。这种结构的缺点是产品尺寸选择比较有限，而且无法在施工现场将保温板剪裁到适合的尺寸。另一个限制是，迄今为止，这种保温板的成本比普通保温材料高十倍。依据国际能源署（IEA）建筑和社区节能（ECBCS）附录 39 的框架下，本研究对真空保温板（VIPs）的性能和应用方式进行了调查（详见 www.ecbcs.org）。

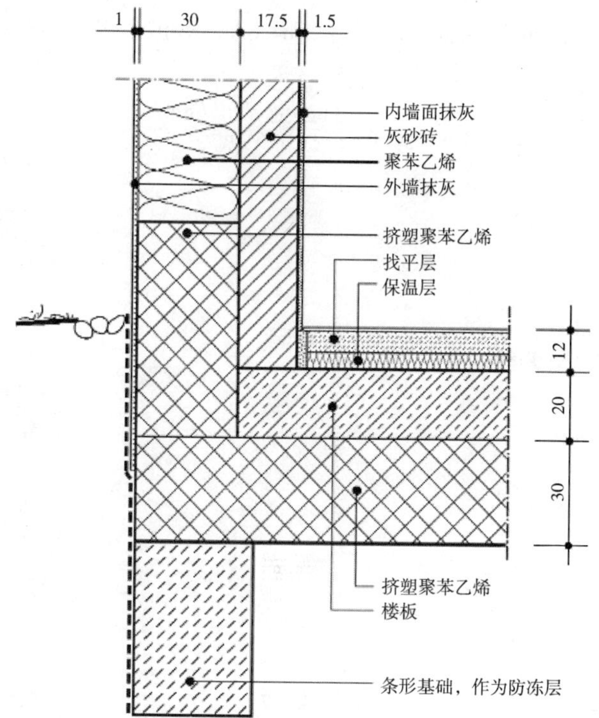

图9.1.12　示范性的墙体与顶棚衔接做法（热桥最小化和气密性优化）

资料来源：Fraunhofer Institut für Bauphysik

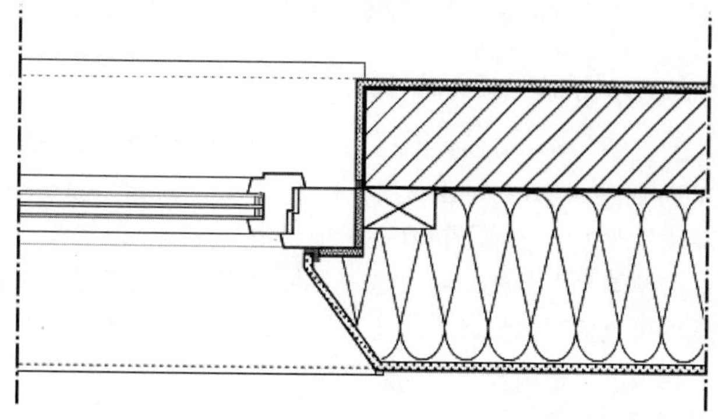

图9.1.13　保温系统中采用“日光楔”可更好地利用自然采光：（左）墙体上有“光楔”的窗户；（上）墙体和窗户的横剖面

资料来源：www.marmorit.de

1　1个标准大气压是1013.25mbar——译者注。

9.1.4 深入设计参考

参考文献

Kluttig, H., Erhorn, H. and Hellwig, R. (1997) *Weber 2001 – Energiekonzepte und Realisierungsphase [Energy Concepts and Their Stages of Realisation]*, Report WB 92/1997, Fraunhofer Institute for Building Physics (IBP), Stuttgart

Erhorn, H., Reiss, J., Kluttig, H. and Hellwig, R. (2000) 'Ultrahaus, Passivhaus oder Null-Heizenergiehaus?' ['Ultra, passive, or zero energy buildings?']: Eine Statusanalyse anhand praktisch realisierter Energiesparkonzepte', *Bauphysik* vol 22, vol 1, pp28–36, www.wiley-vch.de

Baden-Wuerttemberg (2000) *Energiesparen im Altbau [Saving Energy in Existing Buildings]*, Landesgewerbeamt Baden-Wuerttemberg, Informationszentrum Energie, Baden-Wuerttemberg.

网络链接

BASF Aktiengesellschaft www.basf.de
FHBB Institut für Energie www.vip-bau.ch
Fraunhofer Institut für Solare Energiesysteme (ISE)
www.ise.fhg.de/english/press/pi_2001/pi05_2001.html
IVPU-Industrieverband Polyurethan-Hartschaum e.V. www.ivpu.de
Knauf Marmorit GmbH www.marmorit.de
Sto AG: www.sto.de
Wienerberger Ziegelindustrie GmbH www.wienerberger.de

9.2 建筑构造中的热桥

Gerhard Faninger

9.2.1 热桥的成因和影响

热桥是建筑围护结构中热损失极高的部位，最容易出问题的部位包括窗框和门框、阳台、首层与地下室的衔接部位、中间楼板和墙体的衔接部位、墙体与屋面的衔接部位，以及墙角。

9.2.2 热桥传热损失的计算

热桥传热损失的计算结果可以是非稳态或稳态的热传导值，其形式可以是二维或三维的（见 Blomberg，1996；Panzhauser，1997）。Eurokobra / Austrokobra 是一套非常有用的计算机程序，它是 1997 年由欧盟（EU）成员国在一个项目中开发的。该软件可对热桥进行分析，如窗角的传热、房屋向地面的失热等，十分便于解决这一常见的构造问题。用户可借助该软件，设计出热桥最小化的建筑构造。软件中包括了典型建筑构造部分（如外墙、楼板、窗框、阳台、地下室等）的数据库，还为用户提供了构造（材料层厚度，含横向和纵向）与材料［导热性能，单位为 W/（m・K）］的默认值。输出结果是建筑构造的等温线，还可以识别出冷凝问题。热桥的传热损失由 Ψ 值表示。表 9.2.1 和表 9.2.2 列出了 Ψ 值的示例。譬如玻璃和窗框之间的热桥问题，会使高性能窗户 U 值增加 0.05W/（m^2・K），而标准窗户则可增加 0.19W/（m^2・K）。

9.2.3 对传导热损失的影响

表 9.2.3 ~ 表 9.2.5 说明了在围护结构保温标准不同的住宅中（独栋住宅、联排住宅和公寓楼），热桥对传导热损失影响的计算结果。热桥对传导热损失的影响高达 25%。被动房结构中热桥的传热目标值低于 4%。

与普通结构相比，高保温住宅结构中的热桥对实际热工性能有极大的消极作用。因此，有必要特别注意标准热桥情况，并对使用上述软件的示范方案进行分析。

建筑构造中热桥的典型指导值

表 9.2.1

建筑围护结构	Ψ值 [W/(m·K)]		
	标准住宅	低能耗住宅	被动房
顶层楼板/屋面/阁楼之间	0.20	0.12	0.008
外墙/顶棚/楼板	0.20	0.10	0.008
外墙/阳台	0.30	0.15	0.008
外墙/窗框	0.20	0.20	0.040
外墙/基础	0.20	0.10	0.050

窗框和玻璃间热桥的指导值（ÖNORM B 8110–1）

表 9.2.2

窗框	Ψ_g值 [W/(m·K)]	
	无镀膜双层和三层玻璃	有镀膜封闭型双层和三层玻璃
木框和塑料框	0.04	0.06
金属框	0.06	0.08
有保温层的金属框	0.00	0.02

在不同的围护结构保温标准下住宅的传热损失：独栋住宅

表 9.2.3

建筑保温标准	标准住宅		低能耗住宅		被动房 A		被动房 B	
	W/(m²·K)	W/(m·k)	W/(m²·K)	W/(m·k)	W/(m²·K)	W/(m·k)	W/(m²·K)	W/(m·k)
上层楼板/屋面/阁楼	0.50	0.20	0.15	0.12	0.10	0.05	0.10	0.008
外墙	0.40	0.20	0.20	0.10	0.12	0.08	0.10	0.008
窗户	1.80	0.20	1.10	0.10	0.70	0.10	0.70	0.010
地下室/顶棚	0.50	0.30	0.20	0.10	0.10	0.10	0.10	0.050
导热性（W/K）	37.6		17.3		14.0		3.1	
总传热损失 [kWh/(m²·a)]	88.7		37.7		23.4		18.2	
热桥的传热损失 [kWh/(m²·a)]	14.7		6.8		5.5		1.2	
$Q_{热桥}/Q_{总}$（%）	16.6		18.0		23.5		6.8	

在不同的围护结构保温标准下住宅的传热损失：联排住宅 表 9.2.4

建筑保温标准	标准住宅		低能耗住宅		被动房 A		被动房 B	
	W/(m²·K)	W/(m·k)	W/(m²·K)	W/(m·k)	W/(m²·K)	W/(m·k)	W/(m²·K)	W/(m·k)
上层楼板/屋面/阁楼	0.50	0.20	0.15	0.12	0.10	0.05	0.10	0.008
外墙	0.40	0.20	0.20	0.10	0.12	0.08	0.10	0.008
窗户	1.80	0.20	1.10	0.10	0.70	0.10	0.70	0.010
地下室/顶棚	0.50	0.30	0.20	0.10	0.10	0.10	0.10	0.050
导热性（W/K）	58.6		27.7		22.8		4.6	
总传热损失［kWh/（m²·a）］	80.5		40.4		24.1		19.5	
热桥的传热损失［kWh/（m²·a）］	11.4		5.4		4.4		0.9	
$Q_{热桥}/Q_{总}$（%）	14.2		13.4		18.4		4.6	

在不同的围护结构保温标准下住宅的传热损失：公寓楼 表 9.2.5

建筑保温标准	标准住宅		低能耗住宅		被动房 A		被动房 B	
	W/(m²·K)	W/(m·k)	W/(m²·K)	W/(m·k)	W/(m²·K)	W/(m·k)	W/(m²·K)	W/(m·k)
上层楼板/屋面/阁楼	0.50	0.20	0.15	0.12	0.10	0.05	0.10	0.008
外墙	0.40	0.20	0.20	0.10	0.12	0.08	0.10	0.008
窗户	1.80	0.20	1.10	0.10	0.70	0.10	0.70	0.010
地下室/顶棚	0.50	0.30	0.20	0.10	0.10	0.10	0.10	0.050
导热性（W/K）	195.6		95.1		83.2		12.2	
总传热损失［kWh/（m²·a）］	74.5		36.1		23.3		17.9	
热桥的传热损失［kWh/（m²·a）］	11.8		5.2		5.0		0.74	
$Q_{热桥}/Q_{总}$（%）	15.8		15.8		21.6		4.1	

参考文献

Astl, C., Grembacher, C., Wimmers, G., Crepaz, H. and Auer, K. (1999) *Wärmebrückenvermeidung*, Energie Tirol, Innsbruck, Austria, www.tirol.energie-tirol.at

Krapmeier, H. and Müller, E. (2003) *CEPHEUS Austria: Passivhaus konkret*, Energieinstitut Vorarlberg, Dornbirn, Austria, www.cepheus.at

Österreichisches Normungsinstitut (1999) *ÖNORM B 8110, ÖNORM EN 1190: Wärmeschutz im Hochbau*, Österreichisches Normungsinstitut, Wien, Austria

Panzhauser, E., Krek, K. and Lechleitner, J. (1998) *EUROKOBRA/AUSTROKOBRA: Das EDV Programm für den Baupraktiker – Dynamischer Wärmebrücken-Europa-Atlas im PC*, Technische Universität Wien, Institut für Hochbau für Architekten, Wien, Austria, www.hb2.tuwien.ac.at

Schwarzmüller, E. (1999) *Wärmebrücken, Luft- und Winddichte*, Energie Tirol, Innsbruck, Austria, www.tirol.energie-tirol.at

9.3 门和门廊

S. Robert Hastings

9.3.1 概念

住宅入户门是非常重要的卖点，和窗户一样，它们都极大影响着房主对住房的感觉。而对于高水平保温的建筑而言，入口是围护结构中极其薄弱的环节。普通门的失热量与 $20m^2$ 面积保温良好的墙体相当。并且，围护结构气密性是很重要的，而门是热量流失的主要源头，因为门的密封条和挡风雨条极易受到磨损。

入口的热损失和空气渗透是可以降低的，这首先要看它的位置。一个不错的办法是采用门廊或防风门斗。最后一点是，目前经认证的高性能门已在市场有售。

9.3.2 门的位置

在高性能住宅中，入口通常设在北面。进门后是一个门厅，邻近储藏室、客用洗手间和厨房。与生活起居空间相比，这些空间不需要强调南向开窗——因而布局在北面入口附近。然而，通常住宅北面的风环境条件也最恶劣，冬季常常不见阳光，微气候环境能比住宅南面低好几度。因此，在建筑围护结构北侧开口是最不好的，而且在北面出入住宅的舒适性也比较差。更吸引人的解决方案是设置可遮风避雨又充满阳光的南向入口。为了进一步改善入口的舒适感受，还可以再摆放一些植物和鲜花。实际上，许多传统住宅会在其“正面”设置迎宾入口，主要供客人使用，而居住者平时则从房屋后面或穿过车库进出。

9.3.3 门的构造

高水平保温的户门现已在市场上销售。对高性能住宅而言，户门都必须长期保持气密性（门不变形，且通过硬件措施加强挡风雨条耐用性和气密性），这一点极为重要。多种类型的门都可满足这些要求。

夹心木门

夹心门为多层结构。外表面为典型胶合板，常有优质的饰面薄板或图案纹理。门芯是一个木框架结构，有铝合金框或腹板加固以防止弯曲变形。为了加强气密性，可以覆一层塑料膜。空隙处要填充 λ 值很好的保温材料。为达到所需的保温水平，这些门必须较厚，一般在 85—110mm。门框是其中最薄弱的保温环节。因此，门框也是选择门的一项重要指标。

夹心门的特性 **表 9.3.1**

热工性能	*U*值：0.71W/（m^2・K） 气密性：100Pa条件下每线性米缝隙V=2.25m^3/h
生态性	木材作为CO_2中性材料是一种不错的选择，但不应使用面层为热带雨林木材的门 夹心木门的“灰色能耗”通常为125kW/h

图9.3.1　户门

资料来源：Alex Hastings

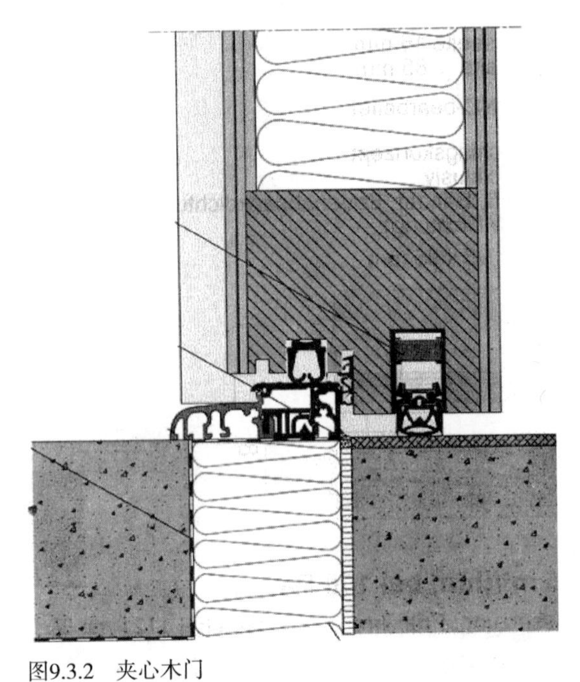

图9.3.2　夹心木门

资料来源：VARIOTEC Sandwichelemente GmbH & Co，www.variotec.de

夹心金属门

这种门的铝板外表面用铝角件进一步加固，门芯填充喷制刚性保温材料，门的总厚度为80mm。这种门相当耐撞击。

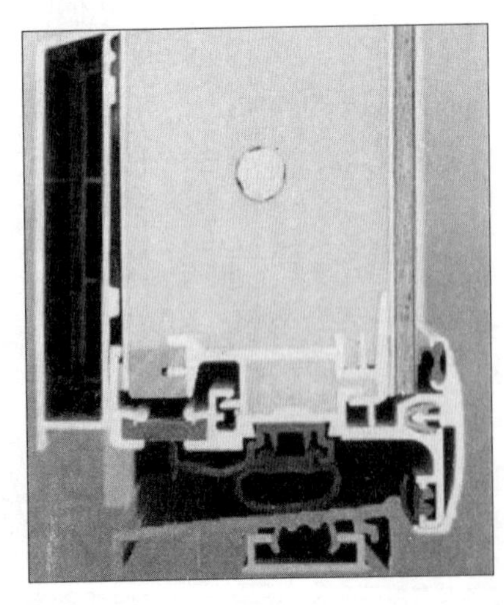

图9.3.3　夹心铝门

资料来源：Biffar GmbH，Edenkoben，www.biffar.ch

夹心金属门的特性　　表 9.3.2

热工性能	*U*值：0.8W/（m^2·K） 气密性：100Pa条件下每线性米缝隙V=1.3m^3/h
生态性	铝的制造可大量利用可再生能源（水电或地热发电），并且很容易循环利用

真空绝热门

用真空绝热板代替普通保温层，这样在达到所需 U 值的同时，还能减小门的厚度。真空状态（0.1—20mbar）消除了间层内的对流传热，间层中填充微孔材料以维持间隔。结果，真空板以极小的厚度达到极高水平的保温性能。在 1mbar 条件下，真空板的 λ 值为 4.8mW/（m·K），与之相比闭孔聚氨酯为 19—35mW/（m·K），可发性聚苯乙烯为 36mW/（m·K）。

图9.3.4　真空绝热门示例

资料来源：VARIOTEC Sandwichelemente GmbH & Co，www.variotec.de

真空绝热门示例　　表 9.3.3

热工性能	U=0.3—0.8W/（m^2·K） 如门上有观察窗则取决于玻璃的面积
生态性	真空板核心层的构成材料通常为开孔聚氨酯（ICI）聚苯乙烯（Dow）泡沫材料，或碳/硅土气凝胶。其产生的环境有害物不超过普通保温产品，材料用量也比普通保温材料小很多

玻璃门

保温玻璃经过优化后，已成为此种厚度下的最佳保温方案之一。门和门框结构的不透明部分与高性能窗户可以达到同等水平。玻璃门都采用三层玻璃，其弱点在于门槛。

玻璃门的特性　　表 9.3.4

热工性能	U_f=0.6973W/（m^2·K） U_g=0.7060W/（m^2·K） Ψ=0.035W/（m^2·K）
生态性	保温玻璃窗涂层非常薄，所以当门被回收循环时不会造成环境危害

资料来源：VARIOTEC Sandwichelemente GmbH & Co，www.variotec.de

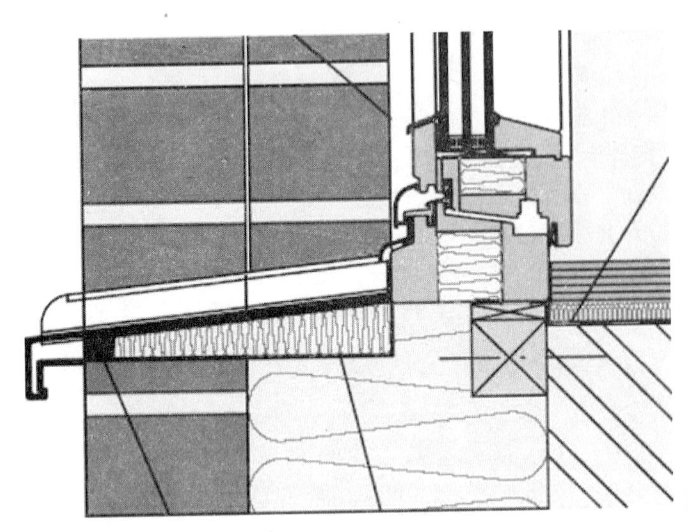

图9.3.5 高保温玻璃户门示例

9.3.4 风雨门廊（防风门斗）

与一般情况下住宅的自然空气渗透（50Pa 气压条件下换气率 0.6ach）相比，开启户门时，室内与外界的换气率可增加 50 倍之多。因此，比起单独设置的高水平保温门而言，风雨门廊有两个重要优势：

- 阻止风穿入住宅，实现节能（在常开门的情况下）；
- 改善门口相邻室内空间的舒适度，否则人们出入时，这些地方会遭冷风侵袭。

图9.3.6 哥德堡某联排住宅的入户门廊

资料来源：Arkitekt Hans Eek，Alingsas

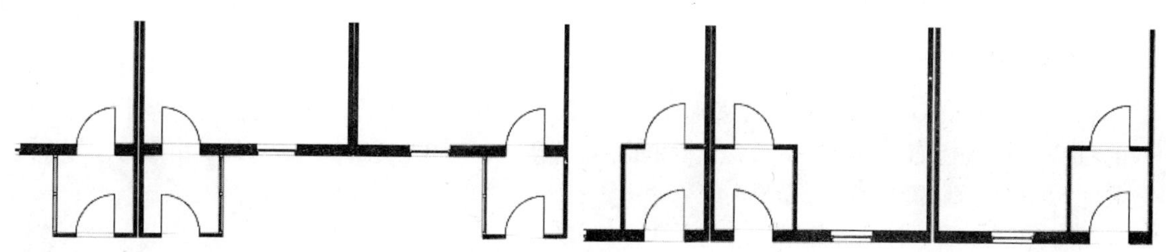

图9.3.7 室内门廊与室外门廊：（左）室内门廊；（右）室外门廊

资料来源：Lars Junghans，AEU GmbH，Wallisellen

研究人员应用 DEROB-LTH 程序模拟了各种门廊形式，针对门廊设计和构造会对取暖住宅节能效果的影响进行了量化评估。

门廊设置

门廊设置在住宅采暖的围护结构之外，理论上节能最多。因为采用这种做法时，较冷的门廊和较暖的住宅之间的共用墙面积最小（如图 9.3.7 所示）。然而，与室内门廊相比，节能效果的差异显得并不大。室外门廊比室内门廊的最大节能优势可在寒冷气候中表现出来［室外门廊可减少住宅采暖需求 1.1kWh/（m^2·a），室内门廊则为 0.9kWh/（m^2·a）］。而在温和气候和温暖气候中，无论是室外门廊还是室内门廊，其节能效果均大约为 1kWh/（m^2·a）。

支持室外门廊的理由主要是经济因素：住宅保温围护结构之内建造门廊，其成本会远远超过在外部构筑的门廊。

室外门廊的构造

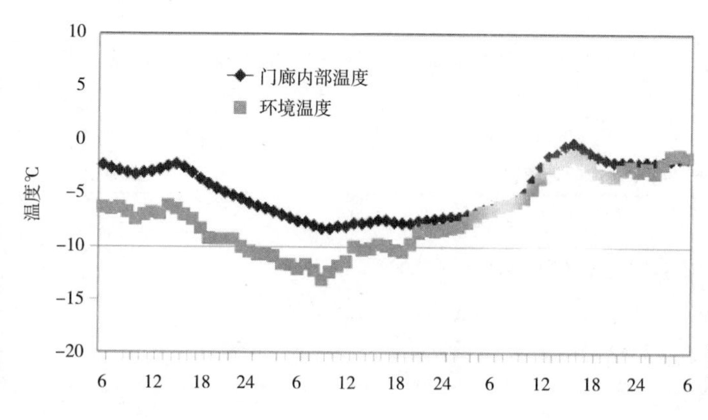

图9.3.8 门廊内部温度和环境温度的比较

资料来源：Lars Junghans，AEU GmbH，Wallisellen

由于门廊的基本功能是形成缓冲空间，用于防风，因而可假定其采用较低成本的构筑形式［墙体和屋面：U=1.0W/（m^2·K）；门：U=1.6W/（m^2·K）；玻璃：U=1.8W/（m^2·K）］。在所有三种气候类型中，门廊内部的温度均比环境温度高 3—4K。图 9.3.8 给出了温和气候中三个极寒冷日的温度分布图。

研究中对全玻璃门廊（三侧墙体均为玻璃结构）的极端案例与有保温的门廊进行了比较。因为门廊不采暖、温度低，其构造 U 值并不显得重要。在寒冷气候中，玻璃门廊和不透明保温门廊相比在节能方面没有差别。

门廊的位置

如果将有门廊的入口从住宅北面挪到南面。而其他条件保持一致。这样做的问题是缩小了南向窗户的面积，会影响采暖起居空间的直接太阳能得热。结果如表 9.3.5 所示，门廊布局在南面时，各种气候条件下的室内采暖需求都会有所提高。

门廊位置对住宅采暖需求的影响［kWh/（m^2·a）］ 表 9.3.5

气候	北面	南面
寒冷气候	12.8	15.1
温和气候	12.9	15.0
温暖气候	12.7	14.5

门廊或高保温门

对有两扇普通门的门廊和仅有一扇高水平保温门而无门廊的情况进行比较。在三种气候条件下，门廊形式比单扇门更节能，如表 9.3.6 所示。

门廊和超级保温门对住宅采暖需求影响的对比［kWh/（m^2·a）］ 表 9.3.6

气候	门廊	超级保温门
寒冷气候	12.8	14.6
温和气候	12.9	14.9
温暖气候	12.7	14.4

设计建议

对于高水平保温住宅而言，户门是一个薄弱环节，因而应该要么采用高水平保温门，要么设置门廊。

高性能户门的要求 表 9.3.7

特性	要求
*U*值	*U*值为0.8W/（m^2·K）或更好（普通门的*U*值一般为1.1—2.0W/（m^2·K））
气密性	压差为100Pa的条件下，每小时每米缝隙的空气渗透量不应超过2.25m^3
	气密性以“A值”（每小时单位缝隙长度的漏气率）来表示
形状稳定性	很重要，因为变形翘曲会增加空气渗透
隔声	高保温住宅的环境噪声级更低，住户对外界噪声会更为敏感
成本	保温水平更好，更精确的铰链、压缩锁，较密封的挡风雨条都会抬高成本；但是普通住宅也会为了外观而采用昂贵的门
材料	避免采用泡沫保温材料，因其生产过程中会产生FCKW（氢氟烃）

下面就方位和构造给出几点建议：

- 增设外门廊，如有可能，采用 *U* 值通常为 1.3W/（m^2·K）的高强度玻璃，从而将阳光引入门廊（玻璃占总墙体面积的 40%—60%）。

- 门在平面上应靠墙洞外侧，从而使热桥作用减少到最低程度。
- 墙体保温可延伸至门侧柱和门楣，以便进一步降低热损失，和常见的窗户保温细部一样。
- 假如门槛为金属材料（铝），应作断热桥设计。目前门铰链的热桥接问题尚未解决。
- 在任何情况下都不宜在户门上设置邮件槽！
- 如有家庭自动化系统，应注意监测门的状态，在出现户门意外或长时间敞开时发出警报。也可在门未被正确锁上时发出警报。

参考文献

Glacier Bay (no date) *Vacuum Insulation Panels: Principles, Performance and Lifespan*, Glacier Bay, Inc., CA, www.glacierbay.com

Bavarian Center for Applied Energy Research (ZAE Bayern) (2005) Vacuum Insulation Panels in Buildings, Seventh International Vacuum Insulation Symposium, EMPA, Dübendorf, September 2005, www.vip-bau.de/technology.htm

参考厂商

Biffar A.G., Schaffhauser Straße 118, 8057, Zürich, Biffer

Sigg GmbH & Co, KG, Allgäustrasse 155, A-6912, Hörbranz; (tel) +43/5573/82255-0; (fax) +43/5573/82255-4, www.sigg.at, manfred@sigg.at

Variotec GmbH & Co, KG, Weißmarterstr. 3, D-92318, Neumarkt, www.variotec.de

9.4 透明保温层

Werner Platzer 和 Karsten Vass

9.4.1 基本概念

透明保温层的基本概念是在减少热损失的同时，充分利用太阳能得热，从而在采暖季实现墙壁的最优能量平衡。相比之下，采暖季期间，不透明保温层最多只能把热损失降低到零，而透明保温层则还能够进一步利用太阳能得热。此时，这种墙体应当能够算是能量净获得者。当然，有时仍可能因阳光不足而出现短时间的净热损失。

太阳墙供暖

重型墙体外覆盖透明保温材料，则这部分建筑可转化为太阳墙供暖区域。太阳能通过吸热体（墙体）将转化为热量，并缓慢穿过重型墙体进入室内，这个过程会有若干小时的延滞，时长取决于墙体厚度和建筑材料。这就解释了为什么窗户和透明保温太阳墙可以非常好地配合应用起来：南向太阳墙的太阳能得热主要会在夜间到达房间内部，能极大地延长被动式太阳能供热的时间。

恰当的墙体材料要求是高密度、易于导热以及高热容量。如混凝土、石灰石和低孔隙率的砖。不宜使用加气混凝土、高孔隙率的砖或密度低于 1000kg/m^3 的木结构，因为这样的墙体无法储存充足的热量，只能把热量传到室内，而且还导热不良。这会导致系统效率的降低，更糟糕的是，如果这导致吸热体（墙体）温度高于 100℃，产生热应力会最终破坏这些塑料透明保温材料。

图 9.4.1 所示为透明保温系统两个主要类型。采用高度透明的外保温层时（T 型代表“透明型”），大部分太阳辐射被吸收到重型墙体表面。墙体应漆成深色（黑色、蓝色、绿色和暗红），漆色将会影响系统的整体性能。第二种类型是不透明系统（O 型代表“不透明型”），产品后侧有类似于太阳能集热

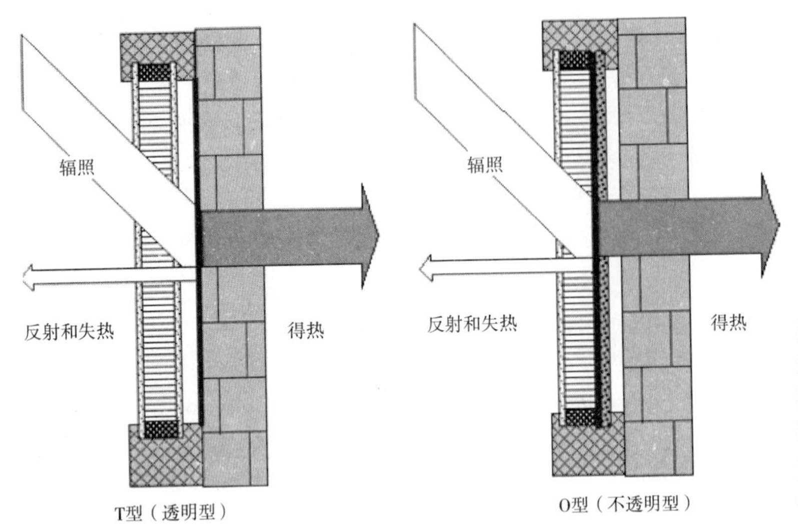

图9.4.1 透明保温太阳墙主要有透明型（T型）和不透明型（O型），夏季应对O型进行通风以实现过热防护

资料来源：Fachverband TWD e.V.Gundelfingen，Germany

器的吸热体。太阳能得热需经空气间层以辐射和对流方式传递到墙体，这里的空气间层是必要的，这可以提高建筑的耐候性。不过这种情况下，吸热体的颜色不能随意选择。

太阳能保温层

当墙体表面覆盖玻璃而非不透明材料时，还可填充纸板或矿棉等不透明材料来实现太阳能得热的利用，如图 9.4.2。当然这类系统的效率必然较低。而这样做的目的，不是要把墙体转化成太阳能集热器，而是要利用太阳能得热进一步降低热损失，从而使建筑在采暖季期间更易实现能量平衡。其所吸收的太阳能热量主要用于提高外壳平均温度，以至于接近室内温度水平，从而降低采暖季的平均温差梯度。太阳能并不直接用于采暖，但此时可以无须使用太厚的材料，就能提高墙体保温水平。

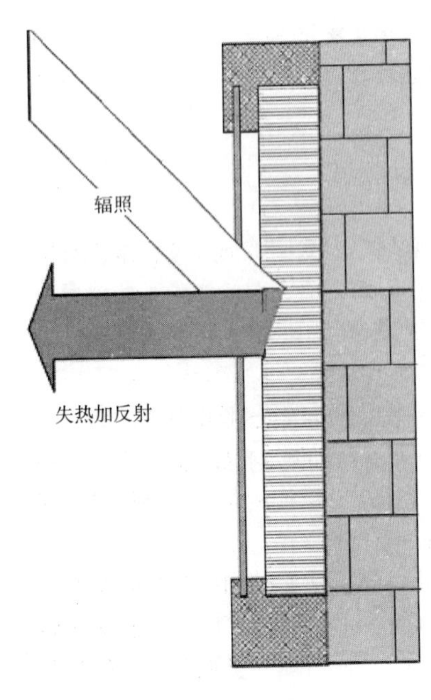

图9.4.2 太阳能保温原理：采暖季的太阳能得热和失热实现平衡

资料来源：Fachverband TWD e.V.Gundelfingen，Germany

9.4.2　产品

透明保温产品的设计变化多端，外观多种多样，这也会形成许多不同的建筑构造原则。通常，透明保温产品由玻璃和透明塑料材料构成。下面章节将简要描述几种主要的透明保温产品。

透明外保温饰面

该体系（如图 9.4.3）与不透明保温构造类似：粘在墙体上且覆以外饰面漆。然而这种情况下，吸热体胶（1）为黑色，保温材料（2）为毛细管结构，而饰面层（3）+（4）主要由玻璃球珠构成。形状和尺寸可以相当随意。该体系不需要框架，但总是要依附于不透明保温饰面体系。

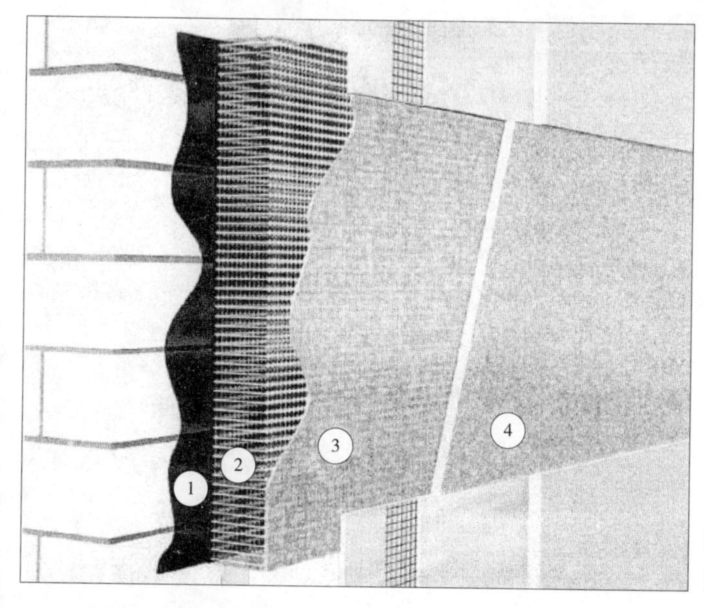

图9.4.3　Sto太阳能系统的示意图

资料来源：WWW.umwelt-wand.de

透明保温玻璃

大多数的透明保温（TI）产品实际上是填充了透明保温材料的玻璃。有一些产品还应用了低辐射镀膜和惰性气体填充结构（如图 9.4.4）；不过多数还是采用空气填充结构以实现保温。厚度超过

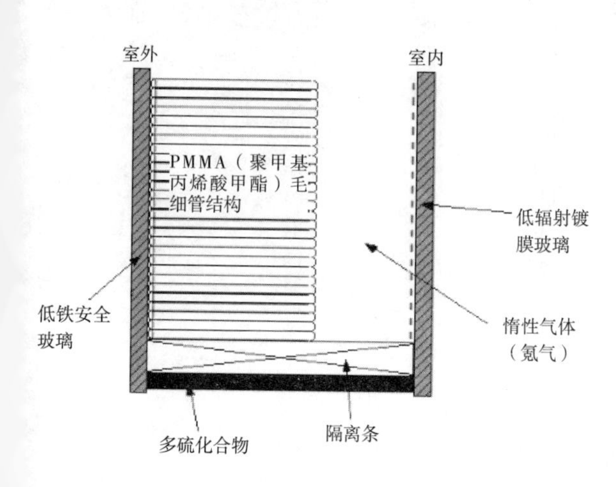

图9.4.4　透明保温层（TI）的断面——保温玻璃、惰性气体及低辐射镀膜

资料来源：Kapilux-H

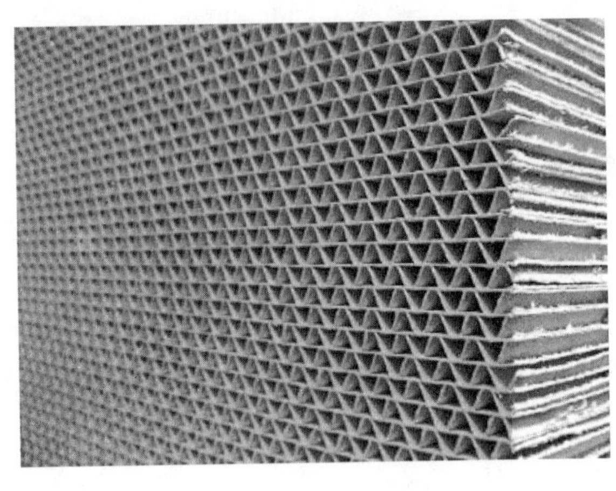

图9.4.5 蜂窝结构薄纸板图示（太阳能保温间层）

资料来源：www umwelt-wand.de

50—60mm 的玻璃构造形式需要设置换气孔，不能完全封闭。伴随厚度的逐步缩减，未来这些产品或许可以像薄玻璃那样，用在普通的幕墙框架中。

不透明太阳辐射吸热体组件

纸板或矿棉等不透明材料可以代替透明材料，置于窗玻璃板后方吸收太阳辐射。Gap 太阳能电池板（原 ESA Solarfassade；如图 9.4.5）和 Isover Design FP6（已停售）也可以用于墙体前面，其蓄热容量和密度要较低一些。

其他产品和概述

由多渠道管板制造的 TI 与上述产品类型不同。苏黎世的 GlassX AG 公司近期开发了一套全玻璃构

产品特点（节选）　　表 9.4.1

产品	类型	厂商	产品厚度 D （mm）	材料厚度 d （mm）	热阻 R （mK/W）	总太阳能透射率 g_h （%）
Kapilux H	T	Okalux	49	30	1.08	61
Kapillarsystemglas	T	LES	58	50	0.57	67
LINIT-TWD	T	Lamberts	74	40	0.42	59
TWD Basic	T	Bayer sheet Europe	100	100	1.14	40
TWD-G	T	Schweizer	146	120	1.40	53
TWD-M	T	Schweizer	136	120	1.28	65
Solfas	O	Schweizer	173	142	1.50	57
Sto Solar	O	Sto AG	105	100	0.97	41
K-Spezial	T	Termolux	50	40	0.78	34
Gap Solarpanel	O	gap solar	105	80	0.83	13
Glass xcrystal	O	Glass X	80	—	1.92	37
双层低辐射氩气	T	Generic	24		0.66	55
三层低辐射氩气	T	Generic	36		1.25	42

注：
1. 总太阳能透射率是对应于天空漫射的，因此要比一般情况低得多！
2. 许多厂商有多种产品类型，特点各不相同。
3. 产品特点由其典型值表示。
4. 热阻率是在平均温度10℃时的情况，而并非包含了安全系数的额定值。

件，包括潜热储存和采用菱形板进行季节性遮阳。从部分其他厂商只能获得透明保温材料。建筑师或施工方可据此自行设计新的方案——例如采用填充木构架结构的木窗技术。此时必须充分考虑湿气传递、通风和冷凝的问题。

表 9.4.1 简要介绍了部分产品的特征值。数据多为实测值；但是声波是根据材料成分和厂商提供的数据推算得出的。这些数据可用于粗略设计。如有疑问应向厂商询问更多详情。

9.4.3 热工性能及其计算

对于采用透明保温体系的建筑，其热工性能可以按照欧洲标准 EN 832（1998）提出的方法进行计算。首先，要根据产品特点确定系统参数；其次，必须按照朝向计算每个月的太阳能得热；再次，必须确定太阳能得热的利用系数；最后一项任务，是依据标准，整体计算所有的得热（内部得热和透过窗户和太阳墙的得热）。然而，由于不同的动态储热作用，实际上的计算得热也会有一定差别。尤其是夜间的太阳墙散热过程，其利用率应该会高于短时间内透过窗户的那部分得热的利用率。然而这一点只能通过动态模拟来证明。

系统特征描述

对于太阳墙和太阳能保温层，可以采用同样的方法来确定墙体结构特征。U 值可以按照 ISO 6946（EN ISO 6946，1996）进行计算。总体而言，墙体结构是非均质的建筑构件——墙材、透明保温产品和框架结构组成。和窗户一样，其太阳能得热与整个系统的总太阳能透射率（g 值）g_{SWH}（或引用集热器术语，太阳能效率 η_{swh}）成正比。这一参数可根据图 9.4.6 的热阻网络图确定：传导的太阳能与透明保温层 g 值即 g_{TI} 成正比；从墙体表面到外部的热阻 $R_{TI}+R_e$ 与总热阻 R_{sys} 的关系：

$$g_{SWH}=\eta_{SWH}=g_{TI}\times\frac{R_{TI}+R_e}{R_i+R_{Wall}+R_{TI}+R_e} \qquad [9.1]$$

易于混淆的一点是，有时会存在三个不同 g 值：一个是建筑产品的检测 g 值（g_B），一个是 TI 结构（包含吸热体颜色和空气间层）的 g 值（g_{TI}），另一个是全系统（包含墙体）的 g 值（g_{SWH}）。对于 T 型和 O 型产品，依据测试产品数值计算的第二个数值的结果也会不同，在（Platzer，2000）中对这一点进行了详细描述。

另外，透明保温层的 g 值在很大程度上取决于入射角。为计算不同垂直方向的月有效值，只要给出普通条件和散射半球辐射条件下的数值 $g_{n,B}$ 与 $g_{h,B}$（Platzer，2000）即可。

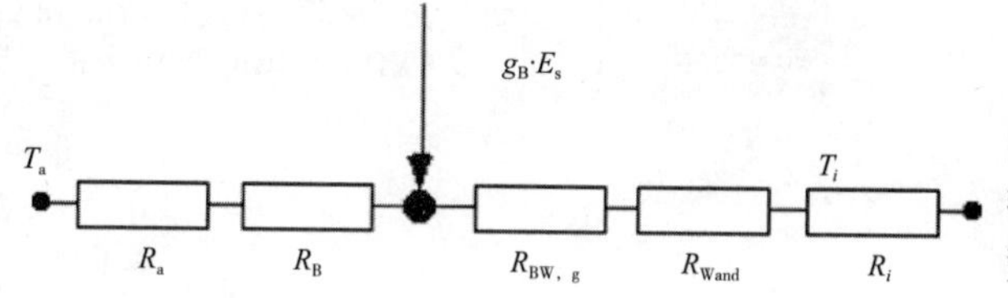

图9.4.6　由透明保温层和墙体所构成系统的热阻网络（R_i、R_e：内表面和外表面热阻系数）

资料来源：Fachverband TWD e.V.Gundelfingen，Germany

依照 EN 832 进行各月计算

对于每个月份 M 和朝向 O，必须分别计算对应的有效 g 值（g_{SWH}）（为了简单起见，可以采用半球辐射的常量）。太阳能得热则用窗框折减系数直接计算得出。热损失方面，需考虑 TI 部分和“框”部分的热阻。某些情况下，例如在透明的外保温饰面系统中，“框”的概念很模糊。“框”其实就等同于“不透明保温墙”。而且，在横竖框系统中，“框”一部分是用于透明保温层的，一部分则用于玻璃窗或可开启窗。同一项目中，对“框”的定义要一致。

实际应用和建筑标准

按照 EN 832 方法计算出来的太阳能得热利用系数，主要取决于建筑的热容量和总体热损失系数。建筑的保温效果越好，采暖季就越短。因此，低能耗住宅和被动房的可利用太阳能得热会越来越少。但是，如果已经依据 EN 832 计算了类似住宅在有 TI 或无 TI 时的差异，那么对这些少量的得热增量的利用就显得无关紧要了。

气候依赖性

同样，气候决定着可利用太阳能得热：采暖季越长，可利用率越高。当然，这只适用于同样的建筑——譬如瑞典的参照建筑要比米兰的参照建筑的保温性能更好，其情况会正好相反（如图 9.4.7）。因此，我们还不能认为太阳墙就一定会是阳光充足气候下最佳方案。

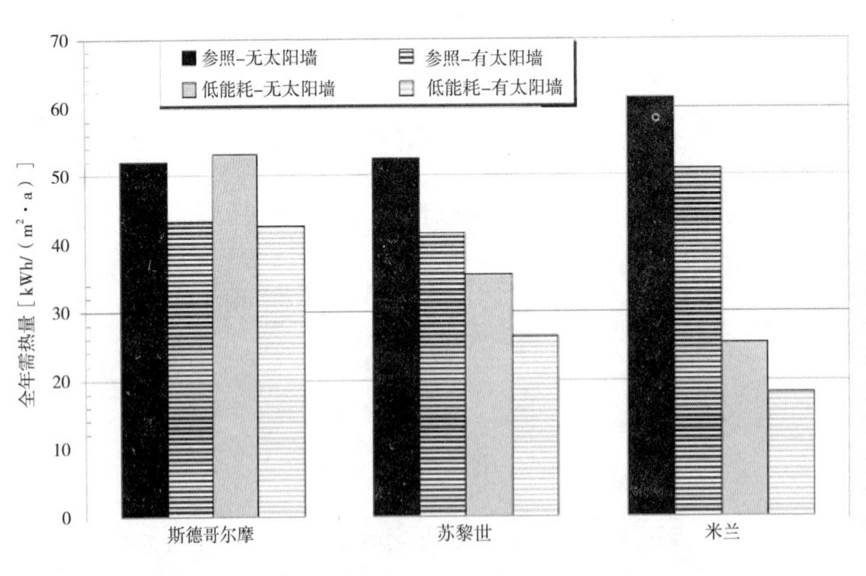

图9.4.7　对于不同的参照建筑和同一低能耗建筑，在有或无10m²太阳墙（SWH）时，其太阳能得热与气候条件之间的关联性

资料来源：Fachverband TWD e.V. Gundelfingen, Germany

一次能源节能量

研究中对苏黎世所在气候条件下的不同类型联排住宅，分别计算了室内采暖需求（如图 9.4.8）和一次能源节能量（如图 9.4.9）。

室内采暖需求越低，每千瓦时供热的实际一次能源需求越高。参照住宅采用有散热器的低温燃气供热系统；对于被动房，则应用热泵加热水和空气。由于采用的工具是德国的 PHPP，电力换算系数

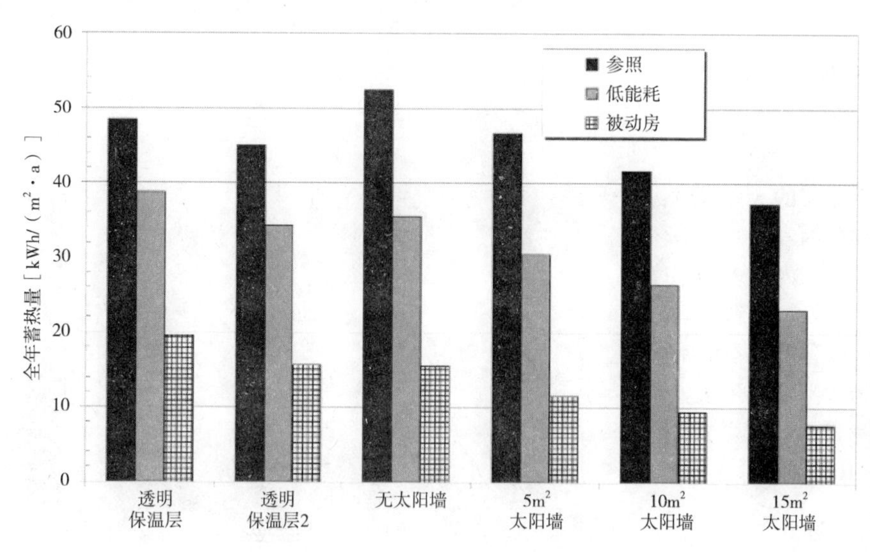

图9.4.8 对不同标准的建筑，各类太阳墙设计（苏黎世气候）下的全年室内采暖需求

资料来源：Fachverband TWD e.V. Gundelfingen, Germany

为德国混合电力。如果一次能源节能量与太阳墙总面积有关，一次能源节能量为 50—200kWh（如图 9.4.9）。必须注意到太阳墙是南向设置的，并且需要假设周边建筑对窗户和墙体的遮蔽最小。显然，被动房的节能量远远低于无通风能量回收的住宅。

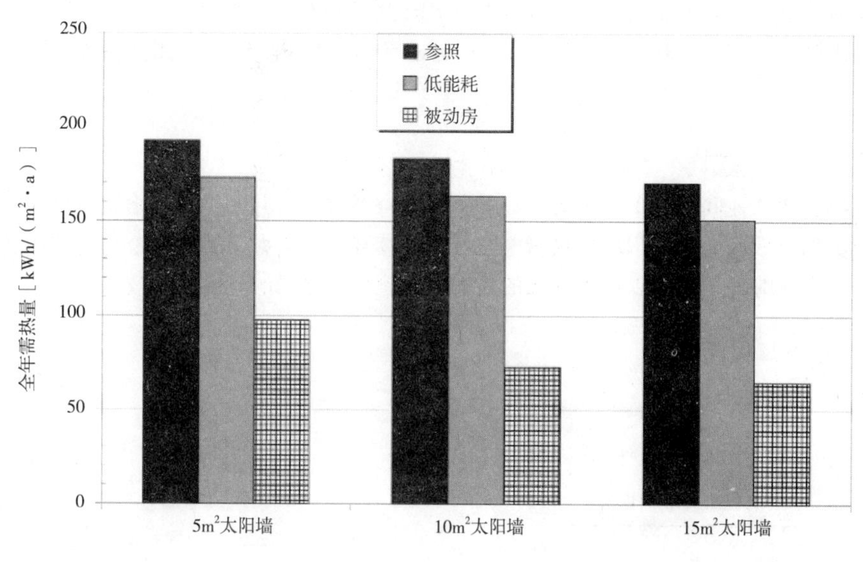

图9.4.9 苏黎世所在气候区中，不同建筑保温水平下，每平方米太阳墙的一次能源节能量

资料来源：Fachverband TWD e.V. Gundefingen, Germany

总结

- 透明保温太阳墙可在新建项目和翻新项目中使用，有利其达到低能耗水平。如果采用通风热回收，可利用太阳能得热仍非常重要，但绝对值会减小许多。
- 每平方米居住面积有 0.1m² 的普通集热器面积时，节能效果十分显著。
- 对于温和气候区的建筑，节能主要取决于建筑标准，而非气候条件。
- 透明保温层不会产生墙体供暖效果，它只是高水平保温建筑和轻型结构建筑的可选方案之一。

9.4.4 过热防护和热舒适度

表面温度和舒适温度

在考虑应用有透明保温层的太阳墙时，太阳能得热并非是唯一重要的因素。由于墙体会蓄存并传导所吸收的热量，其内墙表面温度也会升高。并且因长波辐射交换，建筑的运行温度也会有所提高。这将会改善采暖季的室内舒适度。这种效果可以称为太阳辐射采暖。即便在冬季较冷的夜晚，内墙表面温度甚至可瞬时达到 40—50℃（如图 9.4.10）。

图9.4.10 在240mm厚石灰石墙体外表面有两块TI构件，图为墙体内表面及其纵横剖面的红外影像（1月，晚上9点；最高表面温度为32℃）

资料来源：Fraunhofer ISE，Germany

通过系统设计进行过热防护

当然，夏季时内墙表面温度超过室内温度时会降低热舒适度。不过由于太阳高度角较高，夏季时朝向东南至西南的墙体，其 g 值会减小很多。第二个可缓解这一问题的因素是夏季的室内舒适温度略高，如 24℃。如果能仅采用小面积太阳墙，则过剩的太阳能得热会相当小。另一种选择是采用建筑结构本身作为季节性遮阳（如宽度大于 1m 的阳台）。最近开发的棱柱曲面玻璃板，能够模拟这种效果，从而替代挑檐（Detail，2002）。不过目前仍有超过 50% 建成项目没有采用任何过热防护措施。

夜间通风实现过热防护

夏季，通过开窗提高换气率（夜间通风）可大大提高住宅的热舒适度。这种作用对太阳墙得热的效果应该会比对直接得热更加有效，因为太阳墙的热量会在夜间持续释放。当太阳墙的剩余得热到达房间时，一般情况下，外部空气的温度就足以达到降温的目的了。挑檐和通风的过热防护效果，经动态模拟进行了比较（如图 9.4.11）。

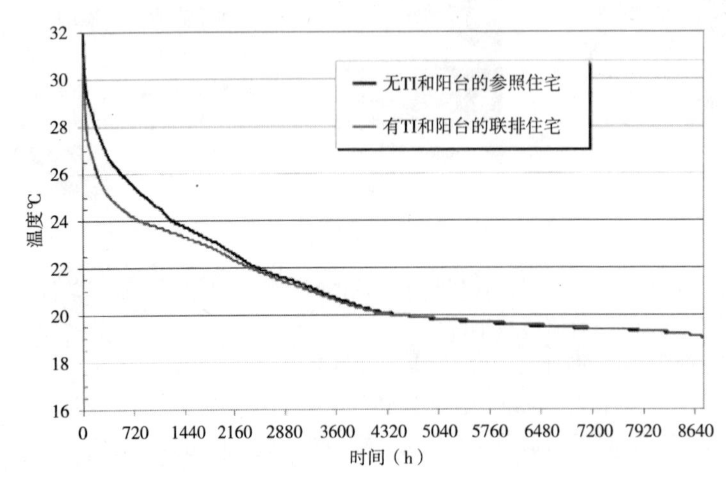

图9.4.11 室内温度分布的动态模拟研究，比较有10m²高性能TI及1m挑出阳台的联排住宅与无此类措施的参照住宅（两者夜间通风量均为每小时换气2次）

资料来源：Fachverband IWU e.V.Gundelfingen，Germany

通过遮阳实现过热防护

如果太阳墙的设计以辅助供暖（高太阳能保证率）为主要目的，则夏季仅采用被动式措施可能还不足以防止过热的现象。这种情况下，必须采用主动式遮阳构件。如果用户无法接受温度有较大波动（如在办公楼中），则也要采用主动式遮阳构件。主动式遮阳的成本非常高，因为遮阳构件必须与透明保温产品相结合，或者必须安装结实耐用的外部遮阳装置。布线、耐候防护、内部控制器和电动机电源接线都会增加外立面建安成本。如有可能，应该同时结合考虑窗户和透明保温层的遮阳需求，以降低增量成本。主动式遮阳会增加透明保温立面的成本，增量约为 200—250 €/m^2，应尽量避免采用。

9.4.5 前景展望

理论上讲，由于存在太阳能得热的时滞作用，太阳墙在被动式太阳能采暖方面是对窗户的一种很好的补充。但由于市场需求尚小，研发改进现有方案的动力还不足。这一概念现在可以按照建筑标准 EN 832（该方法将在新版本中更新）有所应用。在夏季，多数项目只会应用自然通风和被动式遮阳的策略。可能在不久的将来，结合潜热蓄热材料的结构体系将会进入轻型建筑市场。

参考文献

Detail (2002) 'Solar house in Ebnat-Kappel', Detail, vol 6, pp736–737
EN 832 (1998) *Thermal Performance of Buildings: Calculation of Energy Use for Heating – Residential Buildings*, European standard, European Committee for Standardization (CEN), Brussels, Belgium
EN ISO 6946 (1996) *Building Components and Building Elements: Thermal Resistance and Thermal Transmittance – Calculation Method*, International standard, International Organization for Standardization (ISO), Geneva, Switzerland
Passivhaus Institut (2002) *Passivhaus Projektierungspaket (PHPP)*, Passivhaus Institut, Darmstadt, Germany
Platzer, W. J. (1998) *Energy Performance Assessment Method*, Proceedings of the Second International ISES Europe Solar Congress, Portoroz, Slovenia, 14–17 September 1998
Platzer, W. J. (2000) *Bestimmung des solaren Energiegewinns durch Massivwände mit transparenter Wärmedämmung*, Fachverband Transparente Wärmedämmung e.V., Gundelfingen, Germany

相关网站

Transparent Insulation Manufacturers' Association www.umwelt-wand.de.

9.5 窗户

Berthold Kaufmann 和 Wolfgang Feist

9.5.1 概念

高性能的窗户非常重要，它可以把室内采暖需求和采暖峰值负荷降至最低，也可确保优异的舒适性。较高的玻璃内表面温度也可防止冷凝，因为冷凝可以破坏窗体并且造成健康隐患（Recknagel et al，1997；Fritz et al，2000；Sehnieders，2000；Feist，2001，2003；Kaufmann et al，2002，2003）。

能源

高性能窗户［$U_W \leqslant 0.8$W/（$m^2 \cdot K$）与 $g \geqslant 50\%$］，朝南且无遮阳，即使在高性能住宅采暖季

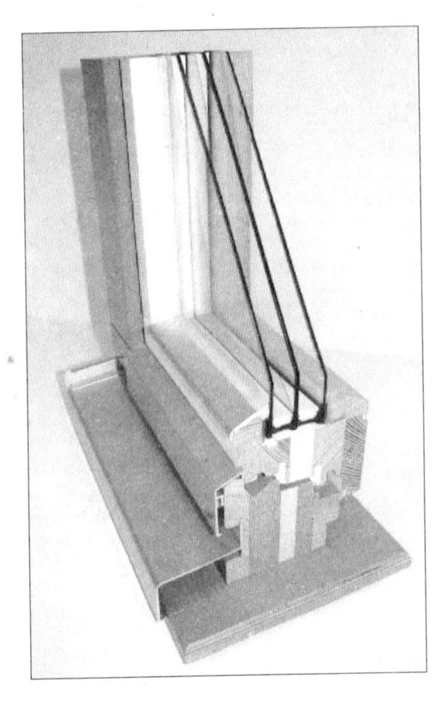

图9.5.1　多层框架中含有保温层的高质量窗体结构（三层玻璃，热工隔离系统优化）

资料来源：www.passivehouse.com

缩短（通常为 11 月至次年 3 月）的情况下，也能够实现能量平衡。

标准窗户的双层玻璃和未保温的窗框［$U_W \geqslant 1.6$W/（m^2·K）]，其太阳能得热不足以抵消冬季期间的热损失。此类窗户的热损失比高性能住宅不透明高保温墙体［U 值 0.15W/（m^2·K）］的热损失多十倍，因而必须应用高级优质的玻璃和窗框系统，如图 9.5.1 所示。

本节以德国案例研究为基础，气候条件与中欧、东欧以及斯堪的纳维亚南部相似。南欧和西欧为地中海气候或海洋性气候，采暖季并不长，因而窗户更容易实现能量平衡。源自德国的被动房概念，是建造高舒适度、超低能耗住宅的有效途径（Truschel，2002）。

舒适度

在寒冷的冬季，夜间室外温度可下降至 –10℃以下，必须控制玻璃和窗框的热损失，以保证窗户的平均内表面温度高于 17℃。较高的窗户内表面温度可以减少房间长波辐射的不对称性。这种情况会在房间大部分内表面温度高于窗户表面温度时发生。另外，空气在窗户表面会冷却并向楼板流动，而高级窗户则能减少这种冷气流带来的不舒适感。这就是散热器经常安装在窗户下方的原因之一。如果采用高级窗户，就不需要这样做了。

健康

最后，为避免窗户某些部位冷凝并滋生霉菌（如图 9.5.2），整个窗户的温度必须保持在 13℃以上。典型的薄弱点是玻璃边框和窗户下方的不透明板。基于这样的考虑，被动房标准要求整个窗户低于 0.85W/（m^2·K）。

窗户热工性能优化

窗户的热工性能优化，须着重强调结构气密性和导热率。为确保气密性，可开启窗扇至少需要两层有效的周边密封，窗框与墙壁之间也要密封好。

图9.5.2 图中为玻璃槽口仅有15mm的铝框标准窗户内表面的冷凝问题

资料来源：www.passivehouse.com

减少传热损失更加复杂，涉及窗框（U_f）、玻璃（U_g）和玻璃边框处的热桥。这需要应用二维热桥计算进行分析，在 ISO 10077（2000）中有描述。计算中把窗框性能分为两大部分：窗框 U 值（U_f）和线性热桥损失系数（g）。本节中提到的窗框性能均采用此方法进行计算。

9.5.2 高性能窗户玻璃

三层玻璃的优化保温性可使 U_g 值达到 0.5—0.8W/（$m^2 \cdot K$）。该数值取决于玻璃板间隔距离（8—16mm）和填充气体类型，通常使用惰性气体氩。如果间隔非常窄（8—10mm），则采用氪气，不过其价格相当昂贵。需要注意 U_g 表示窗户玻璃表面中心位置的 U 值，其中不包括边缘的热损失，后者 U 值显然更高。按照 ISO10077（2000）进行二维热桥计算时将必须这些热损失考虑在内，并得出 g 值。

普通三层玻璃的 g 值（即透过窗户的直接和间接辐射得热量，与外表面太阳辐射得热的比值）通常为 40%—60%，取决于所用镀膜和玻璃透射率。根据模拟实验得出的一般经验是，玻璃“g”值乘以系数“s”，所得数值应大于等于玻璃 U 值。

$$g \cdot s \geqslant U_g \qquad [9.2]$$

对于中欧 s=1.6W/（$m^2 \cdot K$）。

若遵循此方法，南向无遮阳的玻璃应在冬季时可实现能量平衡。这一标准可根据厂商提供的数据进行检验。重要的是应该先分析整个住宅的能量平衡，之后再作出决策（PHPP，2004 年）。

低辐射镀膜

高保温玻璃通常有三层，其中两层有极薄极软的金属镀膜。这种低辐射镀膜可以反射热辐射，同时实现可见光的穿透，从而在保持光线照射的同时将热量保持在室内。玻璃的不同层面均可镀膜，如图 9.5.3 所示。

通常在第 2 表面和第 5 表面（从外表面数起）采用低辐射镀膜，这是一种典型的组合，其 g 值为 52%（Euronorm 410），U 值为 0.5—0.6W/（$m^2 \cdot K$）（Euronorm 673）。镀膜在第 3 表面和第 5 表面时，g 值略高（54%），但中间玻璃层必须采用强化安全玻璃，以防止热应力造成损害。

窗户上的冷凝是个隐患，向上倾斜的窗户这种问题更为严重（Fritz et al，2000）。在冬季晴夜空后

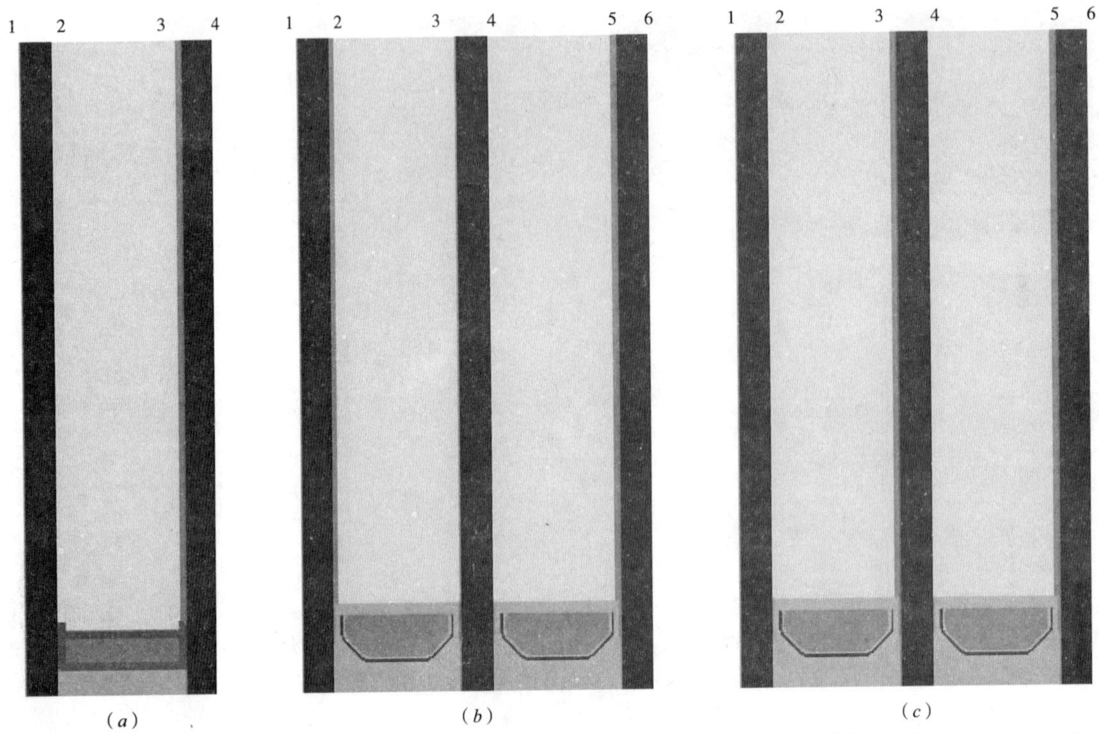

图9.5.3 高性能玻璃的不同构造：（a）双层玻璃在第3表面镀膜；不适合被动房；$g=64\%$；$U\geqslant 1.1W/(m^2 \cdot K)$；铝制玻璃槽口；（b）三层玻璃在第2+5表面镀膜；$g=52\%$；$U_g=0.6W/(m^2 \cdot K)$；热工分离玻璃槽口——例如强化聚碳酸酯；（c）三层玻璃的第3+5表面镀膜；有破裂危险；中间玻璃板需用强化安全玻璃；$g=54\%$；$U=0.6W/(m^2 \cdot K)$；热工分离玻璃槽口——例如强化聚碳酸酯

资料来源：www.passivehouse.com

的清晨，可以在汽车窗户上看到结霜，就属于此类现象。而对于普通双层玻璃，因为热损失较大，从而减少了冷凝结霜现象的发生。而对于优质的玻璃，这种结霜的现象更容易发生。这是因为室内散失的热量较少，玻璃外表面温度较低，容易导致冷凝。这种外表面冷凝现象是玻璃保温质量好的标志之一，并非缺陷。

玻璃外表面上的硬低辐射镀膜也可显著降低辐射热损失。软镀膜容易被刮坏，不宜用于外表面。采用坚硬镀膜的玻璃更适用在倾斜的天窗上。硬镀膜的辐射率略高于软镀膜，其U值无法达到软镀膜窗户那么低。

特种玻璃

高性能住宅不宜采用g值较低的遮阳玻璃，因为这种玻璃窗会降低全年太阳能得热。最好是将两个功能分开处理：最大化冬季的被动式太阳能得热和自然采光；防止夏季过热。

在无法采用机械遮阳措施的地方，可以应用电致变色或气致变色玻璃窗的方案，当然这会比较贵。此类玻璃的g值和光学透明度可通过调节内部的两相材料而被改变。可以施加电压或充填氢气来实现透明相和非透明相之间的转换。不过最好能通过改善整体规划设计，来避免这种做法。

夜间的百叶窗？

高性能窗户的 U 值［$U_W \leqslant 0.85W/(m^2 \cdot K)$］比不透明墙体［$U_{Wall} \leqslant 0.15W/(m^2 \cdot K)$］相差 5 倍。一些建成项目中采用了保温百叶窗，通常为 4cm 厚，材料 λ 值为 0.04W/（m · K）。如果夜间关闭百叶窗且密闭不透气，剩余热损失会显著减少（Feist，1995）。但是需要住户在夜间和早晨注意开闭百叶窗。不过目前的高保温玻璃窗，已经大大降低了保温百叶窗的这项功能。

9.5.3 高性能窗户的窗框结构

普通窗框［U_f=1.5-2W/（$m^2 \cdot K$）］的热损失大约是典型三层玻璃窗［U_g=0.7W/（$m^2 \cdot K$）］的两倍；与建筑物的其他构件相比，这部分的热损失相当高。窗框与玻璃面积的比值通常为 25%—40%。显然，窗框的保温质量至关重要。窗框可以通过多种方式得以改进，例如：

首先，可以加厚窗框以填充保温材料。典型的标准窗框深度为 70mm，即使采用高保温材料，这样的厚度也太小了。市场上常见的保温窗框厚度约为 100—120mm。在 Sehnieders（2000）和 Kaufmann et al（2002）介绍了优化窗框热性能的最重要步骤。其最新发展状况可浏览网站 www.passivehouse.com。

对热性能优化窗框结构的等温线和热流线展开研究非常有益（Schnieders，2000）。保温层应自顶至底尽可能直线布置在窗框中，并且不应间断。分散的局部保温不是很有效。对于热性能优化的窗框，等温线应越“短”越好。图 9.5.4 右边所示的优化窗框较厚（120mm），玻璃槽口较深（20—30mm），玻璃间隔条采用强化聚碳酸酯以替代铝合金。

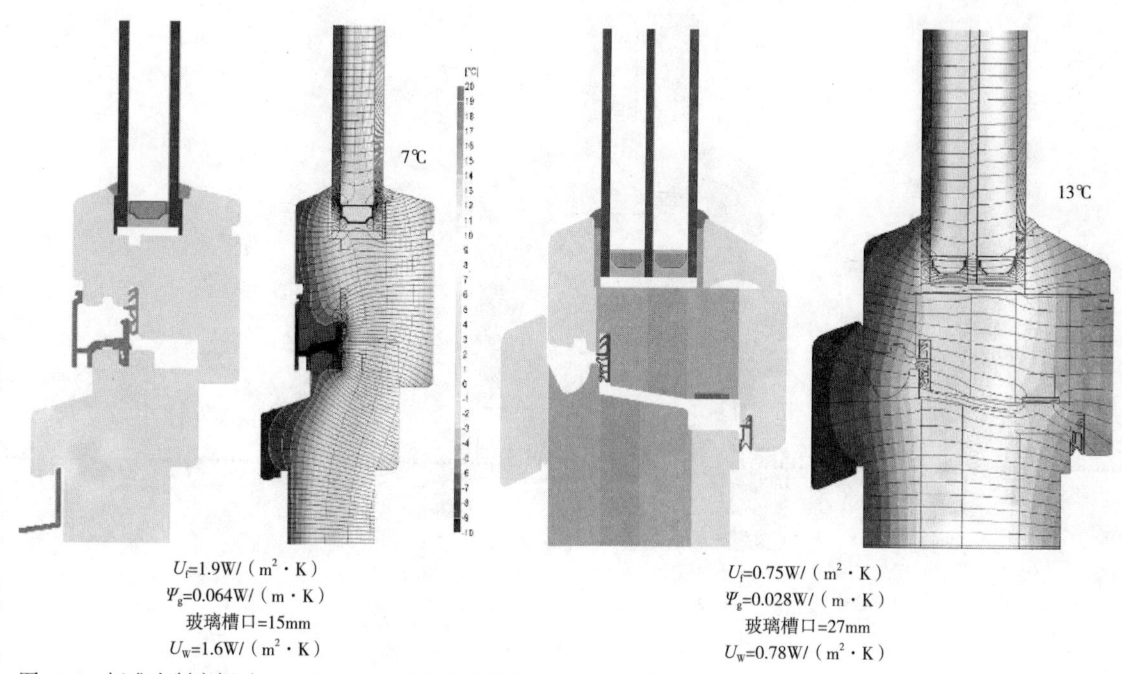

图9.5.4 标准木制窗框（70mm）（左）热量优化窗框（右）的比较，包括等温线和热流线图

资料来源：www.passivehouse.com

加深玻璃槽口，应用低导热性中空玻璃间隔条

标准窗框的玻璃槽口深度只有 15mm。此外，普通双层玻璃窗的边框系统为铝制，导热系数高。因而窗户边框损失的热量可以和整个玻璃表面损失的热量相当。

如果加深玻璃在窗框中的深度（即 25—30mm），就能减少热损失。另外，中空玻璃间隔条应采用导热性较低的材料，而不是常用的铝。间隔条可采用强化聚碳酸酯或厚度小于 0.2mm 的薄不锈钢金属片（如图 9.5.5）。

通过这些措施，在不改变窗框断面构造的情况下，窗户的热损失可大约减少 8%。因此，热分离性的中空玻璃间隔条具有经济性，并适用于标准窗户。

超保温窗框范例

市场上一些受欢迎的高保温窗框结构有：

- “木—聚氨酯—木”或“木—软木—木”预制夹心构造窗框。如今这些材料都可以买得到，与标准木框相比，除窗框深度外（如图 9.5.5），在生产制造方面没有差别。
- 基本木框，附加软木、聚氨酯、膨胀聚苯乙烯保温层（EPS）或填充保温材料的塑料型材保温外壳。这些外壳安装在木结构外侧。外壳并不粘结在木结构上，这样便于在其产品寿命终结时剥离进行废弃处理（如图 9.5.6）。

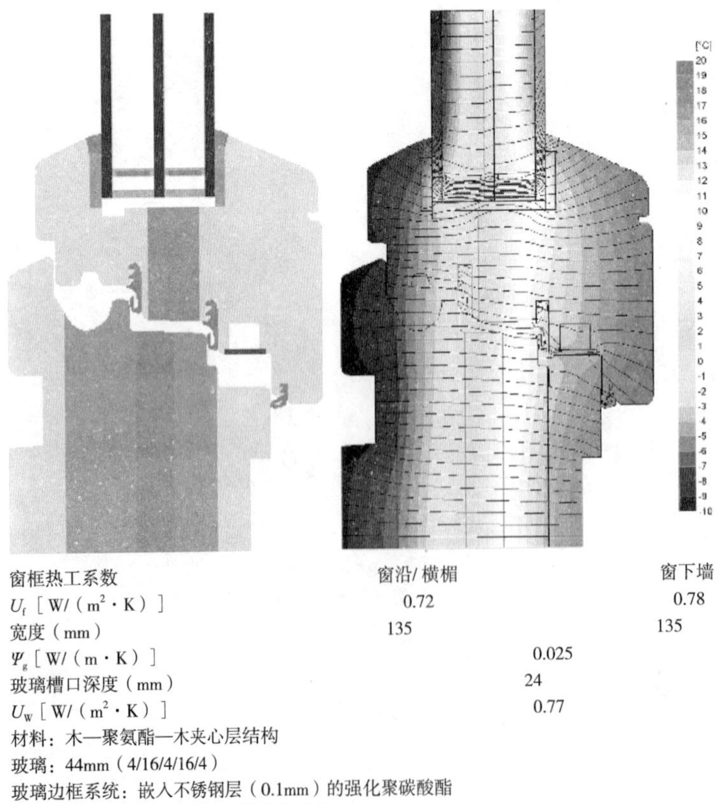

窗框热工系数	窗沿/横楣		窗下墙
U_f［W/（m^2·K）］	0.72		0.78
宽度（mm）	135		135
Ψ_g［W/（m·K）］		0.025	
玻璃槽口深度（mm）		24	
U_W［W/（m^2·K）］		0.77	

材料：木—聚氨酯—木夹心层结构

玻璃：44mm（4/16/4/16/4）

玻璃边框系统：嵌入不锈钢层（0.1mm）的强化聚碳酸酯

这种类型的窗框也适合外表层镀铝的产品

图9.5.5 木—聚氨酯—木夹心板窗框

资料来源：www.passivehouse.com

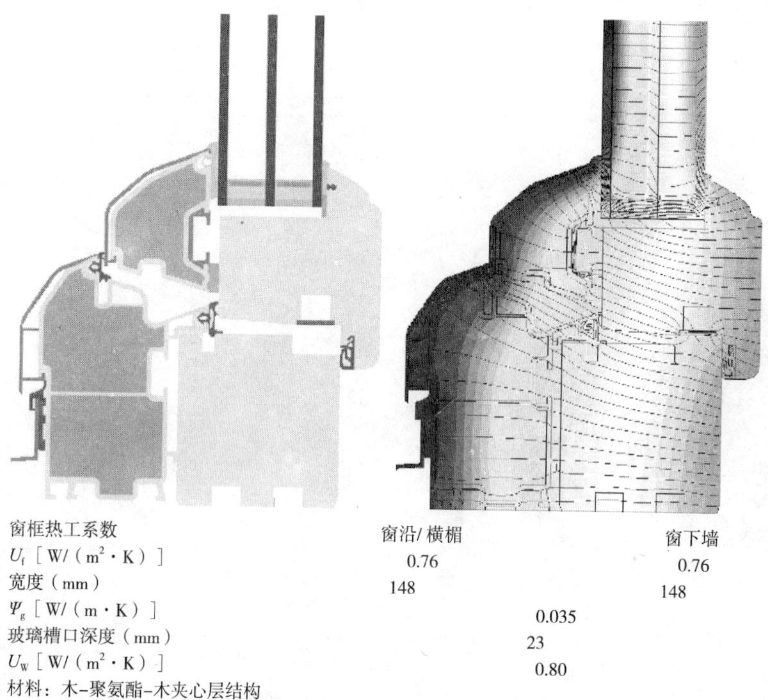

窗框热工系数	窗沿/横楣	窗下墙
U_f［W/（m²·K）］	0.76	0.76
宽度（mm）	148	148
Ψ_g［W/（m·K）］	0.035	
玻璃槽口深度（mm）	23	
U_W［W/（m²·K）］	0.80	

材料：木–聚氨酯–木夹心层结构
玻璃：44mm（4/16/4/16/4）
玻璃边框系统：嵌入（0.1mm）不锈钢层的强化聚碳酸酯

图9.5.6　具有附加保温外壳的木窗框

资料来源：www.passivehouse.com

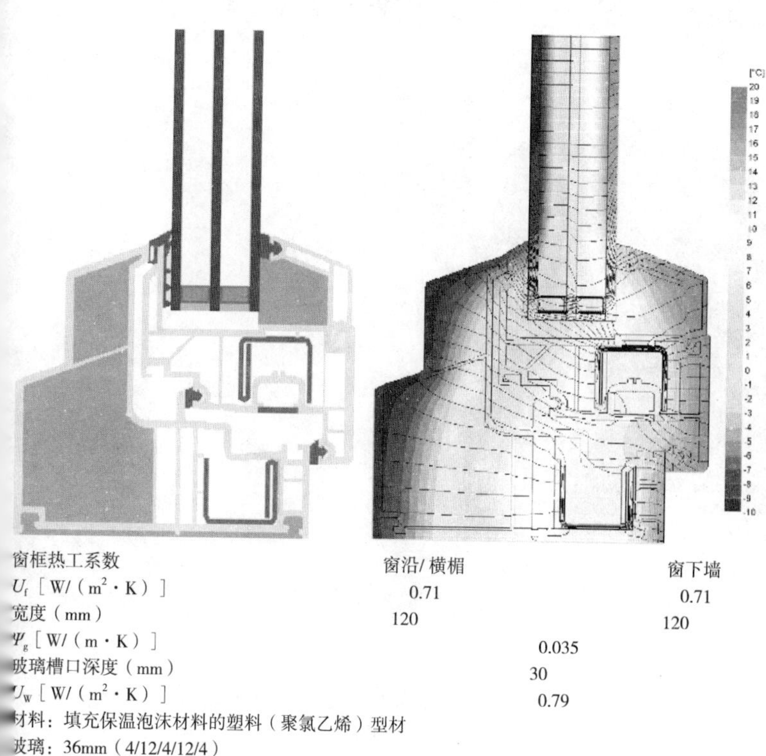

窗框热工系数	窗沿/横楣	窗下墙
U_f［W/（m²·K）］	0.71	0.71
宽度（mm）	120	120
Ψ_g［W/（m·K）］	0.035	
玻璃槽口深度（mm）	30	
U_W［W/（m²·K）］	0.79	

材料：填充保温泡沫材料的塑料（聚氯乙烯）型材
玻璃：36mm（4/12/4/12/4）
玻璃边框系统：0.2mm不锈钢薄板型材

图9.5.7　保温型塑料型材

资料来源：www. passivehouse.com

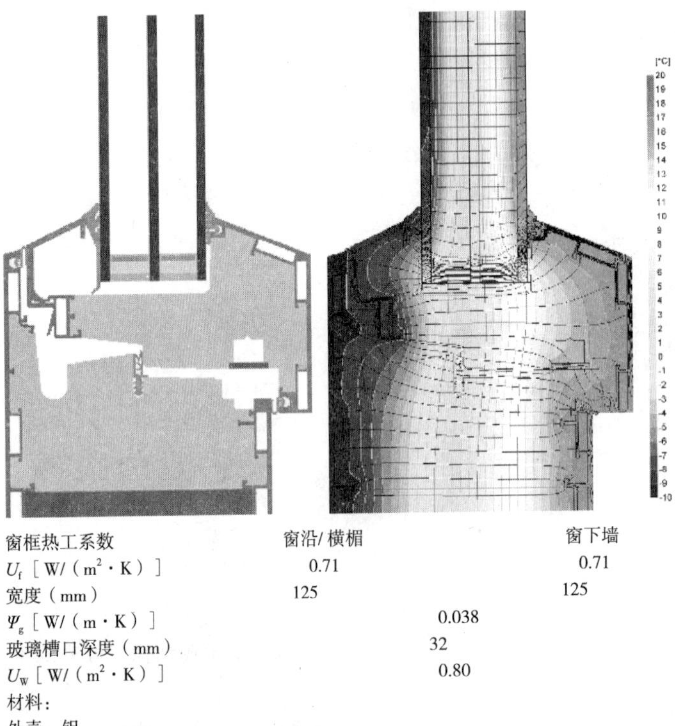

窗框热工系数	窗沿/横楣		窗下墙
U_f［W/（m^2·K）］	0.71		0.71
宽度（mm）	125		125
Ψ_g［W/（m·K）］		0.038	
玻璃槽口深度（mm）		32	
U_W［W/（m^2·K）］		0.80	

材料：
外壳：铝
内芯：热桥最小化致密聚氨酯泡沫材料［ï=0.06W/（m·K）］
玻璃：44mm（4/16/4/16/4）
玻璃边框系统：嵌入（0.1mm）不锈钢层的强化聚碳酸酯

图9.5.8　热桥最小化隔热铝窗框
资料来源：www.possivehouse.com

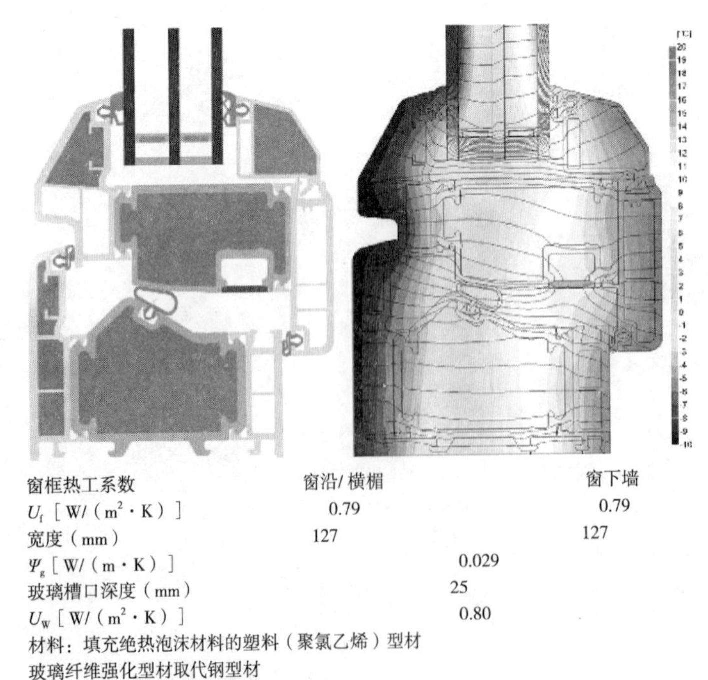

窗框热工系数	窗沿/横楣		窗下墙
U_f［W/（m^2·K）］	0.79		0.79
宽度（mm）	127		127
Ψ_g［W/（m·K）］		0.029	
玻璃槽口深度（mm）		25	
U_W［W/（m^2·K）］		0.80	

材料：填充绝热泡沫材料的塑料（聚氯乙烯）型材
玻璃纤维强化型材取代钢型材
玻璃窗：36mm（4/12/4/12/4）
玻璃边框系统：嵌入（0.1mm）不锈钢层的强化聚碳酸酯

图9.5.9　塑料型材和玻璃纤维强化型材取代钢型材
资料来源：www.possivehouse.com

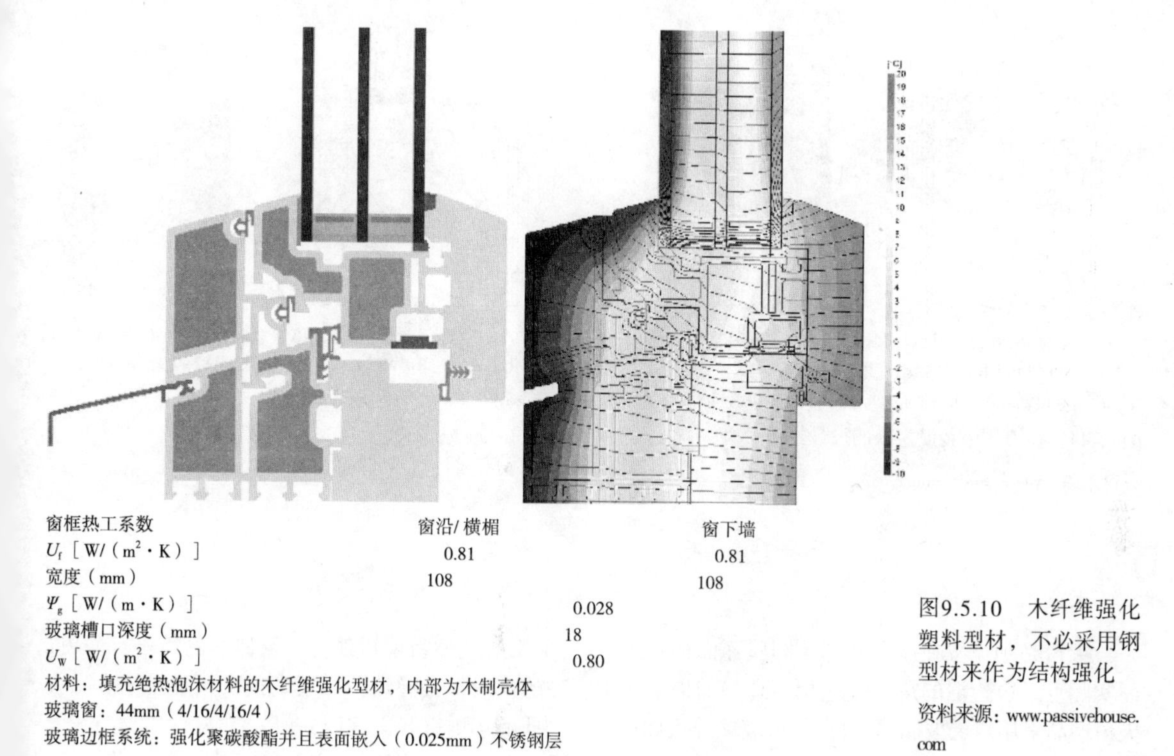

图9.5.10 木纤维强化塑料型材，不必采用钢型材来作为结构强化

资料来源：www.passivehouse.com

塑料窗框由聚氯乙烯为主的挤塑型材构成。空隙主要需采用聚苯乙烯、聚氨酯或其他保温材料填充，否则就得做得很窄(直径≤ 5mm)(如图 9.5.7)。常规塑料窗框缺乏这种保温性能。

- 可以使用铝制外壳隔热窗框。这种窗框有铝窗的功能和外观，但其内芯完全由 Z 值为 0.06W/(m·K)的致密聚氨酯泡沫构成，且结构热桥最小化(如图 9.5.8)。
- 今后的趋势是要实现不需要钢材加固的高强度型材。玻璃纤维、强化材料(如图 9.5.9)或木纤维—强化材料(图 9.5.10)制成的型材现在已经进入产品生产阶段。

9.5.4 在超级保温墙体上装设高水平保温窗户

在墙体上装设窗户时须考虑其增加的热桥效应。布局优化后的热桥系数(Ψ_{pos})通常为 Ψ_{pos}=0.01—0.03W/(m·K)。窗下墙处的热桥系数会更高，因为此处常设有排水孔而使窗框无法覆盖保温层。而窗沿位置的窗框通常覆盖着保温材料，几乎可消除此处的热桥效应(Ψ_{pos}=0)。

被动房窗户的失热限值为 U_W, Ψ_{pos} ≤ 0.85W/(m²·K)(中部欧洲),包含墙体窗户产生的热桥效应。超级保温墙体的热桥系数指标则为 U_{wall} ≤ 0.15W/(m²·K)。而许多常规的布局设计会引发显著的热桥效应(Hauser and Stiegel，1992，1997；Hauser et al，1998；Hauser et al，2000)。

在高水平保温墙体中，窗户总是深嵌入窗洞内(深度达 30—40cm)。这样会使墙体遮挡窗户，影响太阳能得热和采光。改善方案之一是将窗口截面倾斜(如图 9.5.12)。这种办法已经沿用了数百年——例如瑞士的 Graubünden 区。

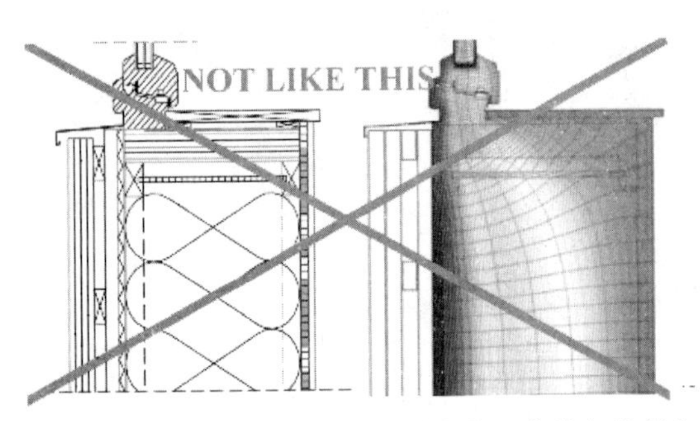

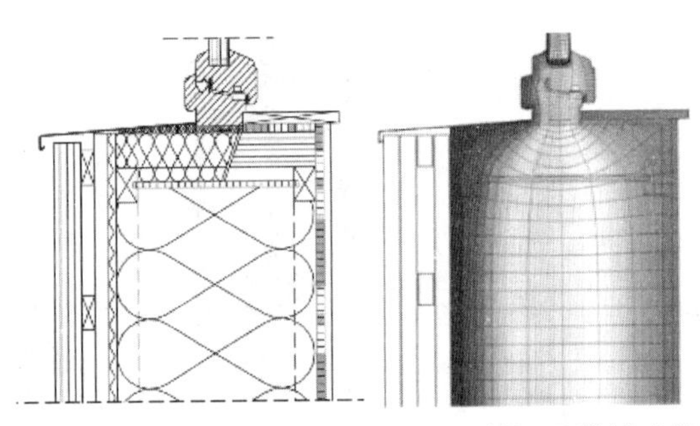

错误：位置不当会引起高热桥效应并显著增加热损失［Ψ_{pos}=0.06W/（m·K）；$U_{W,\ pos}$=0.93W/（m^2·K）］

优化：窗户装设在墙体保温层中部；通过细致的工程设计使窗框最小化［Ψ_{pos}≤0.014W/（m·K）；$U_{W,\ pos}$=0.82W/（m^2·K）］

注：U_{Wall}=0.12W/（m^2·K）；the U–value of a single window is，in both cases，the same：U_W=0.78W/（m^2·K）；

图9.5.11　在墙体中装设窗户的设计细节

资料来源：www.passivehouse.com

天窗

天窗必须设置在屋面外部（即屋瓦面相平）。这与前文所述的将窗户设置在墙体内的策略有冲突，而实际上天窗边框的热桥效应相当高。如果暴露于寒冷的夜晚，会导致屋面玻璃损失大量热量。一些天窗产品采用双层玻璃，同时在外层玻璃外表面设一层硬质低辐射镀膜。这样 g 值大约为 1W/(m^2·K)。有倾斜窗户的房间会在冬季需要更多供热，在夏季则有过热趋势。不过，这类房间的采光效果很好。采取有效的遮阳措施可减少过热问题，遮阳设施应设置在外部。

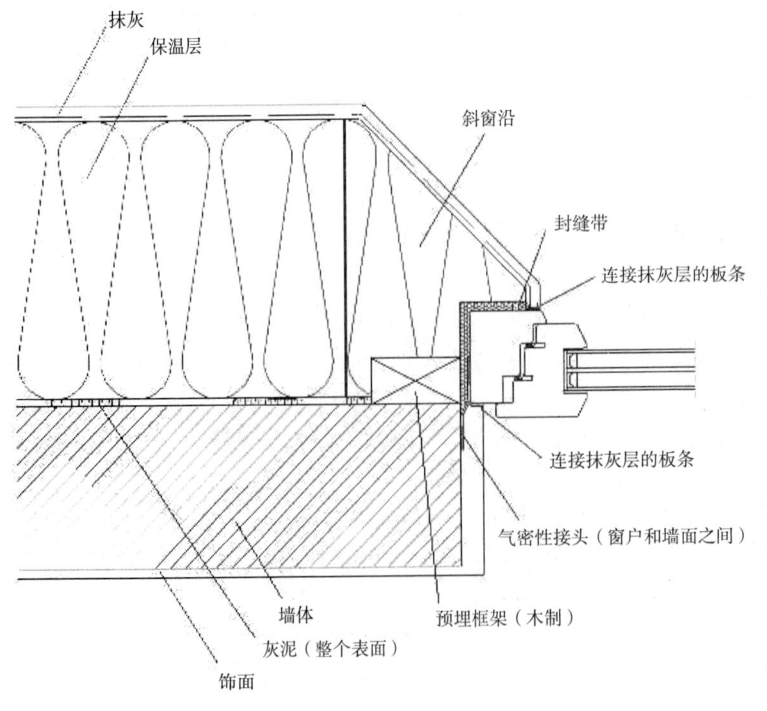

图9.5.12　倾斜墙洞可增加太阳能得热；示例中的纵横比（aspect ratio）和没有任何保温材料的标准墙体一样好

资料来源：G. Lude，ebök

双开窗（内窗和外窗）的 U_g 和 g 值可能等于或优于三层玻璃窗,其价位也很高。和旧的农舍一样，内窗气密性应高于外窗以尽量减少冷凝。窗户之间的空隙，有一定的遮阳作用。而且这种结构有良好的隔音效果。在市场上可以买到部分此类产品（见 www.passivehouse.com）。

9.5.5 经济性

双层玻璃和木制或塑料窗框的标准窗户目前价格为每平方米 200—300 欧元。本节介绍的高性能窗户价格为每平方米 350—500 欧元，用量较小（如德国的独栋住宅）。办公楼的高性能窗户的常见价格为每平方米 340 欧元。显然，窗户仍是一个高成本项目；但随着高性能窗户数量的逐步增加，未来降价的空间很大。

此外，在这样的高性能住宅中，降低供热系统成本可以大大节省成本。例如，无须在窗户下方安装散热器。因而，必须以整个建筑为背景评估高性能窗户的经济作用，而不是以个别构件为依据。

9.5.6 前景展望

真空玻璃可能进一步发展为 U 值更低的双层玻璃［$U_g \leq 0.4\mathrm{W/(m^2 \cdot K)}$］——以 0.5—1.0mm 的真空间隙隔开玻璃。真空玻璃已运用在需设置小窗的冷柜和冰箱中。这项技术需要大量成本适中的部件。

高性能住宅及其部件——例如本节描述的窗户，将成为未来几年建筑行业的一种挑战。建造不依赖化石燃料的建筑，是极具吸引力的设想。而额外成本则是对本地市场、手工艺品和贸易等地方产业的投资，可以帮助很多人维持生计。此外，这也是对未来实现低消耗的分布式能源的一种投资，这将降低我们对化石燃料的敏感性和依赖性。

链接

被动房研究院（Passivhaus Institut），Darmstadt，德国：www.passivehouse.com。其中展示了一份被动房项目和产品制造商清单，并且还在不断更新。清单中包括窗框、预制结构和机械通风系统的相关资料。

参考文献

Feist, W. (1995) *Gedämmte Fensterläden im Passivhaus*, Passivhaus Bericht no 9, Institut Wohnen und Umwelt GmbH, Darmstadt, Germany

Feist, W. (2001) *Passivhaus Sommerfall, Arbeitskreis kostengünstige Passivhäuser*, Protokollband no 15, Passivhaus Institut, Darmstadt, Germany

Feist, W. (2003) *Arbeitskreis kostengünstige Passivhäuser*, Protokollband no 22, Sommerlicher Wärmeschutz, Passivhaus Institut, Darmstadt, Germany

Feist, W. and colleagues (2004) *Passivhaus-Projektierungs-Paket (PHPP) [Passive House Planning Tool]*, Spreadsheet calculation tool based on EN 832, developed at PHI, Darmstadt, Germany

Feist, W., Peper, S. and Oesen, M. (2001) *Klimaneutrale Passivhaussiedlung Hannover-Kronsberg*, CEPHEUS-Projektinformation no 18, Hannover, Germany

Fritz, H. W., Sell, J., Graf, E., Tanner, C., Büchli, R., Blaich, J., Frank, T., Stupp, G. and Faller, M. (2000) *Die Gebäudehülle, konstruktive, bauphysikalische und umweltrelevante Aspekte*, EMPA-Akademie, Eidgenössische Materialprüfungs- und Forschungsanstalt, Dübendorf, Switzerland, www.empa-akademie.ch

Hauser, G., Otto, F., Ringeler, M. and Stiegel, H. (2000) *Holzbau und die EnEV*, Informationsdienst Holz, Holzbau Handbuch, Reihe 3, Teil 2, Folge 2, DGFH, München, Germany

Hauser, G. and Stiegel, H. (1992) *Wärmebrückenatlas für den Holzbau*, Bauverlag, Wiesbaden and

Berlin, Germany
Hauser, G. and Stiegel, H. (1997) *Wärmebrücken*, Informationsdienst Holz, Holzbau Handbuch, Reihe 3, Teil 2, Folge 6, DGFH, München, Germany
Hauser, G., Stiegel, H. and Haupt, W. (1998) *Wärmebrückenkatalog*, CD-ROM, GmbH, Baunatal, Germany
ISO 10077 (2000) *Thermal Performance of Windows, Doors and Shutters – Calculation of Thermal Transmittance – Part 1: Simplified Method (ISO 10077-1:2000); Part 2: Numerical Method for Frames*, International Organization for Standardization (ISO), Geneva, Switzerland
Kaufmann, B., Feist, W., John, M. and Nagel, M. (2002) *Das Passivhaus – Energie-Effizientes-Bauen*, Informationsdienst Holz, Holzbau Handbuch, Reihe 1, Teil 3, Folge 10, DGfH, München, Germany
Kaufmann, B., Feist, W., Pfluger, R., John, M. and Nagel, M. (2003) *Passivhäuser erfolgreich planen und bauen, Ein Leitfaden zur Qualitätssicherung von Passivhäusern*, Landesinstitut für Bauwesen des Landes Nordrhein-Westfalen, Aachen, Germany
Kaufmann, B., Schnieders, J. and Pfluger, R. (2002) *Passivhaus-Fenster*, Proceedings of the Sixth European Passive House Conference, Basel, Switzerland, p289
Lude, G. (no date) Design study and development on behalf of Marmorit, Ingenieurbüro ebök, Tübingen, Germany,
Peper, S., Feist, W. and Kah, O. (2001) *Klimaneutrale Passivhaussiedlung Hannover-Kronsberg, Meßtechnische Untersuchung und Auswertung*, CEPHEUS-Projektinformation no 19, Hannover, Germany
Pfluger, R. and Feist, W. (2001) *Kostengünstiger Passivhaus-Geschosswohnungsbau in Kassel Marbachshöhe*, CEPHEUS-Projektinformation no 16, Endbericht, Fachinformation PHI-2001/3, Passivhaus Institut, Darmstadt, Germany
Recknagel, H., Sprenger, E. and Schramek, E. R. (1997) 'Thermische Behaglichkeit', in *Taschenbuch für Heizung und Klimatechnik*, R. Oldenburg-Verlag, München, Germany, Chapter 1.2.4
Schnieders, J. (2000) *Passivhausfenster*, Fourth Passive House Conference, Kassel, March 2000
Schnieders, J., Feist W., Pfluger, R. and Kah, O (2001) *CEPHEUS – Projektinformation Nr 22, Wissenschaftliche Begleitung und Auswertung*, Endbericht, Fachinformation 2001/9, Passivhaus Institut, Darmstadt, Germany
Truschel, S. (2002) *Passivhäuser in Mitteleuropa*, Thesis, FHT Stuttgart, Germany, in collaboration with Passivhaus Institut, Darmstadt, Stuttgart, Germany

9.6 遮阳装置

Maria Wall

9.6.1 概念

在春秋季，标准住宅仍需要供热且太阳能得热也会有所帮助，然而此时高性能住宅通过窗户的太阳能得热已经有可能使房屋内出现过热。一年中的这段时间，太阳高度角仍相对较低，尤其是在北纬地区。因为相对更接近直射角度，透过窗户的太阳能透射率较高；固定的挑檐，如屋顶，将不能有效作为南向窗户的遮阳。因而高性能住宅的日照控制与过热防护需要重新考虑。

遮阳类型概述

遮阳装置主要有三类，分别是：

1. 外部遮阳，例如：挑檐、遮阳篷、软百叶帘、布帘、百叶窗和玻璃上的日照控制薄膜；
2. 窗户结构中间层的遮阳装置，如两层玻璃之间，或是密封的玻璃单元内；中间遮阳装置包括软百叶帘、布帘、百褶帘和卷帘；
3. 内部遮阳，例如：软百叶帘、百褶帘、布帘、卷帘和玻璃上的日照控制薄膜或卷帘。

遮阳性能的特性

总能源透射率 g 定义为直接穿透辐射与二次传输热量（向内吸收的能量）之和。

遮阳窗户的总透射率为 g_{sy}，是整个系统不同部分的透射率的乘积。

$$g_{sy}=g_{su}\cdot g_{w} \qquad [9.3]$$

g 值低意味着遮阳性能高。注意 g_{sy} 值取决于采用的窗户类型以及遮阳装置的位置（内部、中间或外部）。全年的 g 值不恒定，某件产品的 g 值也不恒定。

如果窗户为双层透明玻璃窗，g_{su} 值与遮阳系数相同，有时会用作与遮阳相关的指标。在瑞典，双层中空玻璃窗常用作遮阳系数的参照标准。有些国家则采用单层透明玻璃窗为参照，这时给出的遮阳系数没有可比性。因此，g 值是更直接的太阳能透射率量度标准。

遮阳装置的位置与特性

外部遮阳装置吸收的热量大多都消散到室外空气中，效率更高。而内部遮阳装置必须设法反射短波太阳辐射，因为窗户会挡住遮阳装置吸收的热量，从而使房间升温。不过这也取决于颜色、条板角度位置等因素。外部、中间和内部遮阳装置的性能差异很大。图 9.6.1 所示为不同遮阳装置测得的 g_{su} 值。对于内部遮阳装置而言，表面反射率是实现低 g 值最重要的参数。这一点与外部遮阳装置相反。例如，深色遮阳篷（低反射率、高吸收比）的 g 值低于浅色遮阳篷。平均而言，外部遮阳装置在降低峰值冷负荷方面的有效性是内部遮阳装置的两倍。

选择遮阳装置时需额外考虑两点：装置对传导光线的影响以及对视野的影响。内部遮阳装置将导致低 g 值，会让光线几乎无法进入房间甚至会阻碍视野，而这也恰好是设置窗户的两个主要缘由。

图 9.6.2 给出了米色遮阳帘的总太阳能透射率（g_{sy}）。结论是通过 ParaSol 模拟实验得出的。图中还给出寒冷气候（斯德哥尔摩）一年内的月平均值。窗户是密闭型的三层玻璃窗，内外玻璃板有低辐射镀膜且间层充氩气。裸窗的 g 值大约为 31%—39%。如果内侧添加遮阳帘，g_{sy} 值下降到 26%—32%。此时需注意，这里假定了窗户和遮阳帘之间的空隙向室内通风（对流）。如果遮阳帘设置在最内玻璃板和中间玻璃板（间层 2）之间，g_{sy} 值为 20%—24%。如果遮阳帘设置在中间玻璃板和最外玻璃板（间层 1）之间，g_{sy} 值为 12%—14%。把遮阳帘设置在外侧时可实现最佳性能。此时窗户和遮阳帘的整个系统的总透射率仅为 6% 左右。请注意垂直遮阳全年的性能非常恒定。

固定式或活动式遮阳装置

固定式遮阳装置的主要问题是即使在有采暖或采光需求时仍然会遮挡窗户。相比之下，选择活动式遮阳装置更为理想。如果住户白天不在家，自动控制会更好，不过住户应当能够控制自动装置。

9.6.2 外部遮阳

外部遮阳效率非常高，但是必须非常坚固才能承受住所有部件，因此成本较高。在强风条件下必须撤除遮阳篷等外部遮阳装置，而这可能会与日照控制的需求相冲突。

外部遮阳对建筑围护结构的穿透，对机械操作而言非常必要，但却与围护结构的气密性要求相冲突。

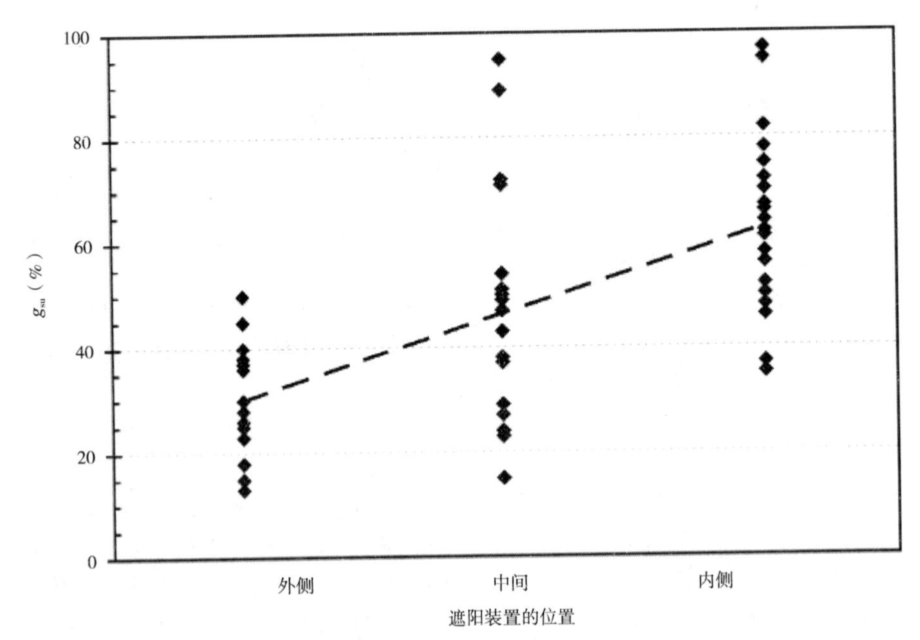

图9.6.1 双层透明玻璃窗应用不同遮阳装置测得的g值

资料来源：measurements from Lund，Sweden，in Wall and Bülow-Hübe（2003）

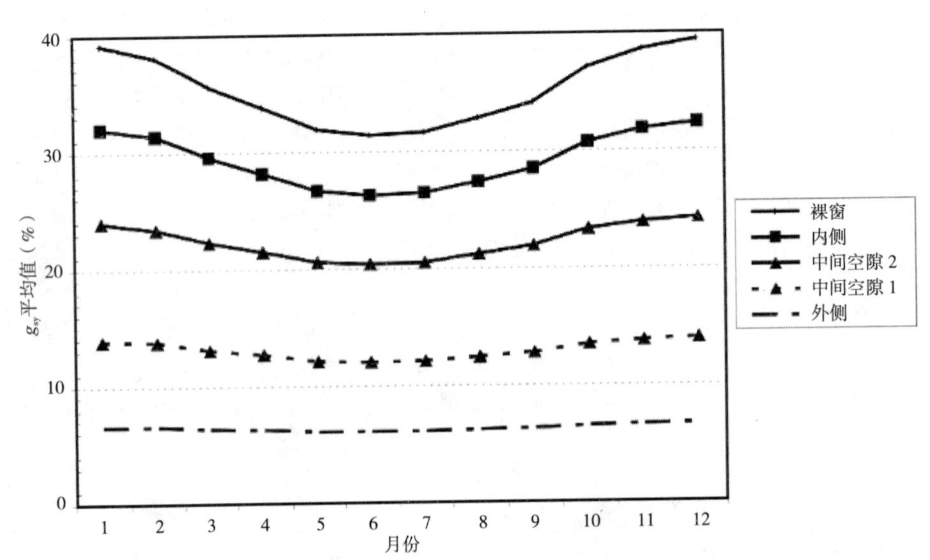

图9.6.2 米色遮阳帘装设位置的影响：g值为遮阳装置和窗户系统的g值；同时列出裸窗g值（寒冷的斯德哥尔摩气候下，南向）

资料来源：Maria Wall

遮阳篷

- 高窗需要伸出较长的遮阳篷，因此更容易被风损坏。另外，遮阳篷伸出越长，侧边开口也需要需要大，否则其透射的太阳辐射也会越多。
- 遮阳篷应比窗洞宽 15—20cm 从而减少从侧面射入阳光。
- 意大利式遮阳篷更适宜高窗。遮阳篷上部完全置于侧面滑轨之内，下部和普通遮阳篷一样向外伸出（如图 9.6.3）。
- 如果遮阳篷颜色较深，效率会更高。浅色遮阳篷会提高材料的直接太阳能透射率，并且增加从遮阳篷浅色背面反射进入室内的太阳能得热。颜色非常浅的遮阳篷还会获取建筑立面和地面反射的太阳辐射。
- 遮阳篷设置在南立面比设在西或东立面效率更高。

图9.6.3 意大利式遮阳篷

资料来源：Helena Bülow-Hübe

外部软百叶帘

- 标准构造是由宽度超过 50mm 的可倾斜的铝条板构成。此类铝条板更为坚固并且有一个硬边。铝条板宽度对遮阳性能影响不大。铝条板设置在侧滑轨中可使百叶帘更好地抵御强风。若是在侧面用涂塑钢丝来操纵 50mm 的铝条，防风性能则较差。
- 在窗户的上方应有足够的空间，以便在冬季收回百叶帘，充分利用阳光。收回软百叶帘时应采用暗匣保护外部软百叶帘。

水平挑檐

- 水平板条遮阳板应能够承受雪载荷。
- 水平板条遮阳板上方的斜屋面应设有楔形板以防止积雪崩落破坏遮阳系统。
- 板条状遮阳板的外罩可以是倾斜或竖直的。

卷帘

- 卷帘指的是可以卷起或放下的外部遮阳帘，可通过侧边滑轨操纵。材料为透明的聚氯乙烯涂

图9.6.4 水平板条状遮阳板的垂直外壳上结合了光伏板

资料来源：Björn Karlsson

层聚酯纤维或玻璃纤维。

- 该材料从暗侧到明侧是“透明”的。这种遮阳帘可提供较好的视野，但是夜间私密性较差。在有大量沙尘或类似物质的地区，该材料肌理可能被这些物质堵塞导致透明度降低，从而使对外视野受限。但是其清洗非常容易。
- 此类遮阳帘在窗户上方占用的空间较小，例如，外部软百叶帘。

外部遮阳装置的热工性能

图 9.6.5 所示为外部遮阳与三层玻璃窗（有两层 4% 低辐射镀膜并充氩气）的 g 值示例。窗户的玻璃中心部位 U 值为 0.69W/（$m^2 \cdot K$）。窗户朝南，位于寒冷气候区。窗户尺寸为 1.2m × 1.2m，在楼板上方 0.9m 处。遮阳篷在窗外分别向下向外伸出 70cm，遮阳篷角度则为 45°。为提高效率，遮阳篷各边比窗户宽 15cm。

以上示例中，完全闭合的灰色遮阳帘、米色遮阳帘、45° 灰色遮阳帘和深色遮阳篷在春季到秋季间最为有效。遮阳篷的颜色非常重要。可以看出，采用蓝色遮阳篷的窗户在夏季期间 g 值大约为 9%。在同一时间段采用米色遮阳篷的窗户其 g 值大约为 16%。

最好不要选择水平板条遮阳板。本案例中的板条都是水平的。遮阳板的遮光效果和屋面挑檐或窗户上阳台的效果差不多。因为遮阳板或挑檐不能收起，在早春和晚秋时节也会遮挡窗户。在该气候区中，1m 长的挑檐比 0.5m 的更有效，但是增加到 1m 以上就没有必要了。

图 9.6.6 所示为寒冷气候中窗户朝西时的相应性能。图中可以看出水平遮阳——如板条遮阳板——的性能较差。垂直遮阳装置对朝向不敏感。因此垂直遮阳装置更适用于西向或东向建筑。

图 9.6.7 和图 9.6.8 所示为温和气候（苏黎世）相应的性能。在温和气候的冬季，南向遮阳效率更高。而夏季时，南向遮阳在寒冷气候中也有较好的效果，但不包含米色遮阳帘和完全闭合的软百叶帘。朝西的情况下，各类遮阳装置都会在温和气候中表现更好的性能。

图 9.6.9 和图 9.6.10 给出了温暖气候各相应性能数据，与温和气候相比，各项性能几乎相同。

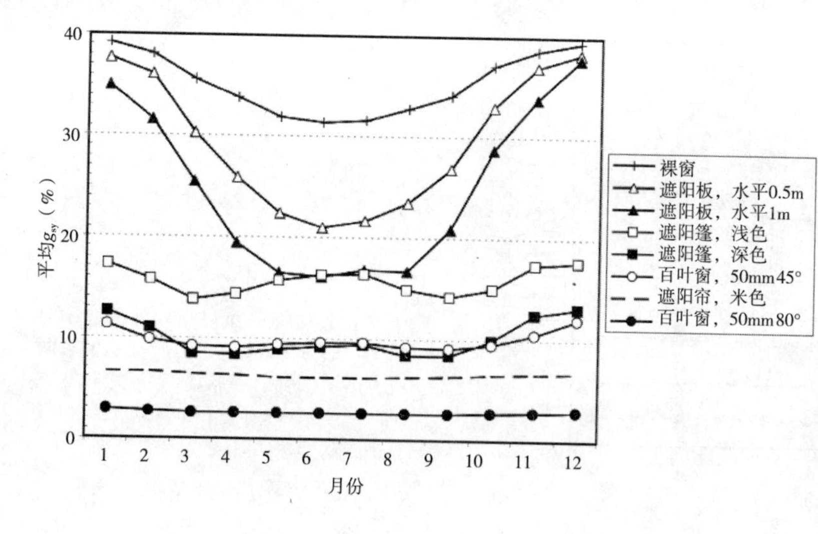

图9.6.5　窗户结合外部遮阳的月平均g值：三层玻璃窗有两层低辐射镀膜（4%）并充氩气（12mm）；在斯德哥尔摩的寒冷气候中，朝南

资料来源：Maria Wall

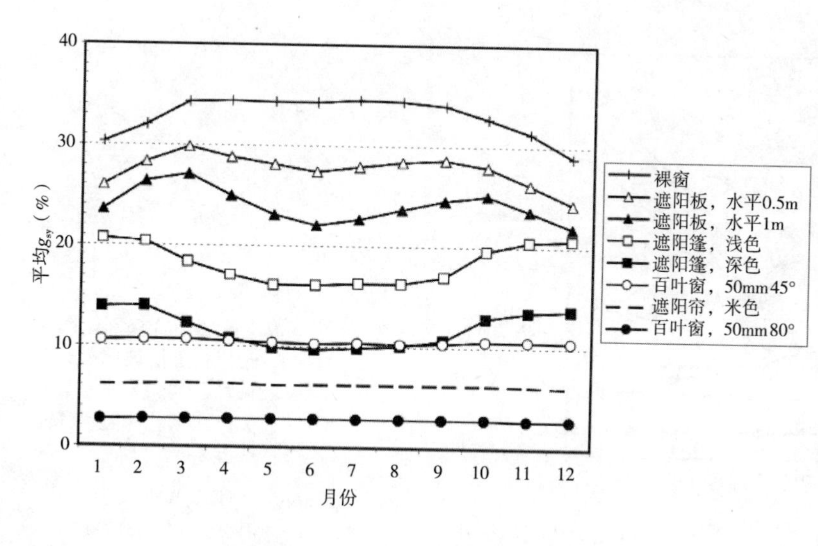

图9.6.6　窗户结合外部遮阳时的月平均g值：三层玻璃窗有两层低辐射镀膜（4%）并充氩气（12mm）；在斯德哥尔摩的寒冷气候中，朝西

资料来源：Maria Wall

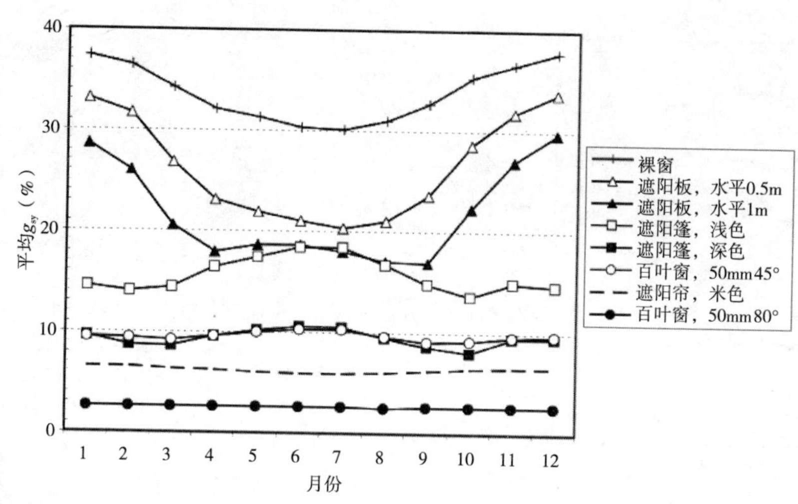

图9.6.7　窗户结合外部遮阳时的月平均g值：三层玻璃窗有两层低辐射镀膜（4%）并充氩气（12mm）；在苏黎世的温和气候中，朝南

资料来源：Maria Wall

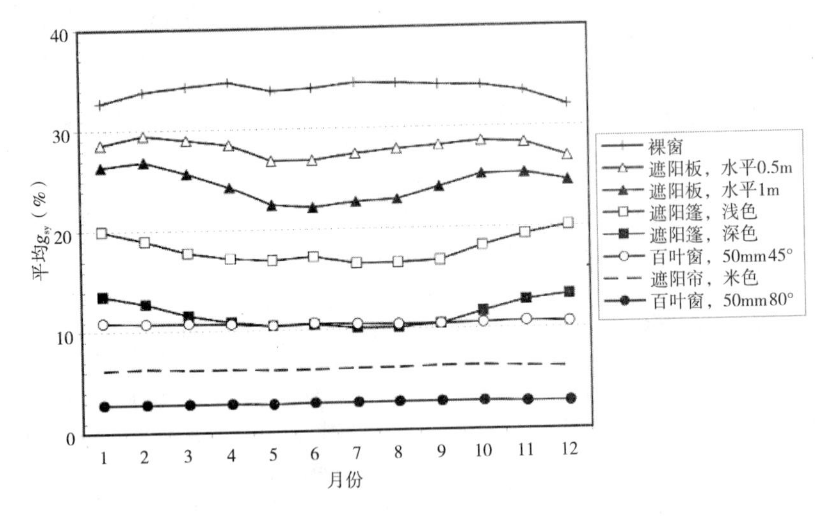

图9.6.8 窗户结合外部遮阳时的月平均g值：三层玻璃窗有两层低辐射镀膜（4%）并充氩气（12mm）；在苏黎世的温和气候中，朝西

资料来源：Maria Wall

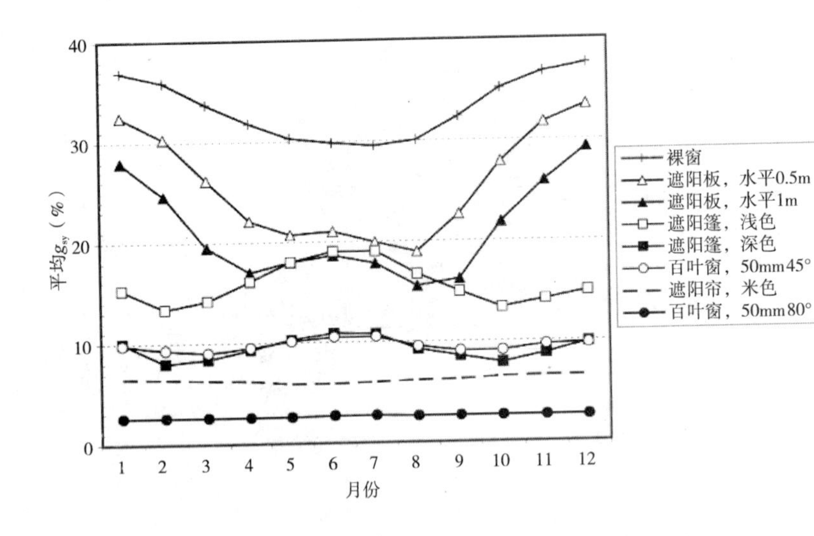

图9.6.9 窗户结合外部遮阳时的月平均g值：三层玻璃窗有两层低辐射镀膜（4%）并充氩气（12mm）；在米兰的温暖气候中，朝南

资料来源：Maria Wall

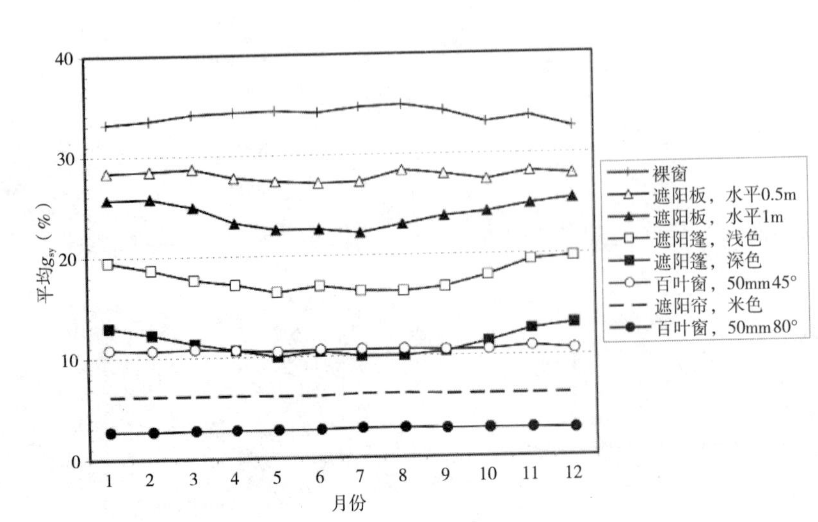

图9.6.10 窗户结合外部遮阳时的月平均g值：三层玻璃窗有两层低辐射镀膜（4%）并充氩气（12mm）；在米兰的温暖气候中，朝西

资料来源：Maria Wall

9.6.3 窗户结构内部的遮阳装置

窗玻璃间的遮阳装置比外部遮阳装置效果差一些。窗玻璃间的遮阳装置被保护得非常好，但这种类型的遮阳会受到空间宽度的限制。其中软百叶帘、遮阳帘、卷帘和百褶帘有应用。在三层玻璃窗中，遮阳设置在最外侧的玻璃之间时效果更好。

窗玻璃板间遮阳装置的热工性能

图 9.6.11 所示为寒冷气候中，有窗玻璃板间遮阳装置的南向窗户的 g 值。三层玻璃窗包含覆盖低辐射镀膜（4%）并充氩气的双层密封玻璃，外面有 84mm 空气间层（包含遮阳装置）和覆盖低辐射镀膜(16%)的单层玻璃。这种三层玻璃窗的玻璃中心部 U 值为 0.79W/(m^2·K)。裸窗的 g 值略高于(38%—46%)应用了外部遮阳的窗户。

图 9.6.11 中多数窗玻璃板间遮阳装置的性能相似：g_{sy} 值在 15%—20% 之间。其中两种白色产品性能更好，包括封闭的（80%）白色软百叶帘和反射率高的白色遮阳帘。这两类产品的总透射率 g_{sy} 值大约为 7%—10%。因而窗玻璃板间产品的高反射率是很重要的。若设置在最外侧玻璃板间层中（如图所示），其遮阳性能相当高，甚至超过某些外部遮阳装置。

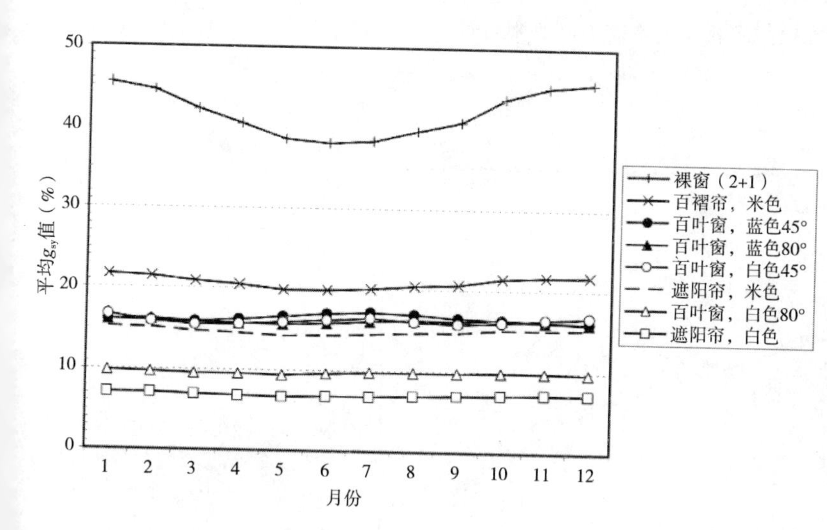

注：在最外侧玻璃板间层中设置各类遮阳装置；在斯德哥尔摩的寒冷气候，朝南。

图9.6.11 三层玻璃窗结合窗玻璃板间遮阳装置时的月平均g值：双层密封充氩气（12mm）并设低辐射镀膜（4%），加上空气间层（84mm），外层设低辐射镀膜（16%）透明玻璃

资料来源：Maria Wall

9.6.4 内部遮阳装置

内部遮阳装置可减少眩光并防止视线穿透到屋内，但在防止过热方面的效果却最差。

内部遮阳装置的热工性能

图 9.6.12 所示为一些内部遮阳装置的性能。高反射率（83%）的白色卷帘展现了 g_{sy} 值为 22%—26% 时的最佳性能。米色遮阳帘（反射率为 52%）的 g_{sy} 值为 26%—32%。白色软百叶帘非常有效，其性能优于蓝色软百叶帘。注意这两种遮阳帘中窗户和遮阳帘之间的空隙是和室内互通的(空气可对流)。

通常选用浅色内部遮阳时，能将多数短波辐射反射到外面，遮阳效果会更好。这一点对于高水平保温窗而言效果更明显，因为在把短波太阳辐射反射到外面的同时，这类窗户能更有效地将长波热量

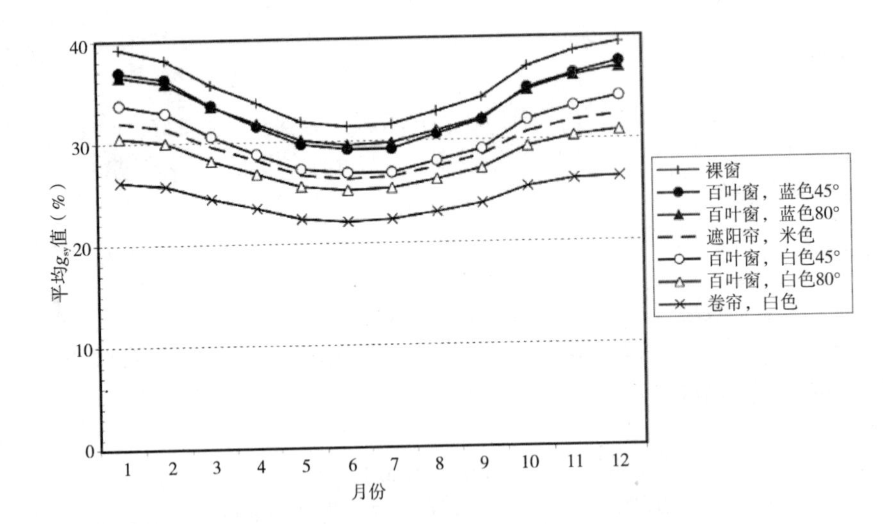

图9.6.12 窗户结合内部遮阳装置时的月平均g值：三层玻璃窗有两层低辐射镀膜（4%）且充氩气；在斯德哥尔摩的寒冷气候中，朝南

资料来源：Maria Wall

保留在室内。高性能窗户常用的低辐射镀膜是为了降低热损失从而得到低U值。缺点是，内部遮阳吸收的热量会在需要再传递到外界时受阻。当低辐射镀膜设置在遮阳装置外的最外层玻璃时，窗玻璃板间遮阳装置也会发生这种情况。

图 9.6.13 给出了与遮阳装置反射率相关的不同内部遮阳装置的g_{sy}值。遮阳装置反射率和g值密切相关。

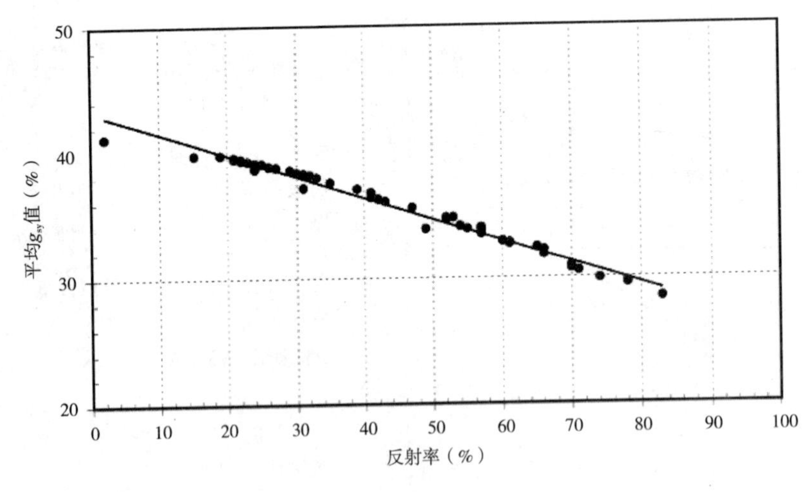

图9.6.13 窗户结合内部遮阳装置时的g值与遮阳材料反射率相关：三层玻璃窗有两层低辐射镀膜（4%）且充氩气；在斯德哥尔摩气候的寒冷中，朝南

资料来源：Maria Wall

9.6.5 设计建议

外部遮阳装置是避免过热最有效方案。建筑应避免采用挑檐，因其有效性较低且不能伸缩，在防止过热方面的有效性比其他装置差，并且全年都会遮挡光线。对南向窗户而言，深色遮阳篷、外部软百叶帘或遮阳帘都是很好的选择。对西向或东向窗户而言，垂直遮阳装置（与窗户表面平行）最为有效。

窗玻璃板间遮阳是个不错的选择，尤其是当窗玻璃板间遮阳设置在最外层玻璃板间层时。特别是在多风区域，窗玻璃板间的遮阳装置优点突出，甚至比一些外部遮阳装置的效果还好。这种窗玻璃板间遮阳装置的反射率应当很高。

如必须采用内部遮阳，高反射率就更加重要。即便如此，内部遮阳装置的过热防护作用较差，只是在减少眩光和保护隐私方面会更有效一些。

参考文献

Kvist, H., Hellström, B. and colleagues (2006) *ParaSol version 3.0*, Simulation tool for performance studies of windows and shadings, Energy and Building Design, Lund University, Sweden, www.parasol.se

Wall, M. and Bülow-Hübe, H. (eds) (2001) *Solar Protection in Buildings*, Report TABK- 01/3060, Energy and Building Design, Department of Construction and Architecture, Lund Institute of Technology, Lund University, Sweden

Wall, M. and Bülow-Hübe, H. (eds) (2003) *Solar Protection in Buildings. Part 2: 2000–2002*, Report EBD-R–03/1, Energy and Building Design, Department of Construction and Architecture, Lund Institute of Technology, Lund University, Sweden

10. 通风

10.1 通风基本原理

Frank–Dietrich Heidt

在寒冷气候和温和气候条件下，高性能住宅的热负荷主要归因于通风和渗透。在任意换气率 n（ach），所需热量 H_V（Wh）为：

$$H_V=n \cdot V \cdot C_{air} \cdot 24h/d \cdot D_D \qquad [10.1]$$

式中 V——可交换的室内空气容积，m^3；

C_{air}——空气的定容比热，0.34Wh/（$m^3 \cdot K$）；

D_D——度日数，Kd（1d=24h）。

在度日数为 3500Kd 的气候条件下，住宅换气率为 0.5ach，需热量将近 36kWh/（$m^2 \cdot a$）。换气率（因通风或渗透）只提高 0.1ach 就会使需热量增加 7.2kWh/（$m^2 \cdot a$）。因此，为了使采暖和空气流动造成的能耗量降到最低程度，我们的目标应该是实现满足空气质量所需的最低换气率。室内空气质量的三类指标是氧气和二氧化碳（CO_2）水平、湿度，以及污染物浓度。

10.1.1 氧气和二氧化碳水平

住户呼吸和消耗氧气并不是设定住宅通风量的依据。一个人每秒需要 0.005—0.0075L 氧气。由于空气中氧气成分约占 22%，换气量只需达到 0.082—0.123m^3/h 就可以满足每人所需的氧气流量。此数值只是通常推荐的每人 20—40m^3/h 的新风量的 1/400—1/300。推荐数值源自所谓的 Pettenkofer 限值（Max von Pettenkofer 是 1870 年前后在慕尼黑大学的著名人类生理学研究者），其假设室内空气中二氧化碳浓度 1000ppm（容积）是室内空气质量的容许上限。相应的总换气率取决于室外空气的二氧化碳浓度，即大约 360ppm（容积）。考虑到人均室内空气容积为 75—100m^3（德国住宅），上述每人的换气率相当于 0.25—0.50ach。

该换气率不光提供（而且远超过要求的）氧气，将二氧化碳浓度保持在要求的范围内，同时还带走了住宅室内产生的大部分水蒸气。

10.1.2 湿度

水蒸气的去除取决于相对湿度和室内外空气温度。在冬季保持舒适的湿度水平十分重要（室内：

温度 20℃，相对湿度 60%；室外：温度 0—10℃，相对湿度 70%）。在这种情况下，水蒸气渗出率 M_R 的范围是：

$$3.8 \cdot V_R \leqslant M_R \leqslant 7.0 \cdot V_R \tag{10.2}$$

式中 $V_R=n \cdot V$，即换气量，m^3/h；

M_R——水蒸气渗出率，g/h。

下限值针对室外空气温度 10℃的情况，上限值针对 0℃的情况。相应地，每人 $30m^3/h$ 的换气率将去除水蒸气 110—210g/h。多数情况下，以这种速率去除水蒸气足以解决住宅的湿气问题。只有在沐浴、烹饪、清洁、洗衣和烘干活动较集中时才会出现较高湿度负荷，此时需增加通风措施（例如开窗、设置尽可能高的机械通风量以及开启额外的风机）以去除湿气。表 10.1.1 给出了各种水蒸气产生来源的典型蒸发速率。

不同来源产生的水蒸气的典型排放率　　表 10.1.1

水蒸气来源	蒸发速率（g/h）
人（静态）	40–60
人（一般运动）	60–120
人（剧烈运动）	120–200
宠物（狗、猫）	5–10
浴缸浴	大约700
淋浴	大约2500
烹饪	600–1500
盆栽	7–15
干衣机（4.5kg滚筒洗衣机），旋转式	50–200
干衣机（4.5kg滚筒洗衣机），悬挂式	100–500
鱼缸（每平方米水表面）	30–50

对于典型的四口之家，24h 大约产生 12kg 水蒸气。

10.1.3 污染物

一旦给出室内空气“污染”物质（二氧化碳、水蒸气及其他物质）的排放速率 Q（m^3/h），其渐近的（即“很长一段时间之后”）平衡态浓度 C_∞（无量纲）为：

$$C_\infty = C_{amb} + Q/(n \cdot V) \tag{10.3}$$

式中 C_{amb}——环境空气中的污染物浓度，无量纲；

V——室内空气体积，m^3；

C_∞——平衡态浓度，无量纲，必须与期望值或允许限值（如在德国是工作场所的最高允许浓度）相比较。

如果将稀释物浓度作为总体浓度 ρ（单位 kg/m^3），相应最终值为：

$$\rho_{\infty}=\rho_{amb}+S/(n \cdot V) \quad [10.4]$$

式中 ρ_{amb}——环境空气的污染物质量浓度，kg/m^3；

S——室内局部污染物质量生成值，kg/h。

各类房间相应的换气率应在以下各值中选取最大值：

- 所需空气供应量，取决于当时的人员数量（通常为每人 30m^3/h）；
- 不同功能房间的推荐排风量；
- 最低换气率 n=0.3ach，确保没有人或功能的室内空气污染可得到控制；该指标所考虑的，是所有室内设备仪器都会持续释放某类气体，会污染室内空气，而必须用新风冲淡和消除。

10.1.4 设计建议

表 10.1.2 列出了推荐排风量；这些数据可作为合理的准则解决一些基本问题，例如共需多少新风？各房间分别需要多少新风？

不同功能房间的推荐名义气流量 表 10.1.2

房间功能	空气流量（m^3/h）
厨房	60
浴室	40–60
卫生间	30
家务，储藏室	20–30

参考文献

Heidt, F. D. (1994) 'Lüftung', in Maier, K. H. (ed) *Der Energieberater. Kap.*, 5.1.1.6, S. 1-60, Verlag Deutscher Wirtschaftsdienst GmbH, Köln, Germany

Liddament, M. (1996) *A Guide to Energy Efficient Ventilation: The Air Infiltration and Ventilation Centre*, University of Warwick Science Park, UK

10.2 通风类型

Frank-Dietrich Heidt

穿过建筑围护结构空气流动，是由于风以及室内外气温差别引起的压力差驱动的。这也要看建筑围护结构的开口是经设计而成的（如窗户、进风阀或风道），还是并非设计而成的（如孔、裂口或缝隙）。这意味着自然通风量十分难以预测，因为天气、围护结构漏风点的大小、位置以及住户的行为（开窗、开门）等都是未知因素。考虑这些因素时，有自然换气率 n_{nat}：

$$n_{nat}=n_{inf}+n_{user} \quad [10.5]$$

式中 n_{inf}——与渗入 / 透出相关的换气率；

n_{user}——和住户有意打开窗门以及其他设备的行为相关的换气率。

$$n=n_{nat}+n_{mechr} \quad [10.6]$$

机械通风通常用于补充现有自然通风，应当控制换气率。总换气率是自然通风和机械通风的总和。n_{nat} 定义同前文，n_{mech} 表示与风机工作相对应的换气率（ach）。在能源方面，风机运行和控制的电耗必须考虑在内。

高性能住宅的供热能耗要求低于 25kWh/（m^2·a），其围护结构气密性很高，冬季期间的自然换气是明显不够的。而设计阶段必须考虑到这一点，以确保换气率的提高不会使供热目标值超标。同样重要的是夏季期间应当有充分的自然通风，如住户有要求也可关闭机械通风。

10.2.1 自然通风

自然通风通常有三种类型：

1. 缝隙通风；
2. 热压通风；
3. 开窗通风。

缝隙通风（或空气渗入 / 漏出）会发生在建筑围护结构的所有渗漏处，主要是窗户和门的接合处及缝隙。这种通风方式无法控制，并且通常与实际通风需求不符。特别是对于旧建筑，冬季期间气密性较差，导致热量大量流失并且形成让人不适的气流。这也是新建筑必须满足气密性标准的原因之一，即规定由于渗入 / 漏出造成的换气率必须低于 0.1—0.2ach。

即使驱动力（风过建筑形成的压差）很小也可使大量空气穿过窗户或通气的开口。如果室外空气温度低于室内空气，则会通过窗户下部进入建筑内。即使在没有风的条件下，较暖的室内空气也会通过窗户顶部出去。冬季，这样产生的气流会造成舒适度问题，而固定倾斜的窗户则会产生严重热损失。理想情况下，窗户应完全打开，简单地说就是要让室内空气焕然一新。表 10.2.1 列出了不同开窗状态下换气率的典型范围。

不同开窗状态下换气率的大致范围 表 10.2.1

开窗状态	换气率取值范围（ach）
窗户和门关闭	0.1–0.4
窗户斜置	0.5–4
窗户打开	5–15
穿堂风/对向窗户	可达到40

热压自然通风可通过从顶棚到屋顶之间的竖向风道实现。在高层建筑中，由此产生的浮力可产生

很高的抽气率——如可从厨房、浴室或洗衣间抽气而不用设置任何窗户。每类房间需要分开设置这种竖向风道。

开窗通风有以下优势：

- “开窗”环境比较受人欢迎。
- 自然通风的成本低于机械通风。
- 几乎不需要维护（工作和成本）。
- 自然通风不需要额外放置设备的空间。
- 如果开窗通风足够，制冷和净化的气流量可以很高。

另一方面，自然通风也有一些大的缺陷：

- 气流量和气流模式可能过度或不足，每个季节每天的状态都会发生不可预知的变化。结果可导致室内空气质量差，热损失高。
- 自然通风不适宜环境嘈杂且污染严重的场所。
- 通常不能对进风进行过滤或净化。
- 住户须根据需求不断调整窗户。

10.2.2 机械通风

电动风机等机械通风设备可为整个建筑或某个房间提供新风。某个房间进行通风的情况需采用“分散式通风设备”，在此不详细论述。本节介绍的“中央通风系统”适用于住宅、公寓房间或整个公寓楼。

最简单的机械通风只考虑排风。这样会使建筑内部出现压力差，从而可通过围护结构中设计的开口排出空气。更进一步的系统，则是通过机械方式供风，并将"用过的"空气排出。

排风式机械通风可以持久保障所需换气率，不受住户开窗行为和天气的影响。这样可以避免潮湿空气在建筑外墙内侧的凝结，还可以去除污染物并且把外界噪声隔离在外。夏季夜晚，住户采取机械通风可以为室内提供较凉爽新鲜的室外空气。新风送到生活和睡眠区，然后穿过门厅，最后通过厨房、浴室和卫生间排出。对于多户住宅，每套公寓需配备独立的抽气通风系统，以避免相邻住户之间的噪声和气味传递。

风机造成的压力应足以形成风和烟囱效应。而建筑与环境之间的负压力差不宜过大，否则可能形成室内空气高速气流或外界空气倒流。此外，设有机械抽气系统的建筑须尽可能密封，以免空气通过专用通风口以外的其他开口流动。

总之，机械抽气通风的优点包括：

- 可控制通风量；
- 经过精心设计，空气会沿着规划路径流动；
- 在污染源抽出污染物，避免污染物进入使用空间；
- 可去除外墙内侧凝结的水蒸气；
- 采用热泵可从排风气流中进行热回收。

缺点包括：

- 与自然通风相比，投资成本更高；
- 系统运作需要耗电；
- 可能产生噪声问题；
- 需定期清洁养护；
- 大风环境下可能影响通风效果，因为进风口和排风口均设置在建筑固定位置；
- 存在从烟道或底层空间倒抽烟气或氡（或其他任何土壤气体）的风险；
- 住户调整各自的进风口可能影响气流通过系统的其他支路。

送风式机械通风会驱动室外空气进入建筑内，并与原有空气相混合。这一过程中形成的正压差，与大气压相抗衡，从而可阻止空气从室外渗透进入建筑。这样一来，所有的进风都可以进行预清洁和热调节。该系统主要用于室外空气受污染区域（例如市中心）、工业洁净室和有过敏问题的住户。不建议在住房中使用此类系统，因为它会增加室内产生的水蒸气外渗继而在外墙和屋顶保温层凝结的风险。

平衡式机械通风结合了送风和排风系统，两个系统以两套独立管道运行。通常情况下，空气送入“干燥”或“使用中的”区域（客厅、卧室和书房）并混合，然后从“潮湿”或“被污染的”区域（厨房，浴室和卫生间）排出。于是形成了一种从送风区到排风区的空气流动模式，应在房间之间设置大小合适的透气孔槽，从而帮助实现该气流模式。透气孔槽可以在门下方；若考虑到声学方面的问题，可特别设置静音透气孔槽。

流量精确平衡的系统通常是“压力中和的”，因此无法抵抗风速和温差引起的渗入/漏出。因此，建筑必须有良好的气密性，从而确保气流及其方向实现规划目标。市场上现有的系统能够实现近乎完美的流量平衡，这是因为采用了速度传感器或充分利用了内置风机的特性（功率与流速的关系）。有时候会故意实现气流的不平衡状态，使建筑处于轻微的负压条件下，让排风率比送风率高 10%（对于住宅）。这样可产生少量的空气渗入，从而阻止水分进入外墙并防止水分在缝隙凝结。

平衡式机械通风系统和排风式机械通风有相同的优点，可以确保新风供给并避免过高的通风热损失（采用不受控制的自然通风时可能发生的状况）。另外，通过热交换器直接从排风回收能量并预热送风，可以大幅降低新风预热的耗热量，从而节约相应热力费用。此外，送风过滤和热调节能够改善室内空气质量和舒适度。这些方面都会有助于削减该通风系统的增量投资和经营成本。

平衡式机械通风系统的缺点与排风式机械系统相似。通风设备应远离生活和睡眠区域，设置在厨房或浴室等功能室附近，从而尽量避免噪声问题（两个风机的噪声）。空气调节设备可选用低噪类型，将设备安装在吸声材料上可以降低运营时的噪声。在任何情况下，按照德国相关规范（DIN4109，第五部分 VDI Richtlinie 2081），生活或睡眠房间的声级都不应超过 30dB（A）。对于高性能住宅，建议采用更低声级 25 dB（A）。对于独栋住宅，屋顶层或地下室都有合适的空间可安置中央通风设备。不过在这种情况下送风和排风风道可能比较长；而在任何时候穿过无采暖空间的风道必须尽量短且有良好的保温。

参考文献

Heidt, F. D. (1994) 'Lüftung', in Maier, K. H. (ed) *Der Energieberater. Kap.*, 5.1.1.6, S. 1-60, Verlag Deutscher Wirtschaftsdienst GmbH, Köln, Germany

Liddament, M. (1996) *A Guide to Energy Efficient Ventilation: The Air Infiltration and Ventilation Centre*, University of Warwick Science Park, UK

10.3 高性能住宅的通风系统

Frank-Dietrich Heidt

10.3.1 高性能住宅通风的基本概念

前面章节介绍的常规通风系统可能导致高热损失，损失程度与通风量 n 相关。自然通风和机械通风的唯一差别在于机械通风率 n 可知（$n=n_{mech}+n_{inf}$）而自然通风率通常难以确定。须记住，健康卫生所需的换气率加上渗透造成的换气率至少会达到 0.5ach，对应的通风热损失约为 36kWh/（m^2・a）。而高性能住宅的目标需热量为 25kWh/（m^2・a）甚至更少，相比而言这个热损失值非常高。相应地，热回收式通风系统是达到这一目标的必要条件。热回收可通过以下方式实现：

- 应用热泵的排气式机械通风；
- 应用换热器的平衡式机械通风；
- 应用换热器和地埋管换热器的平衡式机械通风；
- 应用上述所有设备的平衡式机械通风。

要确保这些系统高效运作，还必须满足两个前提条件：

- 建筑围护结构气密性良好；
- 通风系统有“完善”的设计概念。

建筑的气密性需采用所谓的 n_{50} 值来衡量。n_{50} 值表示大气压与建筑内部气压差为 50Pa 正压和负压下的平均换气率。常用的测量方法是采用风机加压（鼓风机门）。n_{inf} 指的是渗入率，根据 n_{50} 值在自然压差（通常为 -10Pa—+10Pa）条件下按照下列算式估算得出：

$$n_{inf}=e \cdot n_{50} \qquad [10.7]$$

式中 e——建筑所在场地的风环境特性系数。e 值可以设定为以下数值（根据德国 DIN 4108，第 6 部分）：

- 多风地段为 0.10；
- 避风地段为 0.04；
- 中等地段为 0.07。

中等地段测得的 n_{50} 值为 3.0ach，可据此预估渗透引起的换气率为 0.2ach。欧洲标准 EN 832 中也提供了风力系数值。

气密性应当确保：

- 防止外部风力和温差引起气流；
- 使经外墙传递的噪声和气味最小化；
- 室内产生的水蒸气不进入外墙；
- 换气率和室内空气流向通过机械控制，且受天气影响最小化。

另外，一些国家（例如德国、瑞士、荷兰、比利时、瑞典、挪威和加拿大）已经将气密性要求作为最佳实践标准。

机械通风系统充分发挥热回收功能的基本条件是密封的围护结构。设 ε_{HR} 表示热回收效率，且总交换气流中只有一部分由相应设备进行驱动，该实际系统效率 $\varepsilon_{HR,\ REAL}$ 为：

$$\varepsilon_{HR,\ REAL}=\varepsilon_{HR}\cdot(1-n_{inf}/n) \qquad [10.8]$$

这表示如果总换气率 n 的 25% 是由于渗透产生的（$n_{inf}=0.25n$），换热器名义效率 ε_{HR} 会降低为实际值 $\varepsilon_{HR,\ REAL}=0.75\varepsilon_{HR}$。

建设气密性建筑并且设置机械通风的决策有几个要点。通风管道需要占用一定空间，必须在早期设计阶段考虑管道的布置，还必须设计好设备间，那里要集中所有风道。

10.3.2 概念性设计

高性能住宅通风系统的概念性设计必须包含以下内容：

确定通风/空气质量的要求。该过程须由设计师和客户讨论确定，包括通风系统的目的和预期性能，并设置边界条件。必须弄清相关标准和适用法规。这一过程所获结论应在后期规划过程中保持不变。

根据空气质量和温度要求来划分区域。起居和睡眠空间（如客厅、儿童房、书房和卧室）应总是有新风供给。新风从起居和睡眠空间，经过交通空间（走廊、门厅或楼梯），抵达潮湿的房间（厨房、浴室、卫生间、杂物间）并在此最终排出。过程中必须考虑送排风管道的位置，目标是所用管道越短越好。

确定名义气流量并布风。总换气率是将送/排风点之间房间的所有送风率（或排风率）相加得出。必须针对该气流目标采取相应措施。送风率和排风率应相互平衡。

确定空气过滤等级（普通过滤或对过敏原过滤）。通风标准（例如德国 DIN EN 779）中规定了各级别空气过滤器及其效率、压降和容尘量等因素。最低可接受过滤器等级为粗尘过滤 G3。为防止极细粉尘（达到 1μm）的污染，应采用等级为 F6，F7 或 F8 的过滤器（见表 10.3.1）。当颗粒浓度高或外界空气受污染时，很有必要用过滤器进行空气净化。由于环境空气通常更洁净，室外空气过滤主要是避

免送风管道有灰尘聚积。如果室内空气中含有污染悬浮微粒（粗大颗粒和烟雾等），过滤器也应安装在排风管、风机和热交换器之前，因为更换过滤器的成本低于风道的清洁。另一方面，过滤器引起压降（通常为 50—300Pa）会增加风机的电功率需求。应注意选择过滤器的尺寸，从而使其有效运行时间最大化，同时注意使压降保持在可接受的范围内。过滤器需要每隔三到六个月就进行检查、清洁或更换，因而必须装卸便捷。

空气过滤器等级（滞留程度与颗粒尺寸的关系） 表 10.3.1

颗粒大小	滞留百分比							
	G1	G2	G3	G4	F5	F6	F7	F8
0.1	—	—	—	—	0–10	5–15	25–35	35–45
0.3	—	—	—	0–5	5–15	10–25	45–60	65–75
0.5	—	—	0–5	5–15	15–30	20–40	60–75	80–90
1	—	0–5	5–15	15–35	30–50	50–65	85–95	95–98
3	0–5	5–15	15–35	30–55	70-90	85–95	>98	>99
5	5–15	15–35	35–70	60–90	90–99	95–99	>99	>99
10	40–50	50–70	70–85	85–98	>98	>99	>99	>99

城市户外环境的粉尘浓度平均值在 0.1—0.5mg/m^3，最高浓度的颗粒尺寸范围是 7—20μm。郊区户外环境中的粉尘浓度较低，范围在 0.05—0.10mg/m^3，多数现有颗粒尺寸小于 1—2μm。

确定风道的几何形状和结构。管道的几何形状对于所需的风机功率和通风系统声级有显著影响。所选的管道断面应尽可能地减缓气流速度，应保证不超过 3m/s，这样可以减小压降、耗电和噪声的产生。空间或成本限制通常导致风道管径较小，这会导致湍流并造成上述所有缺点。管道长度应尽量缩短，并且弯度要小；内部要平整光滑。可以使用镀锡薄钢板制成的折叠螺旋焊缝管；铝制柔性螺旋管可接受但并不理想。这两种管道在安装时需特别注意避免过紧堵塞。应避免使用合成螺旋管。对于直风道，较理想的情况是为每米风道的压力损失低于 0.5Pa。风道应有气密性以免外部灰尘侵入，同时避免采暖区和换热器之间产生热损失。尤其是在建造时，风道必须密封。

对室外空气进风、布风和室内空气排风进行布置。显然，应该在空气质量最好的地方引入室外空气（远离下水道口、烟囱、排风孔、垃圾箱和停车场等）。新风入口应当予以保护，不宜设置在触手可及的地方，还应遮蔽起来以防淋雨。开口的形状应尽可能减小压降损失。起居空间从进风到排风路径上的门也必须做到这一点。可以在门扇上部或下部设置水平缝或固定通风格栅。从而保证门的压降不超过 1Pa，气流速度低于 1m/s（以避免气流和噪声）。送风区与过风区的所有房间，其压差应大致相同，且与排风区所有房屋之间的压差也应该相同。这样可以保证为所有房间供应同等质量的新风。在换气容积在 40m^3/h 以内时，设置 15mm 的水平缝就足够了。排风口引起的压力损失也应当尽可能的小（可根据容积率和压降之间的关系进行调整）。排风口应远离供暖设备，并且避免

与送风口之间形成短路循环。对于湿度大的房间，排风口应设置在天花板附近。在厨房，建议使用150—200m³/h的独立排风罩，以便排出大量水蒸气和粗大颗粒。在抽油烟机运行并直接向外界排风时，必须提高整个通风系统的送风率，以保持住宅内气压平衡；否则，建筑内的较低气压会导致外界空气失控渗入。防噪降噪是在进风、布风和排风中的一项常规工程。这需要从产品供应商处获取具体数据和设计建议。

设计保温细部。冷暖空气管道的理想位置是与所在处的温度分区相匹配。新鲜冷空气不应从采暖区域获取热量，将排出的暖空气也不应向低温环境释放热量。如果这样不可行，风道就必须采取保温措施［导热系数：0.35—0.40W/（m·K）］，通常需要5—10cm厚的保温层。中央通风设备应靠近建筑采暖区域边界处风道穿过的地方——在采暖区内外皆可。中央通风设备本身也应是有保温的，应避免排风管和送风管与设备周围发生热交换。用于供暖的送风管应始终设置在建筑采暖区之内。

设计隔声、减震器和防火/防烟隔离带。在送风区中，通风系统声级不宜超过25dB（A）；过风区和排风区房间的通风系统声级不宜超过30dB（A）。与德国标准DIN 4109的数值相比，这两项数值要分别优化（降低）了5dB（A）。实践表明如果设计仅满足各类规定，仍可能满足不了住户的要求。为达到如此低的声级，必须在风机和房间之间的风道内设置消声器。根据进风口或排风口外的环境噪声级，还可能需要额外设置消音器。管道内壁有吸声材料、上覆穿孔金属薄片的刚性或弹性管状消声器可以实现上述目标。房屋之间通过风道、缝隙或通气格栅的声音传播也应考虑在内，噪声防护需要采取工程措施！最后，必须按照当地建筑规范设计减震器和防火/防烟带。

设计控制系统。在限制通风热损失的条件下，要使室内空气质量达到最佳水平，需要能够依据当时的环境状况来控制通风系统。应考虑以下内容：

- 操作必须简单易懂（得到用户的认可！）。
- 对于多户住宅，换气率应能够由各户独立调节。
- 各住户的换气率应可分若干级别进行调节（例如“关”、“低”、“中”、“高”），可手动也可自动化操作。
- 不可通过关闭送风机来为换热器防冻，否则在排风机仍然持续运转的情况下，空气渗透、通风热损失以及寒冷气流会增加。
- 夏季无须运行换热器。因此，可以完全关闭系统（仅开窗通风），或为换热器设置旁通管，或将通风设备切换为夏季模式。

不过进行调控需要很多传感器、制动器和其他电子设备，可能导致额外的压降和电耗。另外，投资、运行和维护都会产生附加成本，因而必须要用更精密完善的调控方式抵消这些缺点。

气流调节和性能试验。规划设计是一方面；工程质量是另一方面！因而，在招标之前，必须制定一套合规的验收程序。其中应包括完整的系统说明、检测方式、设计目标实现情况、设备调节和相应的规程汇编。其主要任务是为每个房间设定换气率，同时作为调试的一部分，还要测试系统功能及其控制与操作规程，以检验其是否满足所有要求。

运行记录和维护计划。长期性能取决于常规检查和维护。通风系统必须有运行、检查和维护。运行检查是一类短期活动，可以是偶发行为（如检查供电和设备开关状态）。但是质量监督和维护必须定期进行，至少每六个月一次。

参考文献

Heidt, F. D. (1994) 'Lüftung', in Maier, K. H. (ed) *Der Energieberater. Kap.*, 5.1.1.6, S. 1-60, Verlag Deutscher Wirtschaftsdienst GmbH, Köln, Germany

Liddament, M. (1996) *A Guide to Energy Efficient Ventilation: The Air Infiltration and Ventilation Centre*, University of Warwick Science Park, UK

10.4 通风热回收

Frank–Dietrich Heidt

10.4.1 性能特征

在给定预热新风所需热量的条件下，对于高性能住宅来说，尽可能多地回收热量是十分重要的。热回收（HR）效率可采用性能系数（COP）来表示。COP 是从系统中提取的可用能源与提取过程中消耗能源的比值。为公平比较，应该用一次能源来计算此数值。P_{EL} 对于热泵（HPs），COP 通常用传输热能（或电力）Q_{HEAT} 除以所消耗的电能（电力）P_{EL}。

$$COP(HP)=Q_{HEAT}/P_{EL} \quad [10.9]$$

$$Q_{HEAT}=Q_{SOURCE}+P_{EL} \quad [10.10]$$

式中 Q_{SOURCE}——从热源提取的热能（或电力）。

这种情况下，COP（HP，热泵）须除以电力的一次能源系数 P_E，从而得出总 COP。P_E 取决于发电厂的混合发电能源——即煤、油、天然气、核能、水力等（见附录 1）。

$$COP=COP(HP)/P_E \quad [10.11]$$

所用设备的 COP（HP，热泵）取决于设备的技术性能和运行条件。根据基础热力学可以了解到，热泵 COP_{HP} 不能超过卡诺数值 COP_{CARNOT}，且与供热和热源温差的倒数成正比。

$$COP_{(HP)}=f\cdot COP_{CARNOT} \quad [10.12]$$

通常 $0.30\leqslant f\leqslant 0.60$ 且：

$$COP_{CARNOT}=T_{HEAT}/(T_{HEAT}-T_{SOURCE}) \quad [10.13]$$

因此，当所需供热温度较低且高温热源可用时，热泵的工作性能最佳。

热效率。热效率 ε_{HR} 与热回收对余热或失热的有效回收比例相关，用百分数来表示。

*潜热回收*是指回收（通常为）水蒸气凝结过程中释放的热量。

*显热回收*是指回收干燥空气中的余热。

为简化起见，后面所有说明仅限于显热回收情况。热效率为：

$$\varepsilon_{HR}=(T_{SUPP}-T_{AMB})/(T_{ROOM}-T_{AMB}) \quad [10.14]$$

式中 T_{SUPP}、T_{ROOM} 和 T_{AMB} 分别表示送风温度、室内空气温度和环境新风温度。如果热泵设备没有向周围散热，可采用另一公式：

$$\varepsilon_{HR}=(T_{ROOM}-T_{EXH})/(T_{ROOM}-T_{AMB}) \quad [10.15]$$

T_{EXH} 表示排风管低温端的空气温度
根据公式 10.14 和公式 10.15 可得：

$$T_{SUPP}=\varepsilon_{HR}\cdot T_{ROOM}+(1-\varepsilon_{HR})\cdot T_{AMB} \quad [10.16]$$

$$T_{EXH}=\varepsilon_{HR}\cdot T_{AMB}+(1-\varepsilon_{HR})\cdot T_{ROOM} \quad [10.17]$$

这表示 T_{SUPP} 和 T_{EXH} 是室内空气温度 T_{ROOM} 和环境新风温度 T_{AMB} 的加权平均值。效率 ε_{HR} 越好（从较低值逐渐接近统一值 1.0），T_{SUPP} 越接近 T_{ROOM}，T_{EXH} 下降到 T_{AMB} 的幅度越大。理想的热回收是在通风热损失方面在住宅与环境之间实现热工分离。

电效率。电效率 ε_{EE} 与通风系统的压降成正比，且与空气流量 V_R 和（形成气流所需的）电力 P_E 之比成正比。电效率用百分数表示：

$$\varepsilon_{EE}\cdot P_E=V_R\cdot \Delta p \quad [10.18]$$

电效率 ε_{EE} 的数值取决于设备（风机质量、管道系统和控制系统）。直流电动风机通常比交流电动风机好。

该比值的倒数（电力除以气流量）为额定风机功率（SFP），单位 Wh/m^3。一项对德国通风系统的数据调查表明，压降约 100Pa，额定能耗范围是 0.2—0.8Wh/m^3。这些数值对于确定技术解决方案的能源和经济可行性是非常重要的。在高性能住宅中，额定风机功率为 0.45Wh/m^3 甚至更小（只有排风机的情况下，功率小于 0.15Wh/m^3）。

10.4.2 排风热泵系统

排风热泵系统依靠电力从排风中获取热量，并且为生活热水或室内采暖（或两者兼有）生产有效热量。常见的系统配置有三种：

1. 空气对液体系统，可对生活热水系统或以“湿房间”为核心的系统的供水进行预热；
2. 空气对液体和气体系统，热水供应和暖空气室内供暖相结合；
3. 空气对空气系统，用换热器进一步实现空气对空气热回收。

当蒸发器安装在排风气流中并从中获取热量时，通常采用“空对液”热泵，而冷凝器设置在蓄水箱内，以提高水温。有时候冷凝器可设置在风机盘管装置中，室内空气通过该装置不断循环而被加热（“空对空”热泵系统）。为达最高效率，热泵排出的热量可能既用于室内采暖也用于热水加热。

排风热泵系统的优点如下：

- 无须平衡送风，系统就可以从排风中回收热量。
- 降低了通风系统成本，减小了管道系统占用空间。
- 添加热泵后，有进一步改善排风系统或被动式热压通风系统的可能性。

排风热泵的缺点有：

- 投资成本高；
- 系统需要很高的热泵 COP_{HP}，很可能需要大于 4，从而体现出真实成本和一次能源效益。

10.4.3 空气对空气换热器或热回收系统

该系统可以从通风系统排风中获取热量并传给送风。有不少空气对空气热回收方式是很常见的。有些能够传输潜热，有些以相反的模式运转从而可以进行制冷。空气对空气热回收系统是与平衡式机械通风方式联合应用的，包含相互独立送风和排风管网。市场上的换热器技术类型主要有四种：

1. 板式换热器；
2. 循环回路式盘管；
3. 回转式换热系统；
4. 回热器。

*板式换热器（HX）*是固定设备（即不含任何活动部件），由交叉的独立气流管道层组成，送风和排风流经管道。管道壁或平板由高导热材料制成（通常为金属，但也可以运用各种塑料材料），能够迅速传递热量。

影响平板式换热器效率的主要因素有排风和送风的流动结构、平板间距、表面积和平面类型（例如，粗糙的平面可以增加湍流并提高传热系数）。平行逆流的理论最高热回收率达 100%（风机能耗较低的情况），而如果排风和送风流动方向一致，理论最高效率降低至 50%。为达到最佳热回收效果，同时考虑到制造和安装的方便，通常采用横流系统。此类系统的热效率可超过 70%。风机通常设置在送风口和排风口，这样空气能够充分流过换热器。这同时还可以将两股气流之间的压差减到最小，进而降低交叉污染的风险。然而此时抽风机产生的热量会流失到排出的气流中。板式换热器可用于住宅以及送风管和排风管相互靠近的情况。在严寒气候国家，这种系统非常受欢迎，如斯堪的纳维亚和加拿大。

*循环回路式盘管*由两个翅片状的换热器组成，一个安装在送风管道，另一个安装在排风管道。以液体（通常为水 / 乙二醇溶液）为热媒，并且用循环泵在换热器之间不断推动。排风气流中的热量通过换热器传递给送风。其性能主要与盘管数量有关，最终是需要在增加盘管和对抗增加的风机压降之间进行取舍。

当新风管和排风管不相邻时，这种风机—盘管的方法非常有用，因此是重要的改建翻新方式。多个送排风系统可通过一个环路结合在一起。而这项技术真正的优势，是用于大型建筑和工业生产方面。

循环回路式盘管的优点在于：

- 送风和排风气流完全分离；因此可消除交叉污染的风险。

循环回路式换热器的缺点在于：

- 此类系统通常只能传递显热，热效率有限，仅为 40%—60%；
- 循环泵运行需额外耗能，必然会抵消一部分的节能量；
- 循环泵有额外的维护需求。

*转轮式换热器系统*有多节回转滚筒，配以粗织金属网或其他惰性材料。圆筒每分钟旋转 10—20 次，从温暖的排风流中获取热量，并排放到低温送风流中。一些转轮式换热器含有除湿材料，能够传递潜热。这尤其适用于有空调的环境，因为这种环境下系统能够以反向模式运行，干燥并冷却外部进入的空气。由于转轮无法在排风和送风之间提供合适屏障，从而无法避免一定的交叉污染。

包覆材料对转轮式换热器性能影响很大。根据不同需求（例如，潜热回收）可采用不同包覆材料。空气侧的压降较低是转轮式换热器的独特优势。转轮式换热器更适合大型商业或公共建筑，这种建筑中转轮式换热器将暖通空调（HVAC）系统合成整体，可实现高热效率。最近在住宅中应用的较小型设备也出现了。

*回热器*中有两个极高热容的空腔，以及在两个空腔间切换送排风气流的开关。在循环的第一部分，排风流经第一空腔并加热其蓄热体。一段时间后，切换开关，送风流经第二空腔，吸收结构中的热量，并降低下一循环的起始温度。该系统可实现潜热回收。其热效率可以相当高（高至 90%）。

10.4.4 空气对空气与热泵联合换热器

一些空气对空气热回收设备额外配备了热泵，以进一步对排风热回收。这类系统包括一套普通的平衡式空气对空气热回收设备与平衡式通风系统。热泵的蒸发器装置嵌入排风管，进一步吸收热量，并通过送风管内设置的冷凝器，将热量传递至送风气流。家用系统的热泵 COP_{HP} 值为 3.0 甚至更高。输出空气温度范围通常为 30—50℃。显然，空气对空气换热器和热泵在争夺同一热源。热泵通常在换热器之后，由于热源温度较低，其性能也会下降。空气对空气热回收系统的热效率越高，热泵的热回收比重就越小。

然而，在高保温密封建筑中使用这种方法时，不仅可以提供额外的有效得热，还能缩短需要辅助室内采暖的时间。其运行效果取决于能否通过有效控制策略，使热回收装置尽可能提供充足热量，来防止常规采暖设备的运行。为了达到最佳性能，布风也必须有所控制。这意味着要满足各房间通风需求，并提供充足的气流以满足热工需求。

结合热泵的空气对空气热回收系统的优点在于：

- 可从排风气流中进行额外的、更高效的热回收。

该系统的缺点是：

- 正如空气对空气热回收情况一样，气密性非常重要，而运营和维护成本也必须考虑在内；
- 需要额外投资成本和维护费用。

10.4.5 土壤对空气换热器（EHX）送风预调温

新风进入建筑之前，可流经地埋管进行预加热。该类系统的热效率 ε_{EHX} 是系统进排风温差 $T_{OUTLET}-T_{INLET}$ 与该埋深土壤和环境温差 $T_{GROUND}-T_{AMB}$ 之比：

$$\varepsilon_{EHX}=\varepsilon_{HR}=(T_{OUTLET}-T_{AMB})/(T_{GROUND}-T_{AMB}) \quad [10.19]$$

T_{OUTLET} 是空气经过 EHX 系统之后的温度，它与建筑通风系统进风口处的空气温度相等。

冬季，这类系统获取地下蓄存的热量；而夏季，则可用土壤吸热来冷却新风。这类系统对于有机械通风的小型或大型建筑均适用，只需其机械系统附近处可埋置预热 / 预冷管道。这方面的设计软件在市场上有售。典型的热效率值在 0.4—0.3 之间。

EHX 的一个特别优势是能将环境新风加热至 0℃以上，可以避免换热器排风管中的潮湿空气发生冻结。

地下"预热"的优点是加热和冷却都是"免费"的。其缺点是：

- 安装成本；
- 额外的风机荷载；
- 有维护和更换设备的需求。

前述四种热回收技术，与机械通风相结合，在采暖温度 20℃（设定换气率为 $0.4h^{-1}$）条件下，每平方米采暖面积可提供 5.5W 热量（若包含潜热则可达 7.8W）。对于 $30m^2$ 采暖面积，回收的热量用于加热生活热水应是绰绰有余，还能大量补足室内采暖需求。这一点显而易见，制备生活热水所需的平均供热功率约为 80W/ 人（按照每人每天消耗热水 40L，水温从 10℃加热至 50℃）。

如果系统只有一台换热器，通常使用交流式或逆流式平板式换热器，其热效率为 60%（交流式）至略高于 90%（仅逆流式）。进 / 排风管道之间的交叉污染必须严格预防。空气渗漏会削弱新风，也可能降低热效率。在德国，尤其是针对中央通风设备，已制定了用于检测进 / 排风管道气密性的检查程序。

如上所述，排风温度越接近环境空气温度，表示其热效率越好。因此，排风管有凝结湿气的风险，凝结可导致空气管道冻结，妨碍室内不洁空气的清除。为防止冻结，可在送风管道的低温端安装电动除霜器，用于加热入口空气温度至略高于 0℃。这需要耗电。所以总是会需要权衡这两种系统哪个效果更好，一种系统的热效率中等而几乎没有冻结的风险，而另一种热效率高但是需要不定期地进行电动除霜。因此需要设置地埋式换热器以保证新风在 0℃以上。综合效率 ε_{HR+EHX} 取决于两者各自的热效率 ε_{HR} 和 ε_{EHX}，具体如下：

$$\varepsilon_{HR+EHX}=\varepsilon_{HR}+\varepsilon_{EHX}(1-\varepsilon_{HR})\frac{T_{GROUND}-T_{AMB}}{T_{ROOM}-T_{AMB}} \quad [10.20]$$

式中，下标“GROUND”“AMB”和“ROOM”依次表示地下土壤温度，室外空气温度和室内空气温度。ε_{HR} 越好，EHX 对系统热效率的可改善幅度越小。由于 EHX 也需要一些风机动力，从而会产生额外成本，因此利弊两个方面都需要认真考虑。例如：ε_{HR} 当 $T_{GROUND}\approx 10$℃，$T_{AMB}\approx 0$℃，$T_{ROOM}\approx 20$℃（冬季典型数值），效率 $\varepsilon_{HR}=0.90$，$\varepsilon_{EHX}=0.50$，从而综合为 $\varepsilon_{HR+EHX}\approx 0.90+0.50(1.00-0.90)0.50=0.925$。热效率仅比 $\varepsilon_{HR}\approx 0.90$ 小幅提升，从而表明此时 EHX 运行主要是在防止换热器冻结。

最先进的系统需要结合土壤源换热器、常规换热器和热泵。这种配置可使对环境及废热的热回收达到最佳水平。但是该系统价格最为昂贵，电耗也最大。建议在决定是否采用如此先进的热回收系统之前，应对系统的一次能源和成本效率进行详细了解。

总体而言，先进的通风系统都需要消耗较昂贵且一次能源系数（PE）高达 2.4（最高可达 3.0）的电力，来回收较便宜且 PE 系数为 1.1（油和天然气）的热能。这意味着该类系统的净节能量（NES）并不能光看热效率或性能系数 COP（HP）。“净”意味着要将辅助能源考虑在内，并需在一次能源层次上衡量。因而，NES 数值必须根据得热量 ΔE_H 的一次能源值，减去（PE 加权的）辅助能源需求 ΔE_E。多数情况下，ΔE_E 是电能：

$$\text{NES}=\text{PE（热）}\cdot\Delta E_H-\text{PE（电）}\Delta E_E \quad [10.21]$$

类似的，净节能量还可根据热力和电力的成本差异进行估算。与单纯考虑能源数据相比，成本数据看起来更适于实际操作。取代净节能量（NES）概念的是净节约成本（NCS）如下：

$$\text{NCS}=C_{thermal}\cdot\Delta E_H-C_{electrical}\cdot\Delta E_E \quad [10.22]$$

式中　$C_{thermal}\approx$ € 0.045/kWh，$C_{electrical}\approx$ € 0.160/kWh

这两个等式（等式 10.21 和等式 10.22）对任何时段间隔（月、季、年）的情况都适用。只要 NES 或 NCS 降为零或更低，即应关闭热回收通风系统，或启用旁通管，两者择其一。

由于 $C_{thermal}/C_{electrical}\approx 3.56$ 不同于且实际上总是大于 $PE_{(electrical)}/PE_{(thermal)}$（在全欧洲或德国范围其数值介于 2.18（=2.4/1.1）至 2.73（=3.0/1.1）之间），即便在等式 10.21 中出现一次能源的正平衡，NCS 值仍可为零或负数。

在此建议采用估算经济价值的 NCS（等式 10.22）作评判，而不采用与能源量相关的 NES（等式 10.21）。这样更符合实际需求，决策办法也更为实际。NCS 可用来判断某个通风系统的运行情况，也可用于在不同系统之间进行比较和选择。

参考文献

Heidt, F. D. (1994) 'Lüftung', in Maier, K. H. (ed) *Der Energieberater. Kap.*, 5.1.1.6, S. 1-60, Verlag Deutscher Wirtschaftsdienst GmbH, Köln, Germany

Liddament, M. (1996) *A Guide to Energy Efficient Ventilation: The Air Infiltration and Ventilation Centre*, University of Warwick Science Park, UK

11. 传热

11.1 通风采暖

Anne Haas

11.1.1 概念

高性能住宅的采暖功率很低，利用平衡式机械通风系统的送风即可满足所需热量。该系统具备输送新风和传递热量双重功能，非常经济实用。这样做去掉了独立配热系统，可大量节约成本。

而这方面的工程需要精心操作。机械通风系统的气流量需能保证良好的室内空气质量。同时，气流量必须满足符合设计条件的采暖功率。换热器（HE）和房间排气口之间常会产生通风热损失。因此，送风所能供应的采暖功率必须超过房间的需求量(如图 11.1.1)。风道的热损失部分是在管道沿线“散失”到房间了，包括那些有采暖的房间。

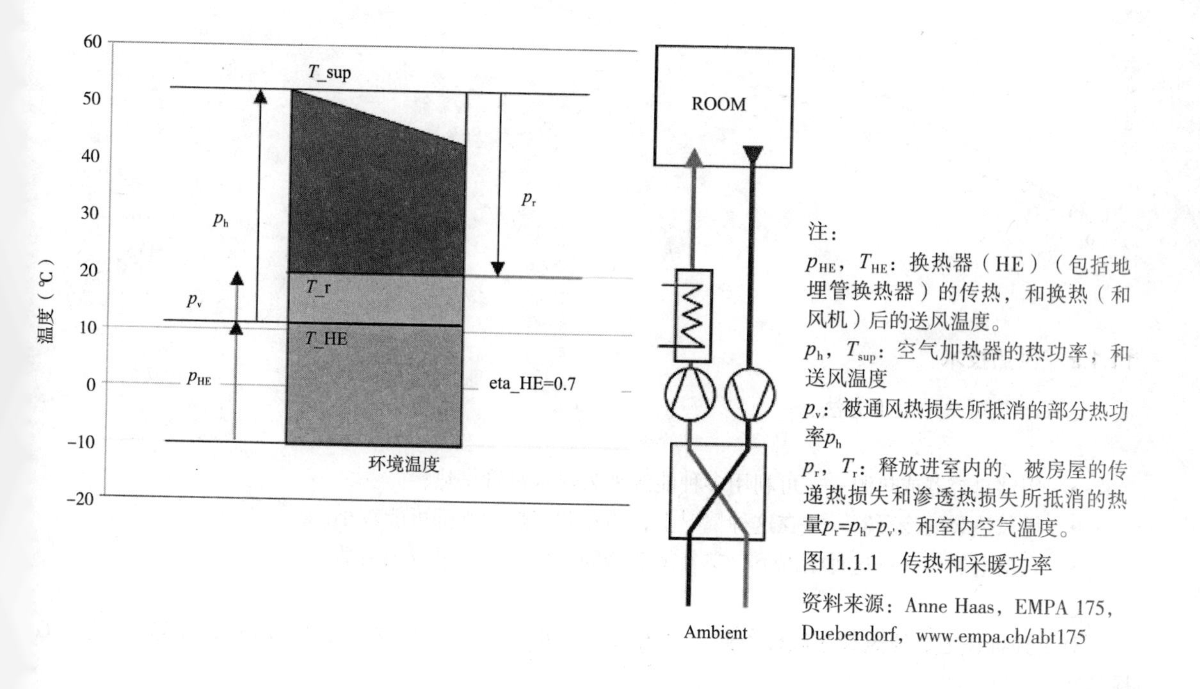

注：

p_{HE}，T_{HE}：换热器（HE）（包括地埋管换热器）的传热，和换热（和风机）后的送风温度。

p_h，T_{sup}：空气加热器的热功率，和送风温度

p_v：被通风热损失所抵消的部分热功率p_h

p_r，T_r：释放进室内的、被房屋的传递热损失和渗透热损失所抵消的热量$p_r=p_h-p_v$，和室内空气温度。

图11.1.1　传热和采暖功率

资料来源：Anne Haas，EMPA 175，Duebendorf，www.empa.ch/abt175

送风采暖的前提

- 具有高性能的热回收平衡式通风系统。平衡式机械通风的前提条件也适用于考虑有采暖房屋的通风问题。
- 采暖功率要求低。房间采暖受房间送风量和最高送风温度的限制。假设标称换气率为0.3—0.5房间容积每小时[约$1m^3/(m^2 \cdot h)$]，并且采用空气加热器后的最高送风温度约50℃，房间的最高传热量约为10W每平方米居住面积。图11.1.2给出了不同的气流量和不同的送风（T_sup）与回风（T_r）温差条件下的采暖功率。这是被动房设计指导指标和瑞士低能耗（Minergie）标准的基础所在。
- 保温极好的建筑围护结构。这是通风系统热功率不大的条件下，实现舒适度的基本要求。墙体和窗户的表面温度必须接近室内空气温度。若保温水平和窗户质量达到这样的水平，就无须在窗下或外墙内侧设置散热器了。
- 房间不出现长期空置和低温状况。因房屋长期空置（如一周时间）导致室内温度下降，在通风系统采暖功率较小的情况下，室内温度回升需要很长时间。而如果晚间卧室停止了采暖，高性能住宅优良的保温条件会使降温幅度很小，譬如，少于2K。白天通过送风采暖可迅速使室内温度回暖，但是这样仅使温度小幅下降的节能效益很小，几乎可以忽略。

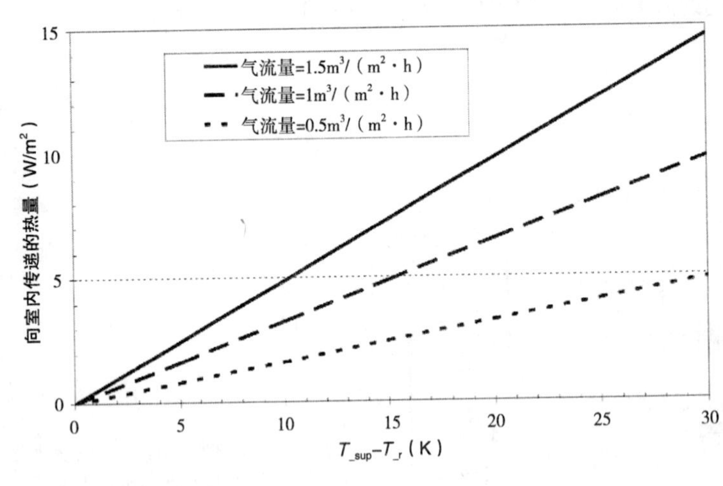

图11.1.2 温差、流量和向室内的传热量

资料来源：Anne Haas，EMPA 175，Duebendorf，www，empa.ch/abt175

11.1.2 供热技术

送风加热可采用以下方法：

- 用储热容器或热源——可利用多种能源来为热水盘管供热；
- 排风热泵的冷凝器——在这种情况下，传热和产热功率都可能较小；
- 直流电加热——这种情况下，空气加热器的方位和布置可以很灵活。

对于独栋住宅，通风和采暖设备通常设置在同一房间。空气加热器是通风设备的一部分，设置在换热器和风机后面。

对于多家庭住宅，通常各户应能够独立调节室温和气流量。

以下是采暖和通风设备的几种配置形式：

- 各户有独立的采暖通风系统（和独栋住宅一样）；
- 各户均有独立的空气加热器，与集中采暖系统相连，并具有独立的通风系统；
- 各户均有独立的空气加热器，与集中采暖系统和中央通风系统相连，并且能够独立控制气流量。

不建议分房间采用独立空气加热器。如果客户有这样的需求，常用方法是采用直接电加热。如果各房间均安装换热器，不仅成本高昂，还会弱化采暖通风相结合的优势。

将太阳能和环境能源系统用作热源时，供温较低时其效果较好。而送风采暖所需的送风温度较高。空气换热器中的热水需达 50—60℃才能满足最大供热功率需求。与加热生活热水所需的温度范围相同。在高性能住宅中，室内采暖和生活热水的能源需求量比重较大。因此，如果主动式太阳能系统可以提供此温度的热水，则应当采用高效率集热器（有选择性涂层的吸热器，结合日光玻璃或真空管集热器）。

11.1.3 配置

室外新风采暖（无再循环）

此配置类型应避免气流量过高，以防出现室内空气过于干燥的情况。建筑采暖功率需求不宜超过 10W/m^2，这样才能通过新风送风满足房间的供热。图 11.1.3 给出了典型冬季条件下每小时气流量为 30m^3 每人，室内空气的相对湿度约为 40%。根据人均居住面积的不同，相应的室内换气率为 0.4—0.2ach。计算中设定了苏黎世的平均室外湿度如下：

- x_a=5g/m^3（苏黎世十月至三月）；
- x_a=4g/m^3（苏黎世二月）；
- 中等室内湿度产生强度：dx/dt=78g/（h.P）。

如图 11.1.3，左侧曲线所示通风量为 30m^3/P，右侧曲线为 60m^3/P。

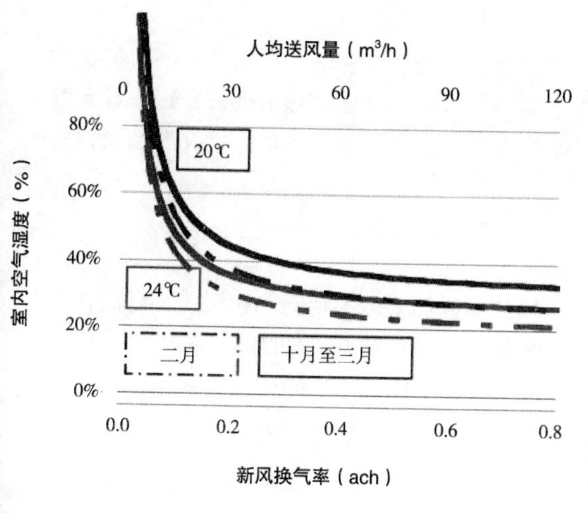

图11.1.3 两种室内温度和两种典型室外湿度组合条件下的室外换气率与室内空气湿度（稳态）之间的相关性

资料来源：Anne Haas，EMPA 175，Duebendorf，www.empa.ch/abt175

室外新风采暖（有再循环）

如果采暖功率需求超过 10W/m^2,一种解决方法是混合一些较低污染负荷房间的空气形成再循环（若允许）。该类系统比室外新风采暖更复杂、昂贵，而且气味和污染物会在住宅内再分布，不建议用于高性能住宅。

送风采暖与燃木炉相结合

如果燃木炉设在地下室，则采用送风采暖与其他采暖系统之间无显著差异。而如果设置在下列空间中，有以下几点需要注意：

- 理想的形式是，燃木炉所设房间应是位于房屋中央部的开敞空间，应有良好的蓄热性。
- 燃木炉散发传递到房间的采暖功率峰值应低于 2—3kW。不过燃烧期间有几小时室温超过 25℃还是可以接受的。
- 燃木炉必须密封好，通风系统必须保持送排风平衡，以免出现室内气压过低回抽烟气的情况。
- 燃木炉空气入口必须分开设置。
- 应通过换热器从燃木炉中获取热量，随后传递到其他房间或生活热水水箱。砖砌燃木炉可有较长的传热时间。

11.1.4 配热

各房间送风量需按照室内空气质量要求来确定；送风温度通常不分房间设定。此外，并非所有房间都有送风口。内部得热和太阳能得热可能导致某些房间的采暖超过其需热量。 送风采暖仅能够与整个采暖区的总供热需求相匹配。由于高性能住宅房间之间的热阻比房间与环境之间的热阻小得多，其室内温度较为均匀，这样的做法产生的问题会比预期的少。

布风系统

送风采暖会造成有送风口的房间温度高于有排风口的房间。内部得热和太阳能得热还会进一步提高房间温度。不过敞开的门形成的自然对流可以在很大程度上均衡房间之间的温差。

应尽量减少送风管道的意外和非受控热损失。从空气加热器到送风终端的管道应布置在采暖体量内，不要经过阁楼或管线槽。

尽管采暖体量内的管道热损失没有散失，但其配热是不受控制的。有热量需求的房间可能无法得到满足，而有风道热损失的房间可能会过热。风道嵌入墙体、楼板或顶棚时热流会被延迟，导致配热更难控制。而如果风道敞开悬挂在房间里，传热总量不变但出口处送风温度较低，这样反而可以提高舒适度。

温度分区

人们通常希望卧室凉快一点、浴室暖和一点。这可以让通往需要较凉房间的送风管，暴露在需要较暖的房间中来实现。这样故意形成了风道的热损失，为需要较暖的房间增加热量的同时，减少了对需要凉快的房间的暖风供应。

夜间将调温器降至室温以下，住户会有“新风”送来的感觉。

散热器、墙体/楼板热构件或热毛巾架，不仅能够快速加热或烘干衣物、毛巾等物件，还能提高浴室舒适度，很受欢迎。

11.1.5 室内气流特点

用通风系统实现采暖时，供暖季的送风温度差异会很大。布风机处的最高热空气温度不应超过50℃。在另一种极端情况下，冬季阳光充足的时候，如果太阳能得热和内部得热可完全满足采暖需求，送风温度可低于室内温度。虽然如此，室内温度很容易升高——如达到24℃——并超过设定温度。在这种情况下，空气加热器将停止运行，且送风温度可降低至16℃（T_a=-10℃；T_r=25℃；η_{HE}=0.75）。因此在最低供温时室温和送风之间的温差可达-8K。注意：图11.1.4给出了达沃斯和苏黎世高性能住宅的模拟结果不应使用低效的换热器。

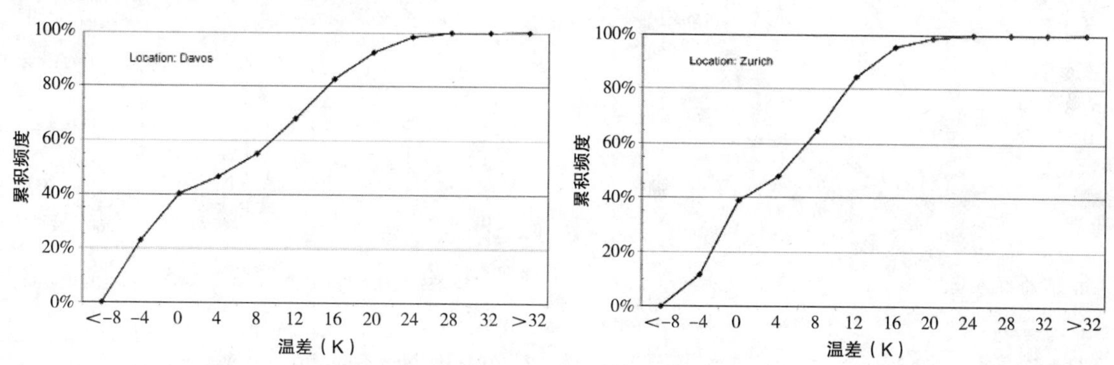

图11.1.4 十月到三月期间，高性能住宅中送风和起居室之间的温差累积频度：（左）寒冷而阳光充足的气候（达沃斯）；（右）温和气候（苏黎世）

资料来源：Dorer and Haas（2003）

由于送风和室温温差差异大，室内空气运动也有会出现很大变化。而对现有住宅和实验室的测量实践表明，热舒适度和通风效率都在容许范围内。以下章节内容将对此进行概述。对于策略B，关键问题并非通风/采暖系统形成的气流特征。而热辐射不对称性和冷空气在窗户和外墙内壁处向下流动，才是送风采暖的限制因素所在。

不同配置下的室内气流特征

送风温度和送风终端位置决定了整个房间的气流模式。送风温度高于室内空气，以靠近顶棚的高度水平进入房间，往往会待在顶棚高度附近，即便到了房间另一端还是如此。如果送风温度低于室温，则倾向于形成下行气流离开顶棚，降至楼地板后扩散开来。各类热源（住户、采暖房间的楼板或被太阳加热的表面等）均会使空气上升。而送风终端的气流抛射和扩散对此的影响其实很小，至少在较小房间内是如此。

“暖”或“冷”空气贴近楼板以水平向进入室内则情况相反。

如果送风垂直进入室内，“暖”空气从顶棚或“冷”空气从楼板进入房间时，都可以促进空气混合。

排风的位置是次要的。如果排风与送风在同一高度，尤其是在对面墙体配置时，可一定程度上促进冷暖气流的混合。

住户起居空间的热舒适度特点

- 温度的垂直梯度分布。根据 EN ISO 7730（1994），在 0.1—1.1m 范围内，温度的垂直梯度应不超过 3K/m。
- 根据 EN ISO 7730（1994）对气流脉动的表述，住户的不满意率与室温、气流速度和乱流有关。不满意率不应超过 15%。送风采暖条件下，只有在“冷”空气贴近顶棚进入室内时，才会发生气流脉动。网格状布风的气流脉动问题要比送风阀更大（见图 11.1.5）。

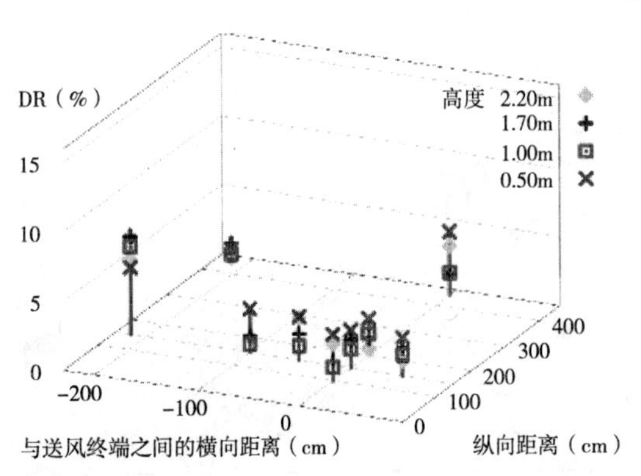

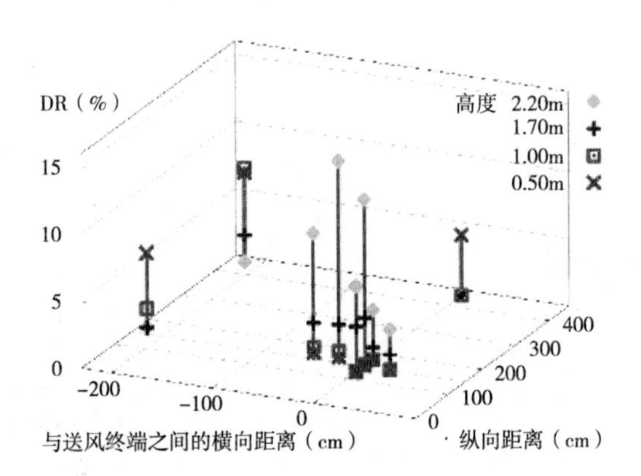

注：送风温度=16℃，室内空气温度=25℃

图11.1.5 气流脉动的特征：（左）送风阀，可调节；（右）简单网格布风，不可调节

资料来源：Dorer and Haas（2003）

换气效率

提高换气效率的理想状态是“单向流动”。这种情况下，换气效率等于一，而换气时间等于标称时间常数。为了使送风与室内空气充分混合，换气效率为 0.5，换气时间是标称时间常数的两倍。置换通风时，换气效率可达 0.6—0.7。

对 EMPA 和 CEPHEUS 项目中的一栋住宅进行的测量（Schnieders，2001）中，换气效率约为 0.5。正如所料，采暖时室内空气通过门上方的缝隙排出时换气效率最低。而采用空气阀（喷管）或网格状布风进行送风，并无显著差异（见表 11.1.1）。

换气效率　　表 11.1.1

	喷管送风		网格送风	
送风温度（℃）	40	16	40	16
换气效率				
门下缝隙，有内部热源	0.52		0.51	
门上缝隙，有内部热源	0.49	0.51	0.45	0.52
门上缝隙，无内部热源	0.51		0.54	

资料来源：Dorer and Haas（2003）

11.1.6 总结

不论复杂或简单的送风终端均适于送风采暖。满足一般舒适度和室内空气质量标准的条件下，对终端类型或位置也均无特殊要求。而通风系统的总体设计标准是更为重要的，如压降损失的最小化。如有可能，排风传送设备不宜与送风终端设置在同一高度上，尤其是将两者设置在房间相对的墙面时。

对于面积较大的房间，大型抛流送风终端与小型设备之间的差异会更明显。简单网格式布风模式则需要额外配置设备来调节流量。

参考文献

Dorer, V. and Haas, A. (2003) 'Aspects of air and heat distribution in low energy residential buildings', *AIVC BETEC 2003 Conference Proceedings Ventilation, Humidity Control and Energy*, Washington, DC, AIVC, c/o FaberMaunsell Ltd, Beaufort House, 94–96 Newhall Street, Birmingham UK, B3 1PB, www.aivc.org

EN ISO 7730 (1994) *Moderate Thermal Environments -- Determination of the PMV and PPD Indices and Specification of the Conditions for Thermal Comfort*, EN ISO, International Organization for Standardization (ISO), Geneva, Switzerland

PHI (Passivhaus Institut) (1999) 'Dimensionierung von Lüftungsanlagen in Passivhäusern', *Arbeitskreis kostengünstige Passivhäuser*, Protokollband no 17, Passivhaus Institut, Darmstadt, Germany, passivhaus@t-online.de

Schnieders, J. et al (2001) *CEPHEUS Wissenschaftliche Begleitung und Auswertung*, Endbericht, CEPHEUS-Projektinformation no 22, Passivhaus Institut, Darmstadt, Germany passivhaus@t-online.de

相关网站

Passivhaus Institut: www.passivehouse.com

Air Infiltration and Ventilation Centre: www.aivc.org

Swiss Federal Laboratories for Materials Testing and Research, Laboratory for Energy Systems/Building Equipment (EMPA): www.empa.ch/abt175en

工具

PHLuft tool to calculate heat transfer from ducts and in heat exchangers: www.passivehouse.com

PHPP Passive House Development Package, Excel – based on the calculation of energy ratings: www.passivehouse.com

COMIS software package for multi-zone airflow simulation: www.software.cstb.fr

TRNSYS/TRNFLOW software package for transient system simulation with multi-zone thermal/airflow building model: www.transsolar.com

11.2 辐射采暖

Joachim Morhenne

11.2.1 概念

若使采暖散热表面积增大（即利用墙体或楼板），就可以在更舒适的低温条件下通过辐射传递大量热量。这种传热方式非常适合需热量很小的住宅。为了确保采暖以辐射传热为主，散热表面的温度必须接近室内空气温度，否则对流就会立即成为传热主要途径。由于散热表面的辐射热流温度较低，约为 22—32℃，所以需要较大表面积来满足采暖需热量。这种情况下，辐射传递的热量最高可占总体的60%。

温暖的表面可提高室内舒适度。人类对红外辐射非常敏感，因为人主要靠裸露的皮肤来释放热量。身体的热损失取决于身体与较低温表面之间的辐射热交换。冬季，室内表面温暖则可以避免不适感。

与表面温度较低的住宅相比，提高表面温度可以在较低温度条件下达到同样的舒适度，同时还能节约能源。辐射表面工作温度低会提高效率以及主动式太阳能联合系统（热水和室内采暖相结合）的全年有效输出。低供暖温度使太阳能系统能够在较低温度下运作，提高系统效率并扩展太阳能保证率的有效日照小时数。而此时因为采用表面散热供暖，冷凝燃气炉和热泵的工作效率也会更高。

辐射供暖最常用的表面是楼板，尽管实际上热辐射墙面能提供更好的舒适度。后者之所以较少使用，是因为它限制了房间布置的自由性。各系统因质量（即轻型或重型结构）以及建筑设计整合（即埋设于墙体内或独立设置如散热器）的不同而不同。

辐射表面的采暖功率取决于表面的温度；最高可达80W/m^2。在以太阳能为热源的系统中，因温度水平降低，比较现实的情况是30—50W/m^2。

采用新风供暖的高性能住宅中，墙体表面温度非常均匀。温度较高的辐射供暖系统作为一种替代方案，一是能够部分抵消窗户低温表面造成的问题；二是有机会与某备用热源配合起来。这样可形成不同的室内温度区，有更高的采暖功率，使建筑即使在空置一段时间后也能迅速升温。

建筑楼板或墙体辐射供暖的另一方面好处是能让住宅体量发挥蓄热作用。但此时由于有热量释放滞后现象，也会导致过热风险增加。

因此与重型结构结合的辐射供暖系统需要精确的设计。理想的情况是被动式太阳能得热最小的住宅，以及由主动式太阳能供暖的高性能住宅。夏季时，北欧或中欧气候下，住宅的蓄热体量有助于保持较低室内温度，同时加强夜间制冷效果。

11.2.2 水媒辐射供暖系统

楼板和墙体供暖通常是将散热管埋入抹灰层，这会增加涂层厚度。另外，很有必要设一道1—2cm厚的保温层。此类构造细部十分常见且有大量实践经验。新的散热管材料（铝和聚乙烯化合物）可以做到在构造内无缝连续铺设。氧气扩散和潜在泄露隐患已经不再是问题。金属管道也还很常见，其缺点是需要在构造内设置接头。

设计参数包括管道间距、包埋材料的管径流阻以及入口水温。地板供暖系统采暖功率的实际变化幅度通常为40—80W/m^2（>0.05K/W（35mm找平层，10mm镶木地板），管间距33—5.5cm，管径14mm）。墙体供暖系统的效率可以更高，因为管道就在墙体表面之后，传热更好，最高可达150W/m^2（墙体和室温温差为15K）。

大多数情况下，墙体和地板采暖系统是与重型结构结合在一起的。因而此类系统在进行供暖和制冷时均需要多花一些时间，这使控制变得比较困难。在被动式太阳能得热较多的房间中，应该注意控制墙体或地板供暖系统的散热量，以避免出现过热的问题。

该做什么和不该做什么

- 高性能住宅中，为避免产生较高传热损失，墙体供暖系统不宜设置于外墙。地板供暖时，不宜用于外部表面，如悬挑平台。
- 被动式得热高的房间由于需要灵活调节供热过程，最好采用送风供暖或安装小型散热器。

- 对于以太阳能为热源且采用建筑体量储存热量的系统，详情参看下一节空气热媒系统的相关内容。

11.2.3 空气热媒辐射供暖系统

空气热媒的优点在于不会滴漏或冻结，不需要准备防冻剂，其密封性也不是大问题。缺点是空气热容小、密度低；因此传热时需要大量空气。此部分研究了35℃以下温度范围内运作的墙体、地板或顶棚供暖系统。这对太阳能空气集热器而言是十分理想的条件。该系统也非常适合采暖功率需求极低（< 4.2W/m^2）的高性能住宅。

11.2.4 太阳能辐射供暖系统

不建议对高性能住宅房间直接进行太阳能送风采暖。由于经窗户的太阳能得热可以满足大部分甚至所有需热量，阳光充足的时候热量需求很低甚至没有。直接进行太阳能送风采暖会导致过热。为了将辐射热量延迟至夜间释放，蓄热是十分重要的方法。可采用火炕（地板供暖）或火墙（墙体供暖）系统。这两种系统具有多种功能，包括传热、蓄热、热辐射，还可作建筑结构部件。此外，此类系统还有一定的自调节能力。室内温度升高时，辐射表面和房间其他表面及室温间的温差会较小，因而释放的热量也较少（如图 11.2.1）。

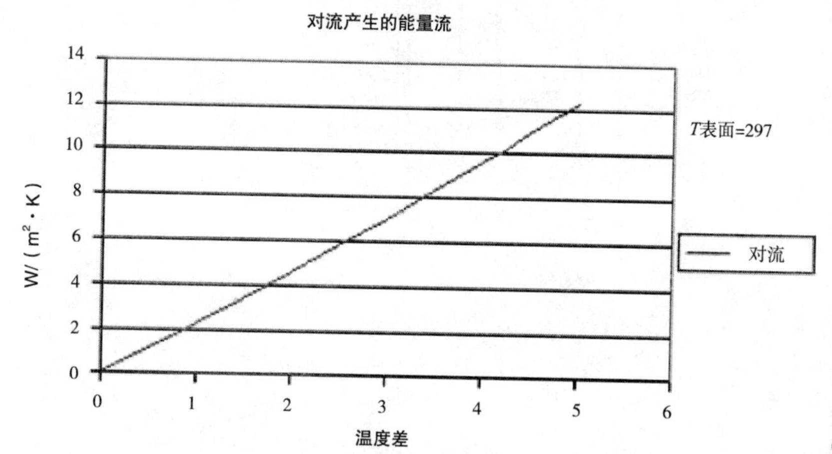

图11.2.1 辐射供暖系统的自动调节作用

资料来源：Morhenne Ingenieure GbR，Wuppertal

通过改变可用蓄热物质的量，以及管道或空气通道的尺寸，太阳能热量输入与热释放到房间之间的时滞作用可以得到控制（如图 11.2.2）。

如果被动式得热量极小（不利朝向或场地遮蔽所致），主动式太阳能得热可以补偿被动式得热的不足。图 11.2.3 为图示说明。

需热量及相应的最大太阳能保证率范围需要注意考虑过热风险问题。随着时间推移，即便在并不知道此后是否有热量需求的情况下，热量都会被储存起来。为了减少此类潜在问题，提高太阳能蓄热水平，建议分别设立针对太阳能和针对后备热源的蓄热区。事实上，对于高性能住宅来说，供暖季期间的大多数时间里，后备采暖系统可以直接通过新风进行传递，而无须任何蓄热过程。因此，后备供热系统的辐射式蓄热模式的经济性值得商榷。

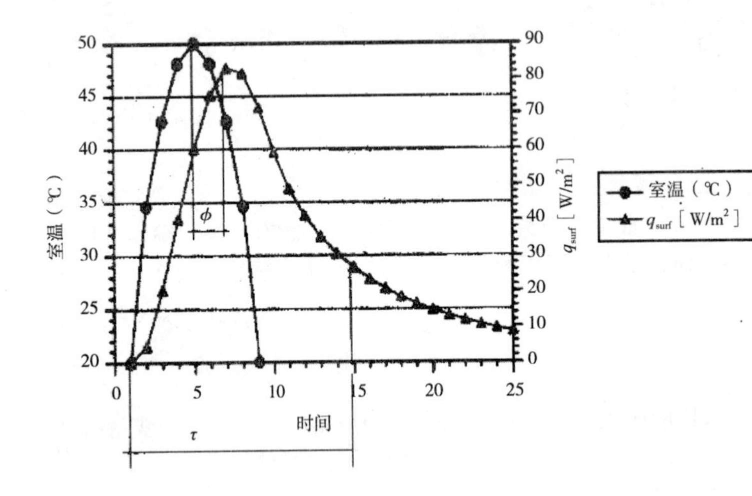

图11.2.2 重型结构辐射供暖系统的相移和时滞作用

资料来源：Morhenne Ingenieure GbR，Wuppertal

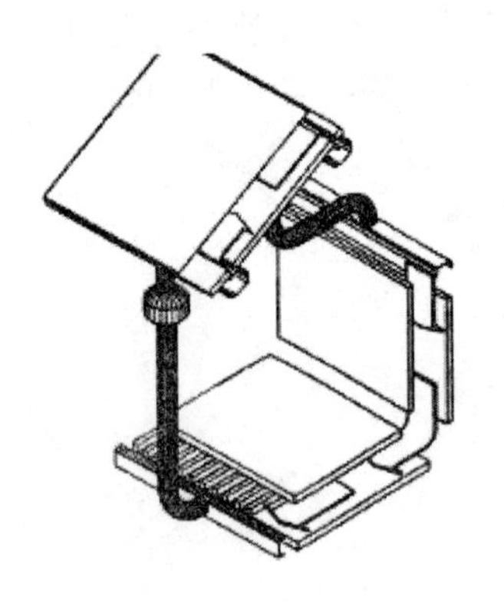

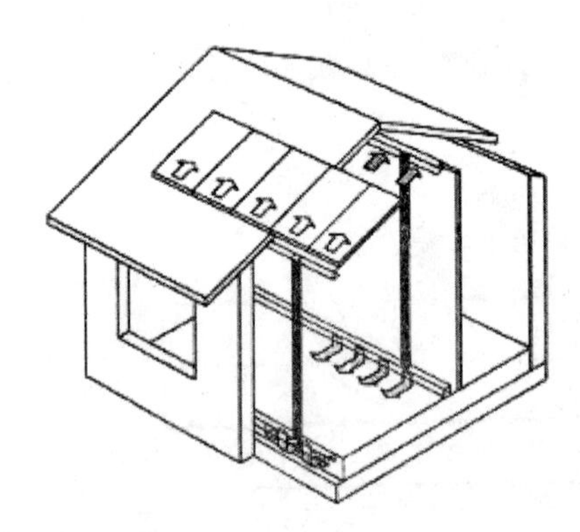

图11.2.3 用太阳能空气集热器热量进行火炕式和火墙式供暖的建筑示意图

资料来源：Morhenne Ingenieure GbR，Wuppertal

11.2.5 典型示范方案描述

火炕式供暖系统

火炕式供暖系统由重型结构结合通风道构成，风道可加热或冷却建筑构件，如图 11.2.4。

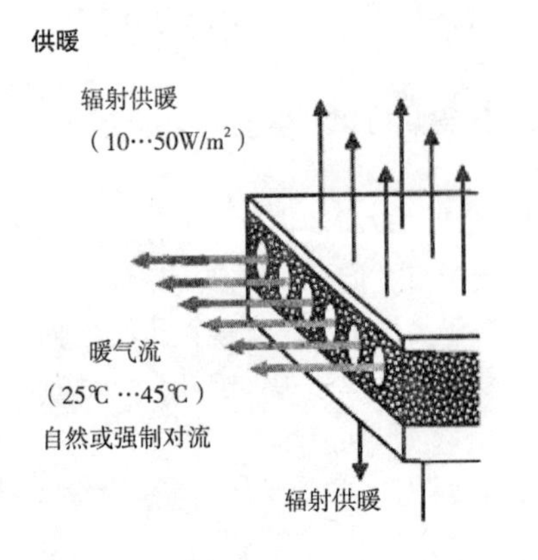

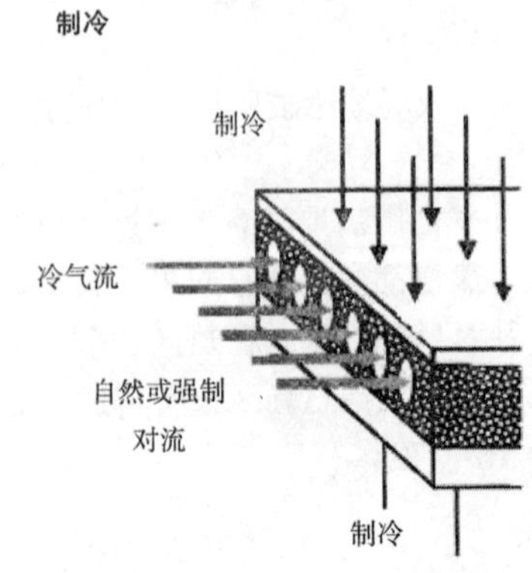

图11.2.4 火炕式系统示意图

资料来源：Morhenne Ingenieure GbR，Wuppertal

材料及其厚度会影响供暖延迟效果，也即时滞。暖热空气穿过的建筑核心可建成多种形式：预制空心地板（如图 11.2.5）或将金属或塑料管埋入现浇混凝土（如图 11.2.6）。系统利用冷暖空气密度差进行重力自流式运作。这种系统已在西西里地区得到应用，但在中欧仍不为人所知。

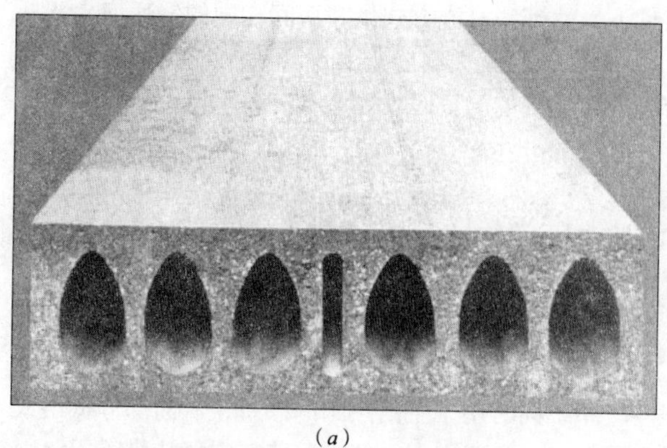

（a）

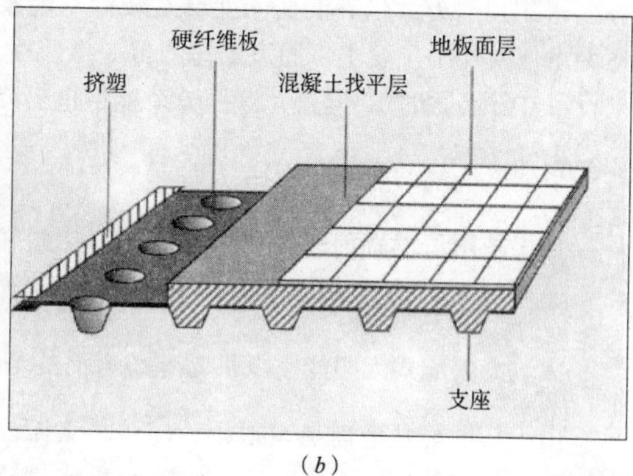

（b）

图11.2.5 火炕式供暖系统示例：（a）预制型；（b）现场浇筑型
资料来源：Morhenne Ingenieure GbR，Wuppertal

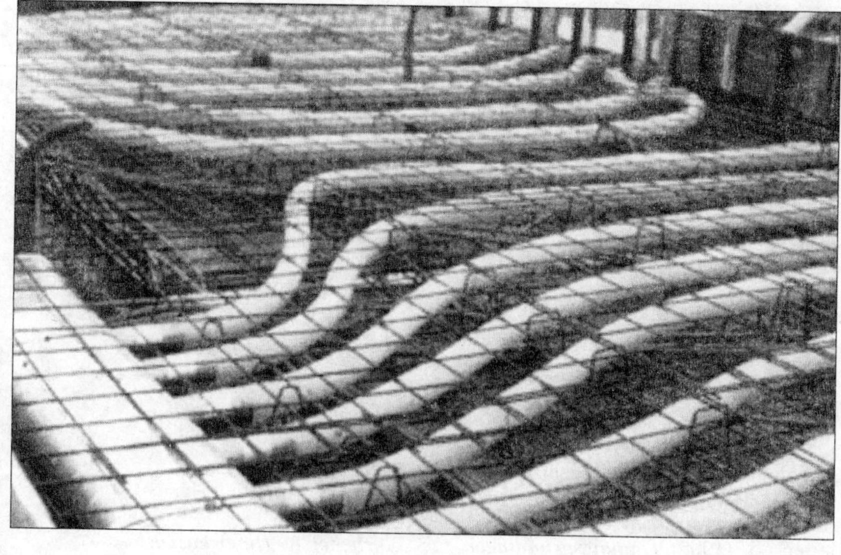

图11.2.6 现场浇筑埋管型火炕式供暖系统范例
资料来源：Morhenne Ingenieure GbR，Wuppertal

为避免增加热损失，不宜用于外饰表面。构造细部请参阅 Hastings and Mork（2000，第 IV.6 章）和 Morhenne（1995）。

火炕或火墙供暖系统用于夏季供冷

由于火炕或火墙系统依附于重型结构，高性能住宅设置此类系统能够提高夏季舒适度。在天气晴朗的夜晚，若环境温度比建筑结构低 1—4.2K 时，可通过风机强制让较冷空气通过风道，从而进一步提高蓄热体作用。当风道空气在地埋换热器中冷却时，送风温度可至少下降 5K。

11.2.6 节能和系统性能

辐射供暖的同时调低室内温度

采用辐射方式供暖的房间能够在较低室温条件下，达到和对流方式供暖房间相同的舒适度。调低室温可使内外温差变小，而室温每降低一摄氏度，采暖需热量就大约会减少 6%（假设辐射供暖表面并未设置在外墙侧时）。但是，这部分节能量也会降低通风系统的能量回收效率。

供能系统的节能

如果采用低温辐射表面方式来配热，热泵和冷凝燃气炉的工作效率会较高。如果供暖系统温度从45℃降至 35℃，则土壤耦合热泵的 COP 可提高约 30%。冷凝燃气炉的效率约可提高 3%—5%。

火炕或火墙式太阳能空气供暖系统方面的节约

由于高性能住宅需热量很小，应该将太阳能空气系统同时用于生活热水的制备，从而部分抵偿太阳能空气系统的投资成本。这一点很容易实现，只需安装一个旁通管，把太阳能热空气从供暖回路中分流并经过空气对水换热器即可。典型情况下可减少生活热水需能量的 60%。

11.2.7 结论

用于高性能住宅的太阳能空气辐射供暖系统必须具备蓄热功能，从而可将热量延迟到夜间释放。为了把增量成本降到最低，最好是在住宅的重型承重结构中整合设置。典型的方案是将通风管线埋入地板（火炕式）或砌筑墙体（火墙式）。集热器尺寸、蓄热能力和热释放率以及住宅需热量，都是实现其良好性能的关键。对高性能住宅来说，需热量问题尤为重要。系统规模过大会导致过热现象和效率的降低。在中欧，一个设计精良的系统在供暖季的有效供热量为每平方米集热器 50—300kWh。最后且十分重要的是，该系统必须与生活热水系统相结合，以达到经济节能的目的。这种情况下热水生产的需能量可减少约 60%。以这种方式设计的火炕式或火墙式系统可进一步提高经济效益，且对夏季制冷也有许多益处。

参考文献

Fort, K. and Gygli, W. (2000) *TRNSYS Model Type 160 for Hypocaust Thermal Storage and Floor Heating*, KF Engineering Services, karel.fort@bluewin.ch, and TRANSSOLAR Energietechnik GmbH, Stuttgart, Germany, info@transsolar.com

Hastings, S. R. and Mork, O. (eds) (2000) *Solar Air Systems: A Design Handbook*, James and James (Science Publishers) Ltd, London, www.jxj.com

Morhenne, J. and Langensiepen, B. (1995) *Planungsgrundlagen für solarbeheizte Hypokausten*, Abschlußbericht AG Solar NRW, Wuppertal, available from Ing.Büro Morhenne GbR, Schülkestr, 4.2, D-42277 Wuppertal, info@morhenne.com

12. 产热

12.1 主动式太阳能供热：空气集热器

Joachim Morhenne

12.1.1 概念

主动式太阳能空气系统能够高效地满足高性能住宅在室内采暖、新风和生活热水供应方面的部分需热量。该系统主要有以下优点：太阳能空气系统不会滴水或冻结，经实践验证是一套操作简单又高效的系统。太阳能空气集热器的性能与以水为热媒的平板集热器相当，而集热器入口温度通常低于后者，因而有更高的热效率。若采用空气为热媒，集热器结构也比较简单；不过由于空气密度和比热容较低，需要更高的流量才能传递所吸收的能量。主动式太阳能空气系统的缺点是风机耗电量要高于水媒系统的泵。为了减小压降和电耗，整个太阳能空气管道的力学设计必须进行优化，有用的措施包括采用大尺寸的空气管道、管道长度最小化且避免折角弯道。

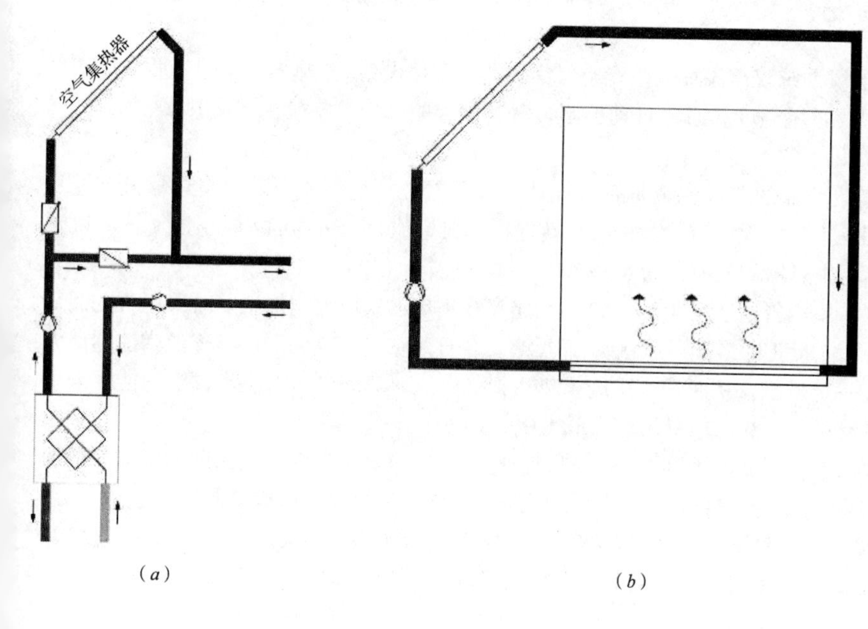

图12.1.1 （a）太阳能辅助通风；（b）太阳能辐射供暖设计图

资料来源：Morhenne Ingenieure GbR，Wuppertal

太阳能空气系统共有两种类型：

1. 在太阳能辐射供暖系统中，被太阳能加热的空气在封闭的环路中流通［如图 12.1.1（*b*）］，从集热器开始，穿过地板（暖炕式供暖系统）或墙体（暖墙式供暖系统）形成辐射供暖［参阅第 11 章 11.2 小节］。
2. 在太阳能辅助通风系统（开环）中，进风经过热回收后由太阳能集热器预热［如图 12.1.1（*a*）］。与将集热器安装在热回收设备之前的方案相比，该设备虽然会降低集热器性能，却能提高整个系统的性能。在开环系统中，集热器空气直接进入室内空间流通。

为提高太阳能的保证率，可将以上两种系统整合。热水供应可全年利用太阳能能源，因此更经济，还能大幅降低一次能源需求。对于高性能住宅，建议利用热质量实现太阳能辐射供暖。

12.1.2 太阳能辐射供暖

太阳能辐射供暖系统利用住宅的承重结构来导入被太阳能加热的空气，以此存储热量并且在室内散热。辐射供暖可以确保良好的舒适性，通过储热过程，将传热过程延迟到需要时再进行。

12.1.3 太阳能辅助通风

将开环式太阳能空气供暖系统与通风系统相结合，增量成本只包括加装集热器以及将空气管道与调节器连接起来。如果将通风设备安装在集热器附近，则可降低这部分成本。对于具有热回收功能的紧凑型通风系统，一些厂商已经预制了连接空气集热器的连接盒，其安装和调控都很方便。太阳能辅助通风系统的缺点是，房间通风所需的空气流量可能无法达到让集热器发挥高性能所需的最佳流量。在阳光充足的条件下，被动式太阳能得热可满足高水平保温住宅的所有负荷，仅需少量通风供暖，甚至根本不需要。

如前文所述，高性能通风系统仅需添加太阳能空气集热器和调控设备。集热器启动时吸收太阳辐射，其内部温度超过热回收后的新风温度。通过自动控制装置，翻板阀开启，空气流入集热器，加热升温并且进入建筑内部进行布风。

空气流量和每平方米集热器的单位流量是系统设计的重要参数。空气流量除以集热器额定流量，所得数值即为集热器面积。集热器额定流量数据由厂商提供，典型值为 25—50m^3/（h · m^2）。高性能住宅按照典型值计算，得出的集热器最大面积为 4—8m^2。

为使入口空气温度保持室内舒适水平（20—50℃），建议在集热器获取太阳能辐射时采用可变流量。日照水平较低时，采用最低流量（即最小通风量），而反之，若日照水平较高时，可将气流增加到最大，使集热器出口温度保持在一定范围，从而让太阳能得热达到最大值。节能潜力取决于住宅的能耗需求、被动式太阳能得热和新风流量。供热需求最高可降低 10%—15%。

然而，最大流量会受安装的风机和布风系统的制约，这是由于压降会随着气流速度的增加而增加。建筑内部剩余热空气的可利用率会也会对集热器面积的扩大以及流量的增加形成限制，而这一点必须通过动态模拟来证实。被动式太阳能得热和建筑结构对可用太阳能得热有很大影响。只有重型结构才能蓄存部分太阳能得热并避免过热问题。如果能够获得大量的被动式太阳能得热，就不建议采用太阳能辅助通风。这种情况下，太阳能暖炕式供暖系统是更好的选择。

为了达到更高的太阳能保证率，也可以平行地安装两套系统，也就是同时利用暖炕式辐射供暖系统来提高室内舒适度。

12.1.4 生活热水太阳能空气系统（夏季模式）

在多数气候条件下，高性能住宅只在从深秋至初春的这段时间才有供暖需求。在夏季日照最充足的时候，高效利用太阳能十分重要。在集热器出口和入口之间设置旁通管，并且安装空气对水换热器，这样就能利用太阳能空气系统加热生活用水。多数情况下，因为高性能住宅供热需求较低，这种模式的太阳能得热超过室内供暖和通风供暖的得热量。

配置

两种常见的换热器系统类型：

1. 闭环式（旁通管）；
2. 开环式。

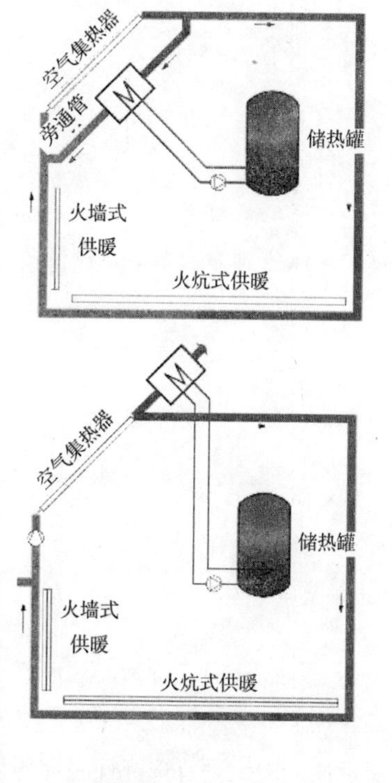

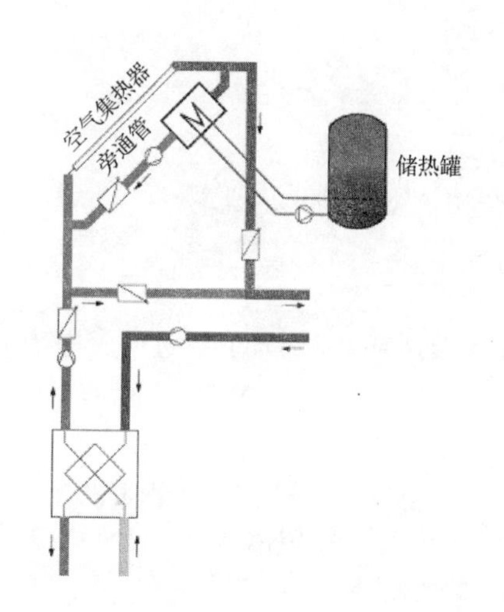

图12.1.2 结合生活热水系统（DHW）的太阳能辅助通风系统：闭环和开环暖炕式供暖系统和太阳能辅助通风系统示意图

资料来源：Morhenne Ingenieure GbR，Wuppertal

开环系统的优点是安装时只需增加个别附加部件，缺点是性能会下降（降低50%）。因此开环系统只适于规模超出热水供应所需的大面积集热器（>15m^2）。

构造细部

夏季运行集热器生产热水，需要的主要附加设备有空气对水换热器、泵、锅炉和调控器。这些设备的安装和设计都与“普通”水集热系统类似。

- 锅炉尺寸：300L（对于独户住宅）；

- 最低电耗的泵；
- 温差调控器；
- 附加部件：效率大于 80% 的空气对水换热器。

空气对水换热器既可直接并入热水管道，也可安装到二级水回路。不同方案需要解决的主要问题是防冻保温和清洁卫生（参阅第 12.2 小节和 13 章第 13.1 小节有关军团菌的问题）。

12.1.5 集热器

现场制作的太阳能空气集热器

此类空气集热器建造简便，经常在现场利用半成品建造。多数情况下，这些系统的效率较低，原因在于：

- 渗漏损失；
- 集热器内部气流分配问题；
- 低传热系数的设计。

因此，不建议在高性能住宅中现场建造集热器。

工厂制太阳能空气集热器

多年来，集热器已经过不断改进来提高性能。通过增大与气流接触的吸热体表面积，传热性能可得到改善，具体做法如下：

- 首先引导气流经过吸热体表面，再引导至吸热体下方；
- 在底部空气流通的地方采用翅片吸热体；
- 空气流通处采用黑色织物吸热体。

为提高吸热体和气流间的热传递，

- 可在气流中制造阻碍物以引起紊流，破坏吸热体表面的隔绝空气层；
- 制造多孔吸热体。

为了改善冬季性能，建议高性能住宅使用选择性吸收涂层。此处所示性能图示是有选择性表面的情况。

典型技术数据可作为选择集热器产品的指标。

- 玻璃 4mm；τ=0.92；
- 吸热体：α>0.92，ε<0.1；
- 背侧热损失：u<0.6W/（$m^2 \cdot K$）；
- 额定流量：25—80m^3/（$m^2 \cdot h$）；
- 压降：1—3Pa/m。

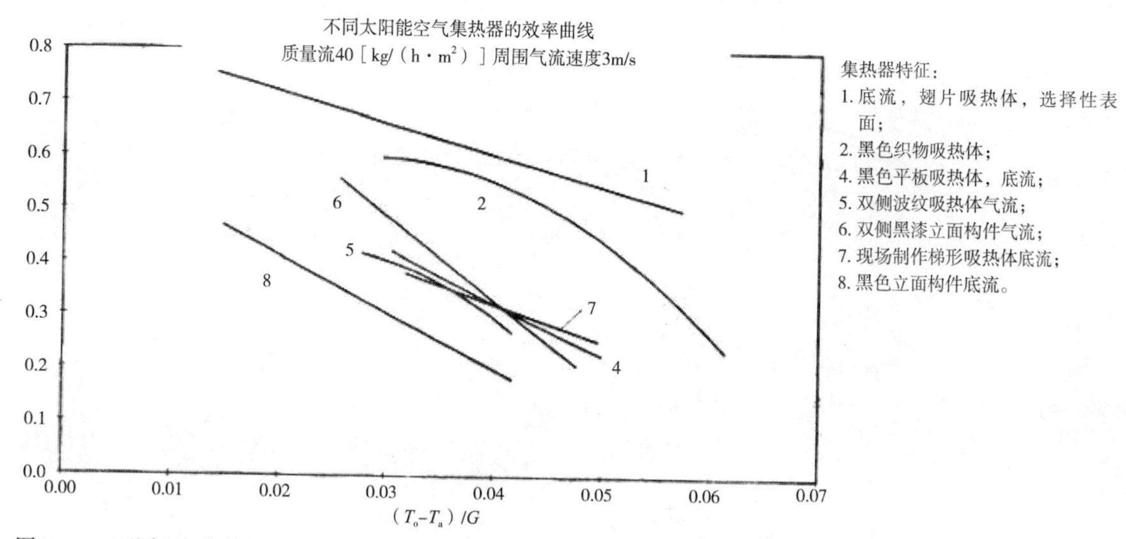

图12.1.3　不同空气集热器类型的效率曲线

资料来源：Morhenne Ingenieure GbR，Wuppertal

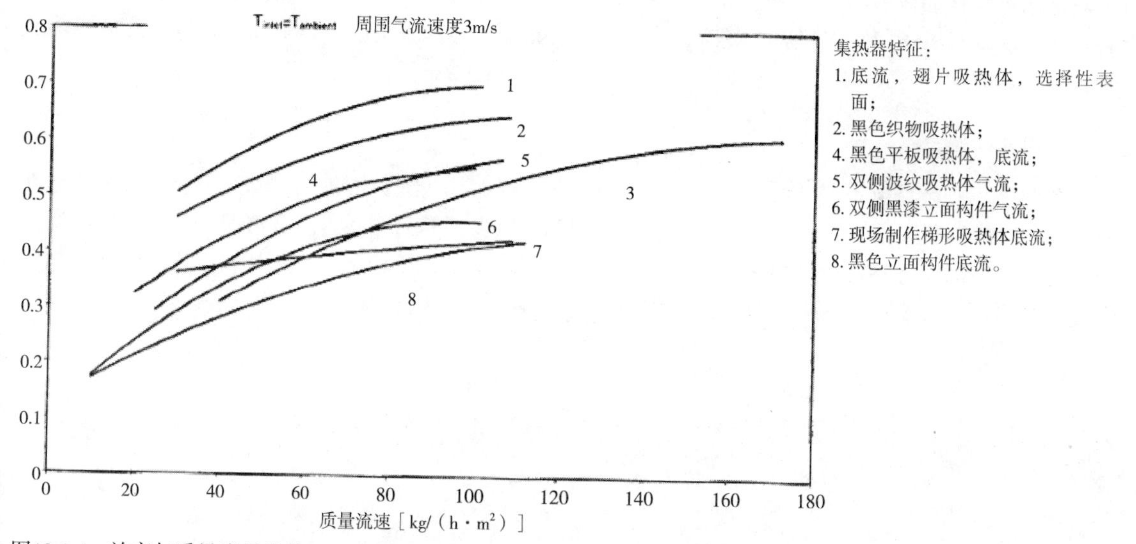

图12.1.4　效率与质量流量比值

资料来源：Morhenne Ingenieure GbR，Wuppertal

不同集热器以不同方式运作。譬如，平板吸热体向气流传递较少热量。如果集热器空气在玻璃和吸热体之间流动，就会产生较高的热损失。集热器的选择取决于所需的出口空气温度和流量。图 12.1.3 给出了不同集热器的效率曲线，详细检测情况参见 Hasting and Mork（2000）。

由于传热敏感性高，如图 12.1.4 所示，集热器的流量对效率影响很大。

空气集热器的流量不仅影响流阻和传热，还影响出口空气温度。这些因素都会影响集热器效率。高流量可提高效率，但是也会形成压降，因而需消耗更多电力来满足风机动力需求。因此必须在高热效率和高风机电耗之间找到最佳平衡。图 12.1.5 给出了总效率概况。

为缓解集热器内压降大和流量高的问题，各集热器之间应当并联。集热器并联布置，会增加集合管和空气管道成本。因此，集热器布置需结合并联和串联两种方式。

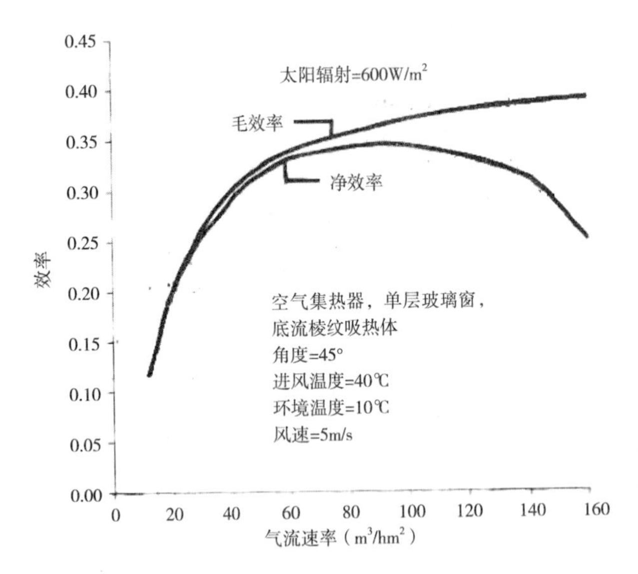

图12.1.5　集热器效率：热效率和考虑了风机电耗的净效率之比较

资料来源：Morhenne Ingenieure GbR，Wuppertal

适用于高性能住宅的空气集热器应该具有高效率和低压降的特征。对于太阳能辅助通风系统，若将通风系统现有风机用于太阳能集热器，压降就尤为重要。在这种情况下，集热器设置方式应当能实现大流速范围。

建筑系统整合

集热器可安装在屋顶和立面，形成气候调节表面，同时作为建筑围护结构保温层的一部分。这在理论上有助于降低建造成本，但是必须谨慎处理细部，以保证其耐候性。多数情况下，从建筑散发到进入集热器中的水分不会产生损害，因为这类集热器运行中是通风状态的。此外，高性能住宅的墙体和屋顶结构中必须设置气密膜。该系统方案适用于屋顶和立面整合设计。

图12.1.6　整合了太阳能空气集热器的瑞士公寓楼

资料来源：Andreas Gütermann，AMENA，Winterthur

12.1.6 构造细部：该做与不该做的

集热器可与屋顶和立面整合设置。在高性能住宅中，热水供暖是利用太阳能实现节能最具潜力的途径。因此，建议使用设有旁通管的空气对水换热器。集热器面积和性能取决于室内供暖也就是通风供暖的需求。因此，该系统用于夏季热水供暖时规模会过大。这种情况下，集热器最佳倾角是南向的纬度数值角度。这是平板集热器的最优选择。对于系统性能而言，更为重要的是缩短从集热器到换热器、暖炕式供暖系统或通风系统之间的距离，并使之协调运行。空气管道的表面积大，易造成热损失，因此管道越短越好。

该做与不该做的：

- 对暴露在外的空气管道采取保温措施（最好的办法是避免采用暴露管道）；
- 避免空气系统内的气流速度发生变化；
- 气流速度不宜超过 2—3m/s；
- 用气密风门并测试以确保其气密性；
- 确保管道和连接盒的气密性（任何渗漏都会降低性能）；
- 在空气管道穿过建筑隔气层和防风层的地方采用特殊密封条、密封垫（这对高性能住宅来说尤其重要）。

参考文献

Fechner, H. and Bucek, O. (1999) 'Vergleichende Untersuchungen an Serien-Luftkollektoren im Rahmen des IEA Tasks 19', *9. OTTI-Symposium Thermische Solarenergie*, S.91-95 OTTI Energie Kolleg, Wernerwerkstr. 4, D-93049 Regensburg, www.otti.de

Hastings, S. R. and Mork, O. (eds) (2000) *Solar Air Systems: A Design Handbook*, James and James (Science Publishers) Ltd, London, www.jxj.com

Morhenne, J. (2002) *Solare Luftsysteme: Themeninfo II/02*, Bine Informationsdienst Fachinformationszentrum Karlsruhe, www.bine.info

12.2 主动式太阳能供热：水

Gerhard Faninger

12.2.1 概念

在高性能住宅中使用太阳能加热生活用水是可行的。在高性能住宅中，通过保温和热回收已经大大降低了室内供暖的能量需求，加热生活用水所需能量等于甚至超过室内供暖所需的能量。此外，全年 12 个月都有加热生活用水的需求，包括日照最强的夏季。于是利用太阳能系统成为了降低一次能源需求总量的有效途径。现在市场上已经有越来越多的太阳能热水系统，除了供应生活热水之外，也包括了在冬季作为供暖系统。

12.2.2 部件

集热器

对高性能住宅来说，采用高性能集热器是明智的选择，尤其是当集热器既要提供热水又要用于室内供暖时。高性能住宅的严冬采暖季缩短，高性能集热器能够产生的热量比其采暖需求更多。

平板集热器。高性能平板集热器的特点是优质的吸热体和玻璃。吸热体应当包括高效太阳能吸收涂层、黑色涂料（大于 95%）和低热辐射选择性涂层（小于 5%）。玻璃须进行防反光处理，同时应选用低铁玻璃使吸热体最大限度地接收太阳辐射。平板集热器的转换效率约为 50%—60%，很容易使出水温度达到 80℃。

真空管集热器。真空管集热器具有卓越的性能，这是因为吸热体的真空环境可大幅减少热损失。与平板集热器相比，其转换效率更高，出口温度可轻易达到 100℃以上。玻璃管道的底面内侧有反射性涂层，以便从下方照射吸热体。因而，真空集热器更大的优点是不需要倾斜就可达到最佳性能。玻璃管能够任意旋转以达到最佳入射角。鉴于此，玻璃管安装在南立面或屋顶上皆可。

集热器特性。可用两项实验得出的常量来确定。

1. *转换系数*：环境温度与集热器温度相等时的集热器效率。
2. *热损失系数*：某测得集热器和环境温差条件下，集热器每光阑面积的平均热损失，单位为 W/（m^2·K）。

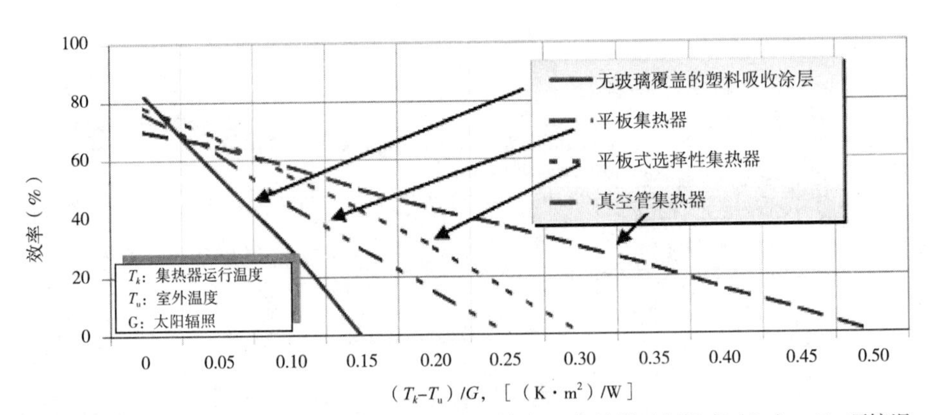

图12.2.1　不同条件和使用下各类集热器的效率，其中T_k=集热器运行温度（℃）；T_u=环境温度（℃）；G=太阳辐射（W/m^2）

资料来源：G. Faninger，University of Klagenfurt

集热器的这几项常量是在确切条件（总辐射强度、入射角、空气温度、风速等）下确定的。图 12.2.1 给出不同类型和不同用途集热器的性能。其效率是由集热器与环境之间的温差除以太阳辐射量计算得出。逻辑上讲，集热器变热，其效率就会下降。对于高性能住宅的供热而言，选择性涂层集热器或真空管集热器都是明智的选择。

基于美学和经济方面的原因，最好是把太阳能集热器与建筑围护结构相结合。若将设备安装在屋顶，系统全年都在传递热量，最佳倾角（北半球）为 30°—75°。其方位角可在朝东 30° 和朝西 45° 之间。图 12.2.2（*a*）和图 12.2.2（*b*）给出了斯德哥尔摩、苏黎世和米兰的计算结果。如图所示，对于倾角为 90° 即安装在立面的集热器，无论什么方位都无法达到最佳效果。然而冬季太阳角度低的时候，

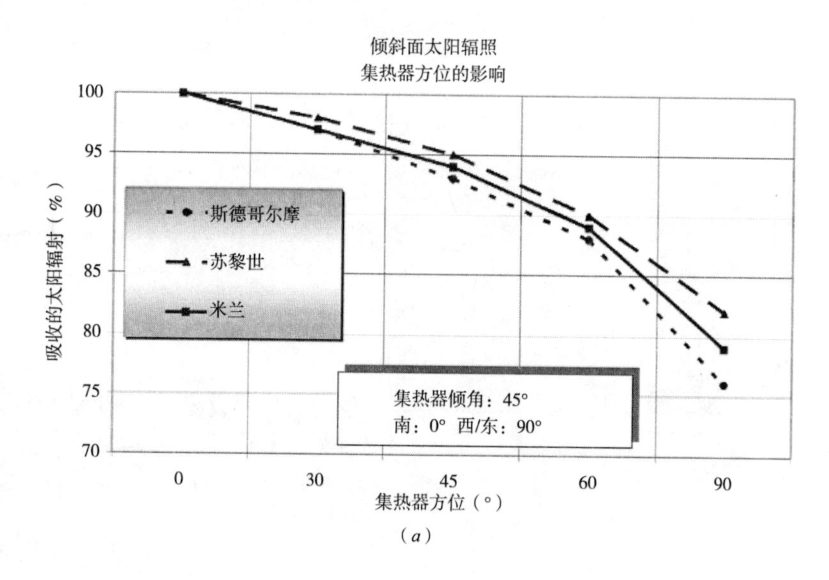

（a）

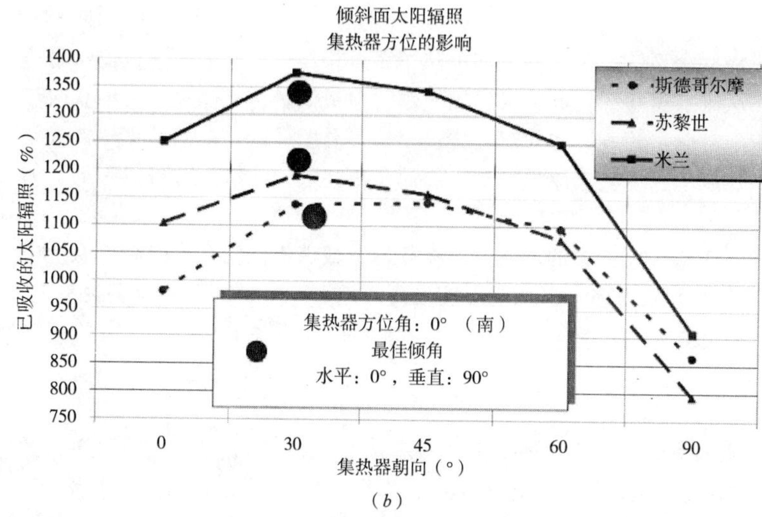

（b）

图12.2.2 （a）各参照气候区不同朝向的太阳辐射量（南=0°；北=180°）；（b）各参照气候区南向倾角各异的集热器的太阳辐射量

资料来源：G. Faninger，University of Klagenfurt

此类集热器性能更好。尤其当大雪覆盖地面时，集热器还会吸收大量从地面反射的太阳辐射。相反，若坡度太小，大雪覆盖时屋顶集热器的输出量为零。立面集热器的一个重大缺陷是当太阳角度很低时，周围的建筑和树就会在集热器表面投射阴影。比起米兰或斯德哥尔摩，苏黎世的立面集热器性能更差，这可能是因为苏黎世阴雨天气较多。

储热箱

出人意料的是，多数情况下，储水箱尺寸与集热器面积的相对关系，并不是影响系统性能的主要因素。最直接的例证就是图 12.2.3 所示公寓楼。储水箱尺寸增大一倍，最多才能使太阳能保证率增加 15%。其实更重要的是，要避免储水箱顶部的热水和底部的冷水相互混合，以及储水箱如何保温，如何避免热桥（如储水箱底脚）。储水箱尺寸不宜过大，否则会增加热损失和投资成本。考虑到经济因素和能源效率，储水箱最好比日常热水需求大 1.5—2 倍，集热器面积为平均每人 1—2m^2。一般来说，为家庭设计的太阳能热水系统采用数值为：3m^2/300L（最多 3 人）；8m^2/500L（4—5 人）。图 12.2.4 所示为这两个方案的系统性能。

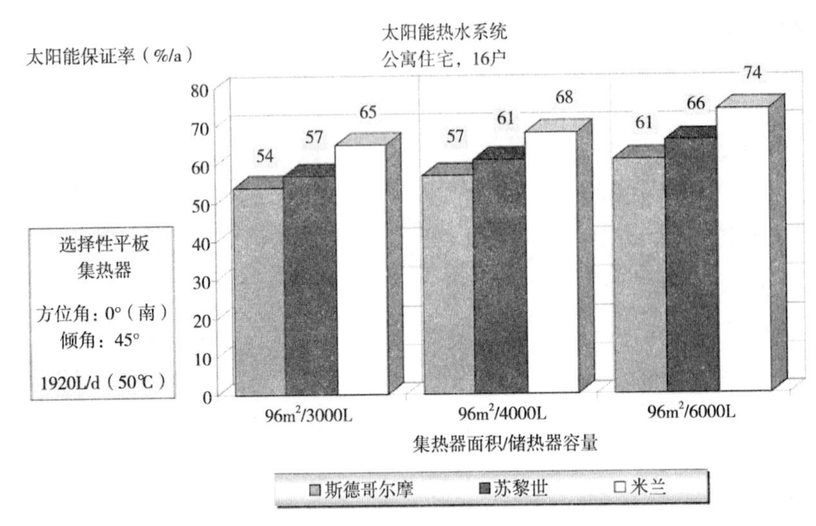

图12.2.3 公寓楼96m²集热器的储水箱规模对系统输出量的影响

资料来源：G. Faninger，University of Klagenfurt

对于太阳能室内供暖和热水供应联合系统，储热器可与配热子系统相结合，譬如，地板供暖可进一步提高储热能力。这种情况下，从储水箱底部获取热量以用于辐射地板供暖，从储水箱上部获取热量用于供应生活热水。集热器的水来自储水箱底部的换热器，这个位置温度最低，从而使集热器效率达到最高。从集热器到储水箱的回热点位置取决于流量。对于高流量集热器，连接位置可以很低。另一方面，对低流量集热器来说，连接位置应该高一些或可设为可调节（分层）型。

对太阳能联合系统而言，热水提供给送风管道的水对空气换热器，或者提供给在水媒配热系统中的水对水换热器，连接位置宜设置在储水箱顶部，也就是温度最高的地方。对于辐射地板供暖系统，因为所需供应温度低很多，连接位置应设置在储水箱中部。

12.2.3 太阳能热水制备

在寒冷气候条件下，太阳能热水系统的全年系统效率为30%—70%；在较温暖的天气条件下，效率会更高。如图12.2.5中的三种气候条件，设计的系统几乎可满足夏季100%需求。在温和气候区，独

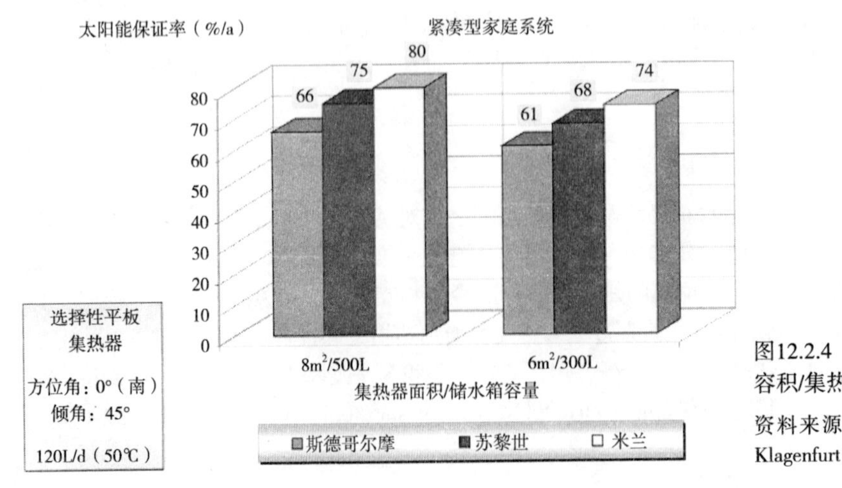

图12.2.4 在三种气候条件下，储水箱容积/集热器面积大小的两个方案

资料来源：G.Faninger，University of Klagenfurt

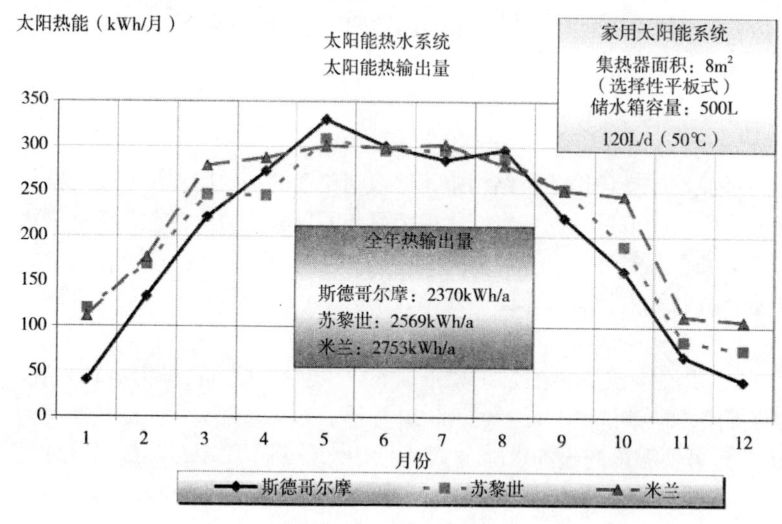

图12.2.5 三种气候条件下，家用太阳能系统（45°倾角、8m²集热器面积/500L储水箱容积，50℃热水供水量为120L/d）的每月太阳能热输出量

资料来源：G.Faninger，University of Klagenfurt

栋住宅采用太阳能热水系统的保证率应达到70%，公寓则为40%。公寓的保证率通常较低，是因为公寓屋顶面积太小，不能安装足够面积的集热器。在温和气候与温暖气候区域，设计时应使夏季的保证率在100%以下，以减少系统过热情况的发生。

尽管公寓内太阳能热水系统的保证率较小，但是与独栋住宅相比，各住宅单位面积成本较低。实

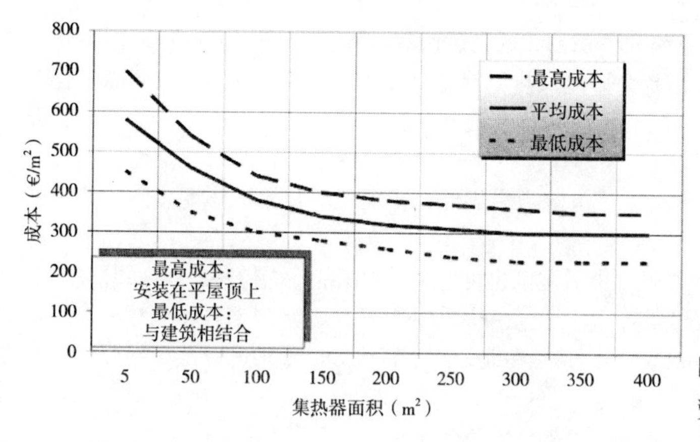

图12.2.6 集热器面积与集热器成本之关联

资料来源：G.Faninger，University of Klagenfurt

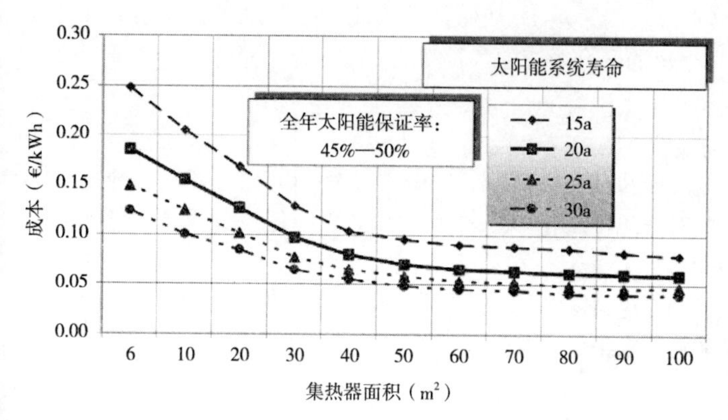

图12.2.7 集热器面积与太阳能供热kWh成本之关联

资料来源：G.Faninger，University of Klagenfurt

际上，伴随着单一集热器面积的增大，其单位面积的成本在大约 100m^2 以下时降幅显著，如图 12.2.6 所示。这一点也说明，伴随集热器面积的增大，太阳能热利用的单位 kWh 成本也更低，如图 12.2.7 维也纳实例所示。

太阳能热水的卫生条件。在一些主动式太阳能系统结构中，储水箱储存的是饮用水，有使人感染军团病肺炎的风险。军团病肺炎是由军团菌或可动的好氧杆状细菌引起。这种细菌经常存在于地表水和地下水。在 20—50℃温度条件下，细菌开始繁殖，最佳繁殖温度为 30—40℃。温度一旦超过 60℃，细菌很快就会死亡。若长期处于水下并且温度适宜，军团菌就会大量滋生。管道积水或未经冲洗的设备部件是细菌滋生的温床。

为了防止军团菌的生成和繁殖，水温应该控制在 25℃以下或 50℃以上。对于已被污染的系统，可以通过冲洗进行杀菌消毒，然后将水加热到 60℃并持续冲洗 20 分钟。一般来说，太阳能热系统的热水制备是结合了辅助供热系统的，可使温度超过 50℃。这样生活用水受到军团菌污染的风险就可降低。

大型与小型系统的区别：

- 通常认为小型系统风险很小，无须特别关注。小型系统通常指适合一个或两个家庭的设备，或者是容量小于 400L 且加热器出口和取水点之间的管道容量小于 3L 的设备。
- 大型系统的设计必须在遵循建筑或卫生法规的框架下，能够将水加热到 60℃以上。

12.2.4 太阳能供暖与热水联合系统

研究人员一直都在尝试太阳能联合系统和备用系统的各种配置方案。1975—1985 年，许多此类系统都按设计建造过。据国际能源署（IEA）太阳能供热与制冷项目（SHC）任务 26：太阳能联合系统（见 www.ieashe.org/task26/index.html），研究人员对现有设计进行了分析、优化，编制了一本珍贵的设计手册（Weiss，2006）。现在，太阳能公司不仅提供操作简便经济实惠的太阳能系统，还提供系统设计服务。太阳能联合系统的构件常由工厂组装为集成件，使现场安装的操作更简便，同时可保证质量更可靠。

目前，已经被安装的各类系统表明，即使在北方地区也可以应用太阳能室内供暖。在高纬度地区，因为严冬季节可接收的太阳辐射极低甚至为零，太阳能系统的效果甚微。九月到十月和三月到五月期间的太阳辐射则可分别用于供暖季初期和末期。尤其是在北方国家，比如高寒地区，夏季部分时间的适当采暖，也会提高生活舒适度。

夏季的太阳辐射是冬季的两倍，可确保满足大部分生活热水需求。为达到最高总系统效率，应优先处理最低温度水平时的负荷（生活热水或室内采暖），从而使太阳能集热器以最高效率运行。图 12.2.8 给出苏黎世参照温和气候条件下计算得出的联合系统的各月性能。

12.2.5 集中式太阳能供热系统

在集中式系统的概念中，集中式储水箱的热量来自整个住宅小区项目的所有集热器。集中式系统的最大优点是在所有房屋都设置集热器时，由于项目规模大，中央储水箱可降低设备成本。另一个优点在于中央储水箱容量大，会形成良好的面积 - 体积比，储水箱热损失非常小。然而，管道所造成的热损失会和这个优点相抵消。这一点在夏季尤为明显。夏季需热量低很多，而热损失还是那么大。冬季问题也很明显，由于低能耗住宅的室内采暖需求很低，导致管道热损失的比重会很大。

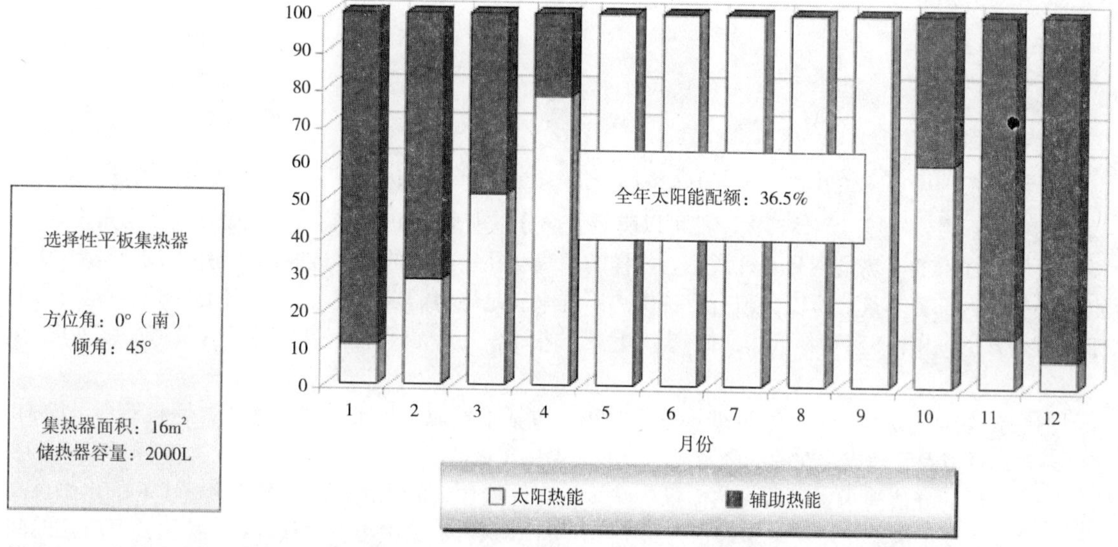

图12.2.8　在苏黎世独栋住宅中联合系统的太阳能保证率（16m^{2}集热器，倾斜45°且储水箱为2000L）

资料来源：G. Faninger，University of Klagenfurt

参考文献

Faninger, G. (2004s) *Solar Thermal Systems with Water Collector*, available at www.energytech.at

Faninger, G. (2004b) *Market Deployment of Solar Housing in Austria*, available at www.energytech.at

Faninger, G. (2004c) *Solar Supported District Heating for Housing Estates*, available at www.energytech.at

Weiss, W. (2003) *Solar Heating Systems for Houses: A Design Handbook for Solar Combi-systems*, James and James Ltd, London

太阳能系统设计软件

Meteonorm: METEOTEST, Fabrikstrasse 14, CH 3012 Bern, Switzerland, office@meteotest.ch, http://www.meteotest.ch

Polysun: Institut für Solartechnik SPF, Hochschule für Technik Rapperswil (HSR), Oberseestrasse 10, CH 8640 Rapperswil, Switzerland, spf@solarenergy.ch, www.solarenergy.ch

SHWwin: *Zur Auslegung von Brauchwasseranlagen, Teilsolare Raumheizung, Nahwärmenetze*, Institut für Wärmetechnik, TU Graz (only German version available), www.wt.tu-graz.ac.at

TSOL: Dr. Valentin EnergieSoftware GmbH, Stralauer Platz 33-34, D 10243 Berlin, Germany, info@valentin.de, www.valentin.de

相关网站

International Energy Agency (IEA): www.iea.org

International Energy Agency (IEA) Solar Heating and Cooling Programme (SHC): www.iea-shc.org

IEA SHC Task 26 homepages: www.solenergi.dk/task26/downloads.html

12.3 矿物燃料

Carsten Petersdorff

12.3.1 概念

在高性能住宅中，需热量降到非常低的水平，一年中只有少数几个月有供热需求，不过也不可能降低到完全不需要供热。当然，太阳能可以满足大部分室内采暖和热水需求。但是从经济学角度来讲，要满足百分之百的需热量则是一种谬论。这样的系统会在一年中的大多数时间里超出需求规模，从而必须浪费掉大部分热量。所以必须有后备供热系统来满足峰值需求。经验证，采用矿物燃料是可靠的后备供热方式。由于燃料消耗量非常低，其环境影响很小。尤其在高性能住宅中，应注意考虑以下几点：

- 市政连接成本：因为绝对需热量非常小，包括投资成本、市政网络连接、燃料储存、维护、运行以及管理成本在内的固定成本，必须保持在最低限度。
- 较低的峰值需求：随着供热需求的减少，高性能住宅的峰值需求降低至若干 kW 的水平。高性能住宅的典型室内采暖峰值需求为 $10W/m^2$。尽管数值很小，却只有一年中最冷且日照时间最短的冬季才有这样的需求。相对而言，现在市场上多数室内采暖系统的规模都过大了。生活热水方面，峰值可以根据储水箱尺寸情况，选择一个较低水平的值。
- 供热及辅助系统的能源损失：在总能耗较低的条件下，供热系统和辅助系统的能源损失也显得越来越重要。尽可能在建筑采暖体量内部安装储水箱和供暖设备，这样能源损失可有助于采暖。泵和调控系统待机损失应极少甚至完全没有，并且必须具备良好的部分负荷效率。
- 热水：尽管高性能住宅的室内采暖需求减少到极小，生活热水的能源需求还是会保持同等水平（约每人 700kWh/a）。因此，生活热水所需能源的比例就十分重要。

12.3.2 矿物燃料

作为能源载体的矿物燃料，由数百万年前的植物和动物有机体形成。它们在生命期内从环境中吸收二氧化碳（CO_2），而现在则以天然气、原油和煤的形式将碳存储在地层中。燃烧矿物燃料便可释放储存的化学能，同时再次释放 CO_2。

由此定义可见，矿物燃料的存储是有限的。根据预估，若保持现在的消耗速度，所有可开采原油储量大约只能持续 40 年。如表 12.3.1，天然气的存储量约可持续 60 年；而煤炭资源预计可持续 170 年。伴随能源需求的逐渐增加——譬如发展中国家能源需求不断提高，矿物能源的使用年限可能会更短。

矿物燃料、储量和预测可用性（年限） 表 12.3.1

2001	资源	探明储量	年限（a）
石油	236Gt	152Gt	43
天然气	$378Tm^3$	$161Tm^3$	67
煤	4594Gt	661Gt	210

注：$G=10^9$；$T=10^{12}$

资料来源：BMWA（2003）

室内采暖常用的矿物燃料可分为本地可存储燃料（譬如煤、石油和甲烷）和管网传输燃料（如天然气）。表 12.3.2 给出了不同矿物燃料的特点。

常用矿物燃料特点 表 12.3.2

	天然气		丙烷		轻燃料油		硬煤		褐煤	
成分（%）	CH_4	70–90	C_3H_8	>98	C	86	C	81–91	C	45–65
	VOC	5–15			H	12	H	4.1–5.5	H	4.8–6.1
	CO_2	0–10			O	0.8	O	3–10	O	18–30
	N_2	0–15			S	1.2	N	1–2	N	0.4–2.8
	H_2S	0–2					S	0.5–6	S	0.3–3.4
低热值	8.8–11.1kWh/m^3		12.9kWh/kg		11.8kWh/kg		7.9–8.7kWh/kg		2.6–8.3kWh/kg	
普通价位	€0.40/m^3		€0.38/L		€0.38/L					
额定二氧化碳排放量	229g/kWh_{fin}				293g/kWh_{fin}		396g/kWh_{fin}		377g/kWh_{fin}	

资料来源：BMWA（2003）

每种矿物燃料在运输和存储上都有其对环境的不利影响。煤在运输过程中散发粉尘，并且需要干燥的存储空间。石油在温度升高时释放烟雾，必须存储在储罐中并且需要定期检查油罐的气密性。甲烷必须存储于压力罐中，由于易爆所以不适合存储在室内或地下。考虑到这些因素，在相同环境水平下对环境最有利的矿物燃料是天然气和甲烷，石油和煤则居后。

12.3.3 系统类型

常压锅炉

常压锅炉中，燃料（石油或者天然气）均在常压下燃烧。常压燃烧石油会导致燃料与空气混合不均匀，形成不同的火焰温度，并且产生对人体和环境有害的一氧化碳（CO）和挥发性有机化合物（VOCs）。未燃尽的燃料也对环境有害。相较之下，常压燃气锅炉的排放量非常低。这两种锅炉有许多共同点：技术简单，可靠性高并且燃料利用率高达 90%—93%。其产能最低可达 5kW。燃油常压锅炉大量排放挥发性有机化合物和一氧化碳，因此不可用于先进的供暖系统。

增压锅炉

用风机补给燃烧空气，从而使系统在部分负荷时以及在不同大气压力下的运行更加灵活。风机通常安装在炉前的进气口处，而在排废气处安装风机的做法并不多见，这主要是由于材料方面存在问题。如果即便是有烟囱也还不足以抵抗大型换热器（冷凝式锅炉）和催化剂造成的压降，则可将风机安装于排风一侧。燃油和燃气增压锅炉的燃料利用率可达 92%—95%，最小功率可以做到 5kW。

冷凝式锅炉

冷凝式锅炉通过将燃烧废气中的水蒸气冷凝来实现能量回收。这需要供热系统保持低温并确保更大的换热器面积。后者会增加换热器的压降，或许有必要重新配置风机。从天然气锅炉燃烧得来的冷凝水会略带酸性，但是可以通过常规污水处理系统进行处理。在石油锅炉中，废气中的二氧化硫（SO_2）

形成亚硫酸,需要先中和酸性再排入污水处理系统。冷凝式锅炉的价格比同等规格的常压锅炉更为昂贵,其效率也要高出 10%。这是由于天然气和石油锅炉高度标准化的燃料利用率分别达到 109% 和 104%(相对于低热值)。此类系统的性能与常压锅炉和增压锅炉相同。因为高性能住宅能够在低供热温度下正常运行，所以冷凝式锅炉是一个理想选择。

通风系统增压器

若通风系统具有高效排风热回收，则只需要一个小型增压器就能提供足够的供热功率。有下列几个解决方案可供选择：采用热泵从换热器之后的排风中吸取热量，或以电力或燃料燃烧炉作为后备的太阳能供热系统。目前可用天然气和丙烷冷凝加热器作后备。小型高效低排量的石油锅炉仍在开发之中。而一些矿物燃料系统也已经适应于燃烧可再生燃料，譬如从向日葵籽中提取的油。

联合系统

由于电力的一次能源值很高，能够同时生产热力和电力的联合系统（热电联供，即 CHP）十分具有吸引力。但由于其投资成本过高，而高性能独栋住宅的需热量太小，所以联合系统不适用于高性能独栋住宅。如果建筑热负荷能够集中起来，通过微型供热管网可以满足更大热需求，那么联合系统就更合理了。可行的系统包括小型天然气发动机（即斯特林发动机）与热泵和发电机的组合。此外，用于住宅的燃料电池技术非常有前景，目前仍在试验阶段。

集中系统：考虑到供暖需求和峰值容量都较小的情况，小型集中式供热设施可满足多个联排住宅或公寓的供暖需求。若系统规模集中，高投资成本系统（如地热供暖系统）就有可行性了。

12.3.4 展望未来

用于高性能住宅的系统规模必须谨慎设计，要避免系统规模过大。需热量极低会使购买和维护的合理成本范围限制在一个较小的区间。譬如燃烧矿物燃料，是需要定期检查燃烧炉和烟道的排放情况的。而仪表读取和各类费用清单会看上去和高性能住宅完全不匹配。集中产热并分配看似是比较合理的，但管网的成本必须摊销；且与供热需求较低的情况相比，管网的热损失更大。基于以上原因，热泵在保温好且需热量极小的住宅中，与矿物燃料燃烧系统相比，更适合做后备热源。

参考文献

BMWA (Bundesministerium für Wirtschaft und Arbeit) (2003) 'Nationale und internationale Entwicklung', *Energiedaten 2003*, BMWA, Berlin, www.bmwa.bund.de

12.4 直接电阻式供暖

Berthold Kaufmann

12.4.1 电采暖和热水系统

电力是一种高品位能源形式 [100%（㶲)]，几乎可以提供所有类型的能源服务，包括电灯发光、电动工具和现代信息技术的机械驱动等等。对于这些活动来说，电力是不可取代的。

另一方面，室内采暖和热水供应可以有很多替代方法，譬如，可以通过燃烧燃料直接生产所需的热量。从技术角度来看，燃烧技术非常先进且性价比很高。

如果燃烧是为了发电，必须采用蒸汽轮或涡轮经热力学过程把热能转化成电能。转化过程会损失大量能源。其机械热力学效率仅有 0.3，即 30%。只有完美结合燃气 – 蒸汽联合发电的涡轮机才能在后续步骤中实现更高的热力学转化效率，总体最多达到 56%。目前这样高效率的系统非常罕见，即使在欧洲，平均的终端能源与一次能源之间相比的能源转换效率也只有 38%（CEPHEUS–GEMIS，2004）。

在不久的将来，由于常规的一次能源生产来源正逐渐被可再生能源取代，转化率可望有所提高。从所有可再生能源的增长率看，预计到 2020 年，可再生能源会提高到总能源产量的 25%。然而，即使实现了这个宏伟目标，可利用的可再生能源总量仍然有限，预计电力价格还是会上涨。因而对于将电力单纯用于生产低品位热能的做法，遭到不少强烈的质疑，认为今后若还持续这种做法实在太过昂贵。

12.4.2 产热替代技术

小型热泵利用热回收通风系统排出的余热，使得季节性能系数（SPFs）超过 3，这种产热方法比直接电采暖更有效率。这种联合系统的投资成本高于普通电阻式加热器，但是系统寿命期内节省的能源可抵消高出的成本。

12.4.3 直接电采暖应对高峰供电和防冻保护

直接电采暖可通过某些应用方式来帮助满足高峰供暖需求，这或者是可行而且成本合理的。

当低功率热泵连接 150—200L 容量的锅炉，用于加热生活用水时，一年中可能会出现短暂的热水短缺现象。采用通流式电热水器可以经济有效地解决这个问题。这个通流式热水器应安装在热泵之后，只有在热泵不能传递所需供热量时才使用直接电加热。如果系统规模设计得当，基本上可以避免热水短缺问题。一年中，用于此目标的绝对耗电量应确保在最低水平。

基于同样的原因，很有必要在客厅中安装后备的散热器。当调控系统发现热泵所供热量不足时，可以开启后备散热器。而如果开启过于频繁，就会生成错误提示信息并告知住户或管理人员。

第三个合理的用途是加热空气。可以启动室外空气管道中的电预热器以保证送风总在 –5℃以上。这样可防止室内潮湿的排风遭遇过冷空气发生冻结而导致通风换热器停止运行。为避免浪费热量，管道中应设置温度调节器，确保加热后的进风不超过 +2℃，（Kaufinann et al，2004）。空气预热器可以在气流中设置低成本电阻网所组成的简单装置。若调节得当，中欧气候条件下其加热时间可保持在最低水平。

参考文献

CEPHEUS-GEMIS (2004) *Global Emission Model for Integrated Systems*, available at www.oeko.de/service/gemis/de/material.htm#infos

Feist, W. (2005) *Zur Wirtschaftlichkeit der Wärmedämmung bei Dächern*, Protokollband no 29, Arbeitskreis Kostengünstige Passivhäuser (AKKP), 1, Auflage, Darmstadt, Germany

IEA (International Energy Agency) (2001) *World Energy Outlook 2000 Highlights*, OECD, Paris

Kaufmann, B., Feist, W., Pfluger, R., John, M. and Nagel, M. (2004) *Passivhäuser erfolgreich planen und bauen: Ein Leitfaden zur Qualitätssicherung im Passivhaus*, Erstellt im Auftrag des Instituts für Stadtentwicklungsforschung und Bauwesen (ILS), Aachen, Germany

Reiß, J. (2003) *Messtechnische Validierung des Energiekonzeptes einer großtechnisch umgesetzten Passivhausentwicklung in Stuttgart-Feuerbach*, Fraunhofer IBP, Stuttgart, Ergebnisse des Forschungsvorhabens Passivhaustagung, Hamburg, Germany

12.5 生物质

Gerhard Faninger

12.5.1 用于住宅供热的生物质形式

生物质术语含义非常广泛，本节仅着重讨论生物质的一种形式：木制品。其形式可以是木柴、树皮和木屑，还有木材加工厂残渣压缩制成的颗粒。现代燃木锅炉的自动化水平高、操作安全、噪声低、粉尘少。生物质利用的环境优势在于它本来就是自然循环的一部分，从植被生长到降解，最后回归生长的循环。生物质燃烧只是加速此降解进程，而燃烧产生的二氧化碳不会超过生物分解过程产生的二氧化碳。问题只是燃烧产生的灰烬能否再回到森林。

图12.5.1 自动燃烧木颗粒集中供热设备

资料来源：G. Faninger，University of Klagenfurt

12.5.2 燃木炉

一直以来，木柴都是室内保温取暖的燃料来源。在过去十年里，燃木炉的效率和排放等性能都显著提高。燃木炉通常与换热器和缓冲储料罐相连。不过，仅有少量小热容（小于 5kW）产品可用于高性能住宅。图 12.5.1 给出了示范性的系统，若木柴竖直放入炉中，系统能够以极低供热功率运行。与其他生物质方案相比，对燃木炉的补贴几乎完全没有。不过柴火能给家庭生活质量起到的作用是很大的。

1. 温度分层加载管道；
2. 管式换热器；
3. 低流量换热器；
4. 热水换热器，高等级钢；
5. 保温层，90mm，镀铝表面；
6. 供热入口；
7. 供热出口；
8. 太阳能高流量换热器

负荷：3.9—14kW
储料罐容量：60—800L

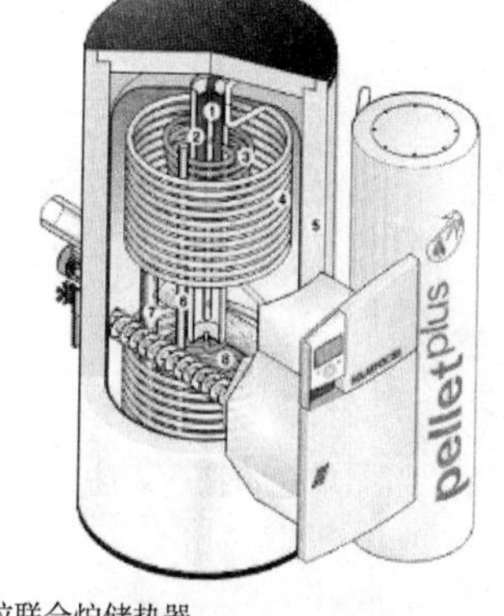

SOLARFOCUS, Austria
www.solarfocus.at

太阳能—燃木颗粒联合炉储热器

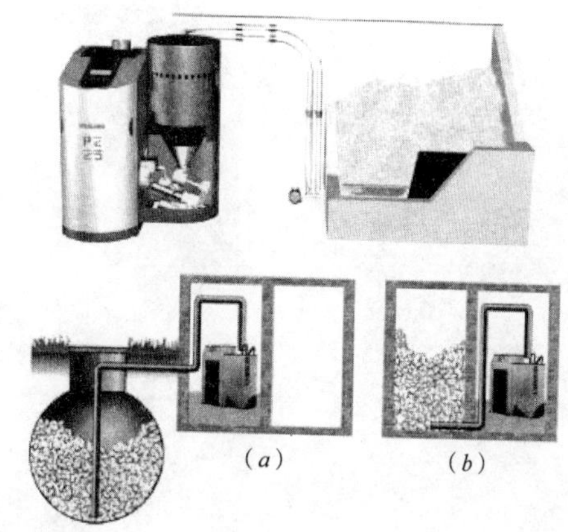

图12.5.2　储水箱（*b*）、木颗粒燃烧炉（*a*）与集成储料罐联合系统

资料来源：Solarfocus，www.solarfocus.at

12.5.3　燃木颗粒炉

燃木颗粒炉既可以房间为单位设置，也可以集中设置在地下室等地方。图 12.5.2（*a*）展示了使用木颗粒燃料锅炉及不同木颗粒储料罐形式的集中供热系统。图 12.5.2（*b*）给出了储水箱、木颗粒燃烧器与集成木颗粒储料罐联合系统。当建筑需热量低于峰值需求 30% 及以上时，系统呈间歇式运行状态，此时能实现高效运行，排放量最低。缓冲储料罐则可以将启动频率降至最低。理想状况下，夏季期间应该由太阳能热系统来满足生活热水的全部需热量，它才是高性能住宅实现可持续性的理想方式。当前，燃木颗粒供热系统的生命周期成本与油料燃烧系统相当。

利用颗粒状木制品代替木柴，可有效促进锅炉燃料补给的自动化。颗粒状的木材燃烧更有效、更彻底。大批量生产木颗粒炉可降低成本。颗粒是在高压条件下由木屑制造而成，不含任何化学制品（胶粘剂）。原木颗粒全部由槽罐车运输，消除粉尘后泵入储料罐中，储料罐与锅炉进料器相连（如图 12.5.3）。集成储料罐的颗粒锅炉是市场上的新产品。

在能够采用林业残渣制造颗粒或木屑的地区，这种系统相当具成本优势。然而，该系统在经济上受限于燃料供应的半径。在澳大利亚，最大供给半径约为 80km。

12.5.4　燃木区域供热系统

由于高性能住宅需热量非常小，小区燃木系统可通过分担超支成本提高其经济效益（如图 12.5.4）。然而也仍然存在一些实际问题。在非采暖季，以区域供热供应生活热水的需求量，相对于泵的电耗和配热的能量损失而言，就显得非常小。如果仅用于热水供应，锅炉规模显得过大，运行效率也很低。如果用太阳能热系统来满足生活热水供热需求，这个问题可得以得到缓解。

管网的水力设计是整体规划中至关重要的环节。常用管网包括四管系统和双管系统。实验数据表明在设备效率和太阳能可利用率方面，双管系统的性能优于四管系统。双管系统适应于各种建筑形式的最低辅助能源需求和最低能源密度。双管系统可以与分布式换热器或分布式储水箱结合起来。采用独立储水箱时，管网既可以在低温条件下（<40℃）用于室内采暖，也可以在高温条件下用于热水供应（大约 65—70℃）。与那些应用换热器且必须以最高温度运行的管网相比，其管网热损失较少。但另一方面，多个分布式储水箱的成本总体而言要高于分布式换热器。

图12.5.3 木颗粒的运输

资料来源：AEE-INTEC，Gleisdorf，www.aee.at

图 12.5.5 所示为奥地利 Tschantschendorf 太阳能辅助燃木区域供热系统的各季节性能。在非采暖季，太阳能集热器为储水箱提供的热能可满足 3—5d 的需热量。尽管太阳能满足室内采暖和热水供应热量的保证率仅为 14%，但在非供暖季，太阳能系统可满足 80% 以上的需热量。

总而言之，当多个用户（高需求密度）共用系统时，区域燃木供热设备效率最高。合理的住宅规划、优质的管道保温和最低回水温度（在非采暖季低于 40℃）均可将配热损失降至最低水平。以燃木锅炉作为补充，可使太阳能集热器的作用发挥到最佳水平。

图 12.5.4 木屑燃料区域供热设施

资料来源：AEE-INTEC，Gleisdorf，www.aee.at

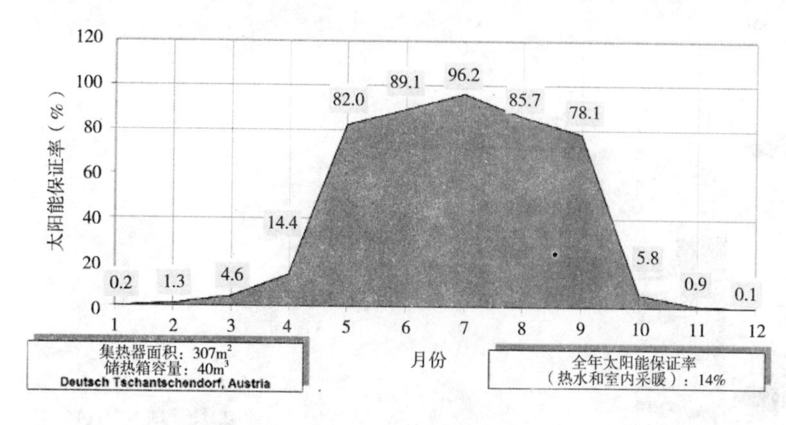

图12.5.5 太阳能–生物质联合区域供热：太阳能供热的月保证率

资料来源：G.Faninger，University of Klagenfurt

参考文献

Faninger, G. (2000) *Combined Solar-Biomass District Heating in Austria*. Solar Energy Vol. 69, No. 6, pp. 425 - 435, 2000.

相关网站

International Energy Agency: www.iea-bioenergy-task29.hr; www.iea-bioenergy.com

12.6 燃料电池

Karsten Voss，Benoit Sicre 和 Andreas B ü hring

12.6.1 概念

燃料电池和普通电池一样属于电化学动力能源，区别在于普通电池储存能量，而燃料电池转换能量。燃料电池通过燃料的持续稳定供给不断生产电力。燃料可以是任何含有氢元素的化学物质。尽管目前氢本身还不能直接作为燃料，但是可以通过“转化”过程，从天然气、石油或者甲醇等物质中生成。不过转化过程也会消耗能量，产生余热，而且并非是没有排放的。理想的情况是通过光伏电力电解水产生氢（太阳能氢）。

在燃料电池中，氢与氧(纯氧或从空气中提取的氧)发生反应，通过电解质(通常是离子多孔膜)引发离子流。主要反应生成物为水，同时产生电力（如图 12.6.1）。这种高放热化学反应可在不同温度水平进行，主要取决于电池类型（如表 12.6.1）。当用于热电联供时，则还必须考虑转化过程中的温度和转化器余热。正常情况下，每个燃料电池发生电化学反应产生的直流电压范围是 0.6—0.9V。因此将燃料电池累积（串联）可达到有效电压。在高性能住宅中，直流电可通过换流器转换成交流电，可以比得上光伏系统发出的电力。除自维持住宅外，此类系统均与市政电力并网连接。

与内燃机驱动的热电联供发电机相比，燃料电池最大的优势是潜在功率发热比（功率因数）较好。目前最小的商用热电联供设备的输出功率为 1kW。因此，这种系统非常适合高性能独栋住宅。

今天，适用于高性能独栋住宅的燃料电池技术中，PEM–FC（聚合物电解质薄膜燃料电池）和 SO–

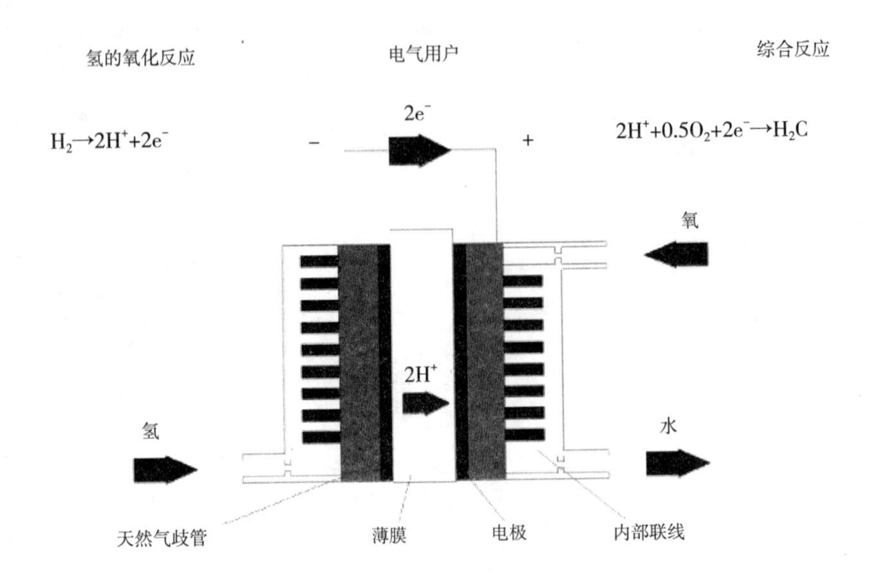

图12.6.1 电化学燃料电池基本原理：用氧气实现氢的氧化反应

资料来源：K. Voss，Wuppertal University

FC（固体氧化物燃料电池）最有前景。固体氧化物燃料电池系统还处于大规模试验阶段（Ballhausen，2003）。聚合物电解质薄膜燃料电池技术主要得益于汽车制造业的不断发展。该系统用于住宅领域的主要缺点是：将天然气转化为纯氢需要复杂的转化过程，且还要求 CO 含量极小以及高能源效率。固体氧化物燃料电池技术需达到 1000℃，而电池材料以陶瓷为主，1000℃高温会给电池带来高热应力。在这样的高温条件下，或多或少的持续运行或者热待机模式是必要的。为了提高经济性，研究人员正努力把运行温度降至 800℃。固体氧化物燃料电池的优势是可以在其内部将天然气转化为高纯度氢气。这还带来一个好处，就是可降低整个系统的复杂性。

主要燃料电池系统的特征数据 表 12.6.1

	聚合物电解质薄膜燃料电池（PEM-FC）	AFC	PAFC	MCFC	固体氧化物燃料电池（SO-FC）
电解质	离子交换薄膜	诱动及非诱动氧化钾	固定化液体磷酸	固定化液体熔融碳酸盐	陶质
运行温度（℃）	80	65-220	205	650	600-1000
电荷载体	H+	OH-	H+	CO_{3-}	O-
甲烷外加转化器	有	有	有	无	无
原电池组件	碳基	碳基	石墨基	不锈钢基	陶质
催化剂	铂	铂	铂	镍	钙钛矿
产品水分管理	汽化	汽化	汽化	气态产物	气态产物
产品热量管理	过程气+独立冷却剂	过程气+电解液计算	过程气+独立冷却剂	内部转化+过程气	内部转化+过程气

资料来源：DOE（2000）

12.6.2 环境影响

为公正评估燃料电池的总体环境影响，转化工艺，以及从生产到循环、下沉循环或处理的整个物质流过程都须考虑在内。燃料电池排放量低只是其中一方面。除此之外，还必须考虑到使用燃料电池中存在的冲突，譬如对于已有太阳能热水供应系统的住宅，燃料电池的“零”余热就没有多大意义。

目前，有关人员正在针对燃料电池系统的全生命周期评估进行着详细研究，这将为燃料电池生产制造和使用过程中的主要能量流和物质流提供量化数据（Krewitt，2003）。德国能源系统引入的固定燃料电池，则在环境影响和经济影响方面已经经过了详细调查。通过建立长期规划的情景研究，可量化环境影响（譬如温室气体排放和物质流的变化），了解其对国家经济状况的利弊，并有助于分析德国增加引进分布式固定燃料电池可能对就业情况产生的影响。这项研究还分析了可能遇到的障碍及合适的市场工具。

12.6.3 经济因素：现状和趋势

目前燃料电池系统非常昂贵，有望在不远的将来降低成本。美国能源部（DOE）把汽车的动力成本定为€ 45/kW（OAAT，2002 年），而住宅中热电联供设备的额定成本约为€ 1500（Bornemann，2002）。这证明，在住宅中运用这项技术很有前景，这是很好的设想。另一方面，这些设备必须运行 40000h，而用于汽车的时间只需持续其十分之一。与热泵相比，使用燃料电池的缺点在于需要不断补给燃料。要解决这一问题，就需要为高性能住宅提供储备的液化气、甲醇或未来罐装的特殊“石油”燃料电池。研究中需认真考虑适合汽车燃料电池的燃料类型，以便充分发挥协同作用。

12.6.4 高性能住宅的燃料电池整合

高性能住宅的一些特点使燃料电池的应用成为一个不错的选择。高性能住宅供热需求很小，但电力需求并不会按比例减少。这就表示如果燃料电池的规模可满足需热量，可能只能生产所需电力而无法生产更多。重点不再是纯粹地为电网生产电力，而是满足住宅自身的电力需求。

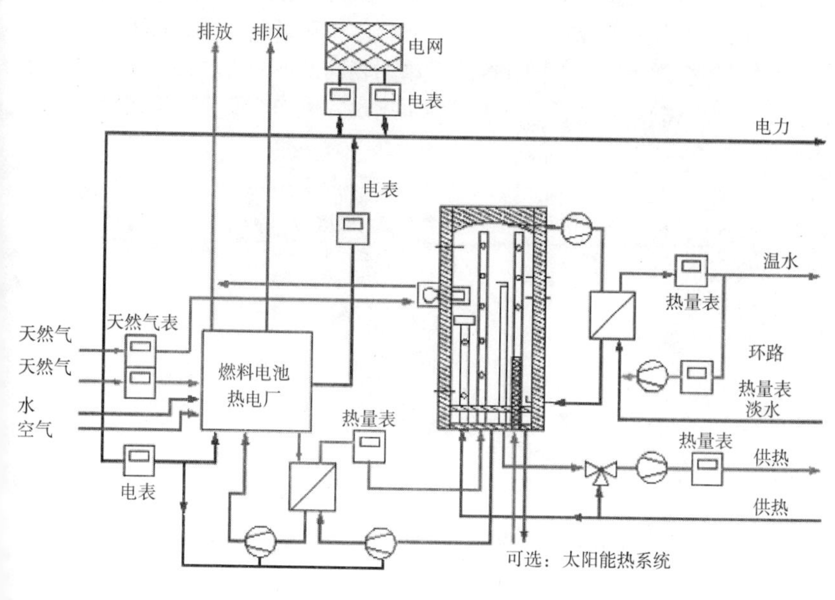

图12.6.2 燃料电池作为住宅并网供能系统的基本布局

资料来源：Vetter and Wittwer（2002）

为了避免系统过于复杂，室内采暖和生活热水——作为燃料电池仅有的散热方式，必须有足够的热需求。而有了这一总体较低、并在季节上相对恒定的需热量，就可以不另设热源来应付功率峰值问题。确保此类低功率燃料电池系统持续运行的前提，是要有高效且尺寸合适的储热箱。

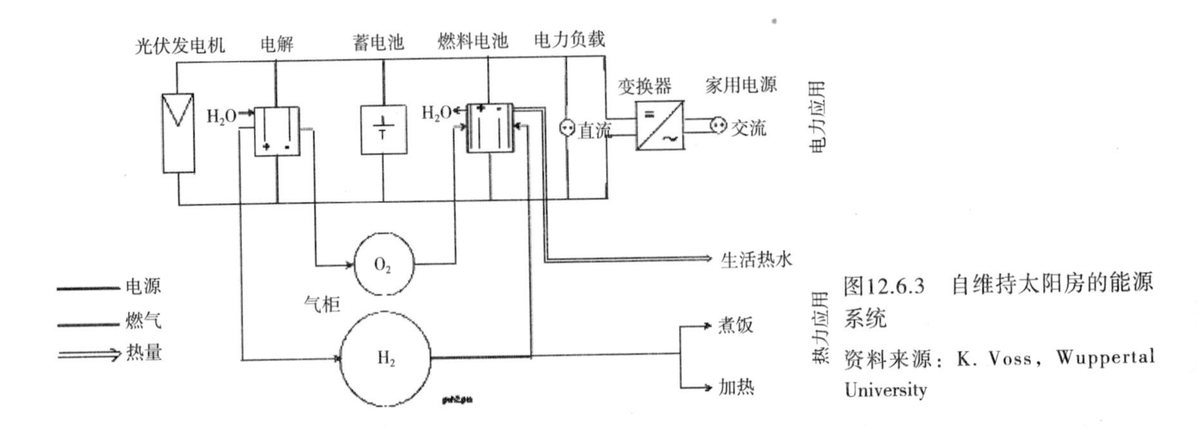

图12.6.3　自维持太阳房的能源系统

资料来源：K. Voss，Wuppertal University

如果依据电力输出量来确定燃料电池的大小，则丰富的“余热”可能会使设计者忽略对住宅保温质量的考虑。设计重心将从热量保持，转变为整体性能设计，目的是将全部家庭能耗的二氧化碳排放降至最低。

12.6.5　早期范例

德国弗赖堡的“自维持太阳房”，展示了在 1991 年如何用燃料电池为住宅供热及供电。其中，0.5kW 的聚合物电解质薄膜燃料电池设备依靠光伏氢能运行起来，为这个非并网的住宅提供电力，余热则用作冬季期间太阳能热水系统的后备热源。直接氢燃烧产生的热量，通过住宅通风系统用于室内采暖。蓄电池电量下降时，则启动燃料电池来满足住宅的电力需求。在这个原创性的科学实践中并未考虑过经济因素。整个系统的电效率达到 45%（Voss，1996）。

2002 年，欧洲一些机构开展了燃料电池的实地测试。瑞士厂商 Sulzer Hexis 生产了一系列固体氧化物燃料电池（SO-FC）设备，并在投入市场前进行了测试。相同的设备在不同类型和不同能耗需求水平的建筑中安装并进行监测。为满足连续运行以及不同住宅类型采用相同设备的要求，厂商决定在设备中设置一个符合典型住宅要求的天然气炉。采用天然气炉是为了满足峰值需热量，尽管燃料电池已经可以基本满足热负荷。

Sulzer Hexis 生产的 HXS1000 Premiere 的主要系统数据　　表 12.6.2

电功率，燃料电池	1kW
热功率，燃料电池	3kW
后备锅炉功率	12/16/22kW
电效率	25—30百分比
总效率	约85%
锅炉容积	200
燃料	天然气
规格	1080mm × 720mm × 1800mm
重量	350kg

资料来源：www.hexis.com

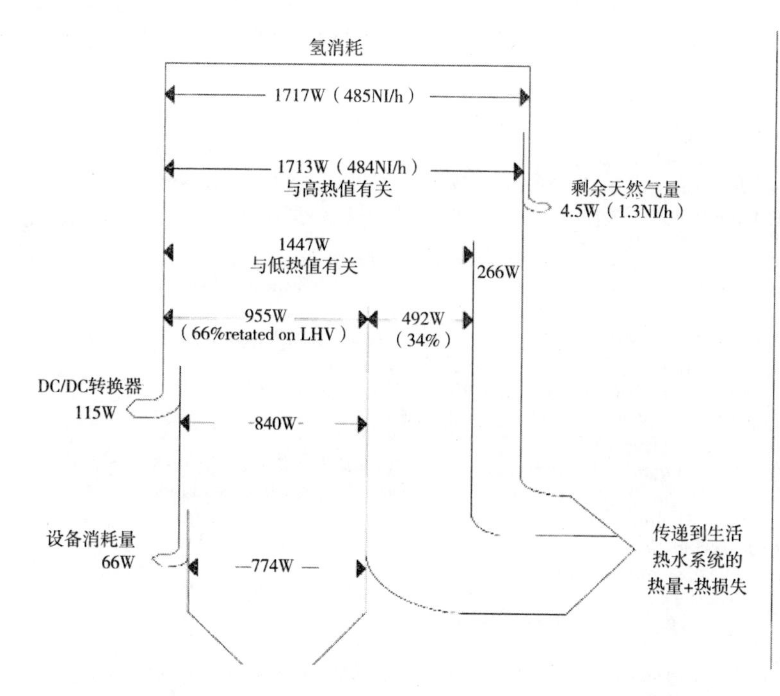

注：采用天然气时，转化过程中的额外的能量流和能量损失须考虑在内

图12.6.4 消耗氢气的聚合物电解质薄膜（PEM）燃料电池的测定能流图

资料来源：K.Voss，Wuppertal University

12.6.6 结论

天然气燃料电池系统的开发已达到了最终模型阶段，可以进行大规模实地测验了。但在真正投入市场前，仍然需要进行大量的技术改进。

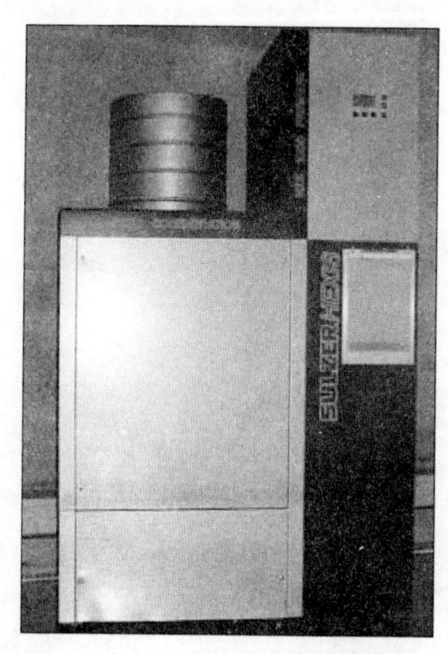

图12.6.5 Sulzer Hexis系统

资料来源：Hexis AG，Winterthur，www.hexis.com

部件的持久性、可靠性和生命周期需要不断改进，高温系统尤其如此。目前，电池损耗（主要是腐蚀或组件故障）限制了燃料电池的实际使用寿命。附加组件（如风机和泵）的能耗量需要进一步降低。一旦克服了这些困难，燃料电池就会成为住宅电力和热量生产的颇具吸引力的方案（Vetter and Sicre，2003）。

与其他技术相比，天然气供给燃料电池的环境影响较低，但是只要以矿物燃料供给燃料电池，排放量就无法大幅降低。若利用沼气进行能源转换，就会从本质上改善燃料电池的环境影响。另外，以现在的成本大范围建设太阳能供氢网络似乎并不现实，但是现在的不现实在25年后会有所变化。

燃料电池在高性能住宅中的运用非常有前景，因为高性能住宅的电－热比与燃料电池热电联供系统的电－热比相当匹配。模拟结果清楚地表明，电热设备很容易就可以满足供热峰值需求，不需要另外添加天然气加热器，也不会对住宅一次能源的平衡造成不良影响。

参考文献

Ausschuss (2001) *Brennstoffzellen-Technologie*, Bericht des Ausschusses für Bildung, Forschung und Technikfolgenabschätzung, Drucksache 15/5054, Berlin, Germany

Ballhausen, A. (2003) *Energiedienstleistuung mit Brennstoffzellen – Contracting-Lösung für Privatkunden*, Proceedings of the Conference *Brennstoffzellen-Heizgeräte zur Energieversorgung im Haushalt*, Haus der Technik, Essen, Germany

Bornemann, H. J. (2002) *Hybrid Power: A European Perspective*, Second DOE/UN Workshop and International Conference on Hybrid Power Systems, www.netl.doe.gov/publications/proceedings/02/Hybrid/Hybrid2Bornemann.pdf

Britz, P. (2002) *Das Viessmann Projekt Brennstoffzellen-Heizgerät zur Hausenergieversorgung*; Proceeding of the Fuel Cell Conference Haus der Wirtschaft, Stuttgart, Germany

DOE (US Department of Energy) (2000) *Fuel Cell Handbook*, fifth edition, Science Applications International Corporation, US Department of Energy, Office of Fossil Energy, National Energy Technology Laboratory, Morgantown, West Virginia, US

Krewitt, W. et al (2003) *Policy Context, Environmental Impacts and Market Potential of the Application of Decentralised, Stationary Fuel Cells*, Proceedings of the Hannover Messe, Hannover, Germany

OAAT (Office of Advanced Automotive Technologies) (2002) *Office of Advanced Automotive Technologies Cost Model Identifies Market Barriers to PEM Fuel-Cell Use in Automobiles*; DOE, www.cartech.doe.gov/research/fuelcells/cost-model.html

Vetter, M. and Wittwer, C. (2002) *Model-based Development of Control Strategies for Domestic Fuel Cell Cogeneration Plants: Proceedings of the French–German Fuel Cell Conference 2002*, Forbach-Saarbrücken

Vetter, M. and Sicre, B. (2003) *Sind Mini-KWK-Anlagen für das Passivhaus geeignet? Anforderungen und Potenziale, Beitrag zur Passivhaus-Tagung 2003*, Tagungsband, Hamburg, Germany

Voss, K. (1996) *Experimentelle und Theoretische Analyse des Thermischen Gebäudeverhaltens für das Energieautarke Solarhaus Freiburg*, Thesis, Ecole Polytechnique Federale de Lausanne, Switzerland

相关网站

Hexis Ltd: www.hexis.com

12.7 区域供热

Carsten Petersdorff

12.7.1 概念

区域供热是同时服务于多栋建筑的集中供热系统。这种共享供热方式对高性能住宅也有帮助。单独的高性能住宅需热量极少，后备供热系统的投资成本较为昂贵。若多栋住宅共用一套供热设备会比较经济，同时还有多种系统类型可供选择，譬如太阳能季节性存储，垃圾焚烧设备和燃气热泵。大型中央设备的另一个优点是更容易适应未来的发展趋势，而对于要让每栋建筑分别进行更换的供热系统则不具备此优势。这种“微供热网”的概念来源于城市区域供热，但如何对设计方案进行修正是非常重要的。

在美国及其他欧洲城市，超过175℃的蒸汽系统十分普遍。在欧洲，系统运行时热水温度普遍为90—130℃。有些系统甚至以低于90℃的温度运行。这种低温系统更适合区域供热、太阳能季节性存储或热泵。其运行、分布和现场安装更灵活，并且单位热量成本明显低于高温系统。基于以上原因，低温系统最适用于高性能住宅。

典型的区域供热系统有两个子系统：

1. 产热系统：对区域供热设施而言生产热水（或蒸汽）相对容易，譬如只需一台大型燃气锅炉。为了提高效率，通常会设置多台锅炉来满足基本负荷，中等负荷和峰值负荷。热电联产系统或可再生系统能够满足基本负荷，如有需求，可设置独立的峰值负荷系统作为后备。这样也增强了系统可靠性。
2. 配热系统：常见的方式有两种：双管和四管系统。

居住区内最常用的是双管系统。双管系统通过热水（或蒸汽）供热，用于室内采暖和生活热水。冷却后配热媒介通过回水管回到中央锅炉。供热必须达到65℃以上，以确保生活热水不会滋生军团病菌。双管系统也可以只用于室内采暖，但需要业主单独设置生活热水系统。

四管系统更加昂贵，但是可以分别用于室内采暖和生活热水供应，具有极大灵活性。因此，室内采暖供给管道可在较低温度下运行，循环损失相对较小，且在高性能住宅的非供暖季——也就是全年大部分时间里，可以关闭整个回路。

12.7.2 区域供热设计

全年历时产热设计

图 12.7.1 所示为典型的全年历时曲线。主要设计参数包括总系统峰值需求、平均负荷需求、日负荷变化以及季节性负荷变化。

许多供热设施配有高效系统或可再生能源系统来满足基本负荷。这种系统通常可满足总负荷的25%—40%，所供热量占全年总消耗热量的 70%—90%。示范设备类型有：

- 生物质（木材、废弃物回收能源）；
- 地热能；
- 太阳能集热器供暖；
- 热电联供（譬如燃料电池、汽车发动机、微型涡轮机）；
- 电动或燃气热泵。

峰值负荷可用燃气锅炉满足。

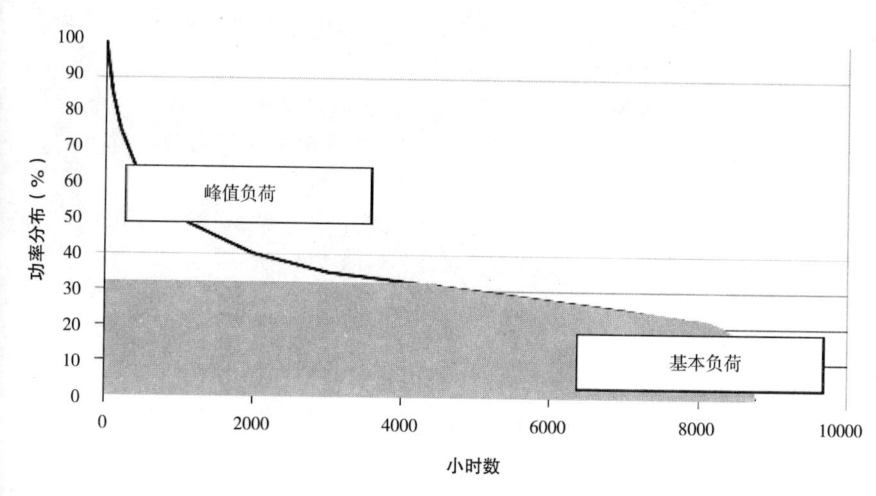

图12.7.1 全年历时曲线

资料来源：Carsten Petersdorff，Ecofys GmbH，Köln

峰值调节

为了增加基本负荷系统的份额，热存储非常有用。其原理是在低热需求时期将生产的余热存储起来。因此，系统全天的运行都接近最佳效率。在达到峰值需求时，存储的热量可以释放出来。区域供热系统可服务多个用户，各用户峰值负荷不同，系统的负荷曲线比单独负荷曲线更加平滑。因此在相同状况下，其供热和储热量小于各建筑设置独立系统时的情况。

季节性热存储

季节性存储原理对太阳能利用而言非常有利。大型季节性存储系统可在夏季收集太阳能并且存储到采暖季使用。对于采暖季非常短暂（仅持续到冬至）的高性能住宅来说，这无疑是一个很大优势。即使在北方气候区，太阳能年利用率也可高达 70%。事实上，第一个大型太阳能供热设备早在 20 世纪 70 年代后期就诞生了，瑞典是该技术的先驱国家。随后在丹麦、荷兰和芬兰也相继推广开来。近期，德国已建成多个大型示范项目。

12.7.3 高性能住宅的配热

由于高性能住宅的室内采暖需求低，产热必然操作简单并且成本低廉。与各住宅单独供热相比，多栋住宅集中产热可节省大量购买和维护系统的成本。但能源需求负荷极低也对区域供热系统形成了一些特殊的要求。

配热成本的独立性

配热管网的投资成本与需热量关系不大。高性能住宅的需热量大幅下降，额定配热成本反而提高了。而这对于分布式燃油或燃气系统而言也是相同的。研究表明，分布式系统和集中系统的成本差异总体上很小，而且在住宅间管道较短的情况下，采用分布式系统甚至会更好，譬如已经有研究证明每公顷 25 套住宅的低密度联排住宅就是如此（Nast，1996）。

热损失和辅助能源

常规区域供热系统的热损失为 5%—17%，这取决于区域热量密度和管道长度。高性能住宅的需热量较低，使得循环热损失更加凸显。热损失的主要决定因素是管道长度和铺设方式，其次才是住宅需热量。辅助系统（如热泵）的能耗也不容忽视。热泵的能耗取决于流量（m^3/h）、管道直径和泵的转速。常规住宅区域供热系统泵的平均能耗约为传热量的 1%。对于高性能住宅来说，这个比例会更高。根据上述原因，循环系统必须进行优化才能满足高性能住宅的特殊需求。

循环热损失主要取决于管道内部和环境（土壤）温差。在该温差确定的条件下，额定热损失［W/（m·K）］就取决于保温层厚度、材料及管径。图 12.7.2 所示为不同布管配置下的典型热损失。

在保温良好的情况下，管道内的质量流对热损失影响甚微，可能造成不受传输热量影响的恒热损失。在夏季没有室内采暖需求并且生活热水需求极小时，热损失达到产热量的 30%。

高成本效益的管网建设

对于传统的区域供热，长度固定的保温钢管焊接在一起，形成规模更大的管道网络。为了获得更多收益，此类配热技术需要较高热密度。高性能住宅无法达到这样的热密度，因此需要建设其他管网类型。

运行期间热损失	K=额定热损失（W/m·K）
$q=K\cdot(T_B-T_E)$（W/m）	T_B=平均运行温度（℃）
	T_E=平均地温（℃）

平行铺设的单线管道热损失

DN	K值：(W/m·K)	平均运行温度T_B（℃）40°	50°	60°	70°	80°	90°	100°	110°	120°	130°
20	0.161	4.8	6.4	8.0	9.7	11.3	12.9	14.5	16.1	17.7	19.3
25	0.178	5.3	7.1	8.9	10.7	12.5	14.2	16.0	17.8	19.6	21.4
25	0.154	4.6	6.2	7.7	9.2	10.8	12.3	13.9	15.4	16.9	18.5
32	0.192	5.8	7.7	9.6	11.5	13.5	15.4	17.3	19.2	21.1	23.0
32	0.172	5.2	6.7	8.6	10.3	12.0	13.8	15.5	17.2	18.9	20.6
40	0.242	7.3	9.7	12.1	14.5	16.9	19.4	21.8	24.2	26.6	29.0
40	0.210	6.3	8.4	10.5	12.6	14.7	16.8	18.9	21.0	23.1	25.2
50	0.268	8.0	10.7	13.4	16.0	18.8	21.5	24.1	26.8	29.5	32.2
50	0.234	7.0	9.4	11.7	14.0	16.4	18.7	21.0	23.4	25.7	28.1

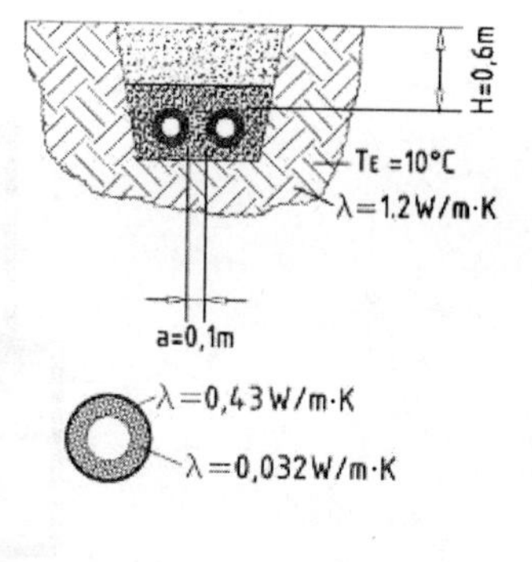

图12.7.2 管道典型热损失

资料来源：Carsten Petersdorff, Ecofys GmbH, Köln

塑料管。小型区域供热系统的运行条件为：最高温度 90℃，压力 6bar，可采用塑料管。可用的塑料管道系统有两种：

1. 长度固定（譬如 12m）的截面管道；
2. 管径较小而长度达到 200m 的弹性塑料管。

塑料管道技术表现出运用小直径管道的最大经济优势。与常规系统相比，该系统可降低成本的 30%—40%。

减少土方工程。若将供热管和回热管整合到双管管道中（如图 12.7.3）可进一步降低成本。该系统的益处是管道保温性能有所提高。若采取“背驮式铺设法”可降低挖掘成本。管道不是并行铺设，而是一根根摞起来。这两项技术的总成本约为标准钢管系统成本的 85%。

铺设方式。图 12.7.4 给出不同的管道铺设方式。弹性塑料管道能够有效避开树木等障碍物。其他具有成本效益的技术有：环路铺设法，以及在建筑间铺设。这两种方式都能够避免支管连接。

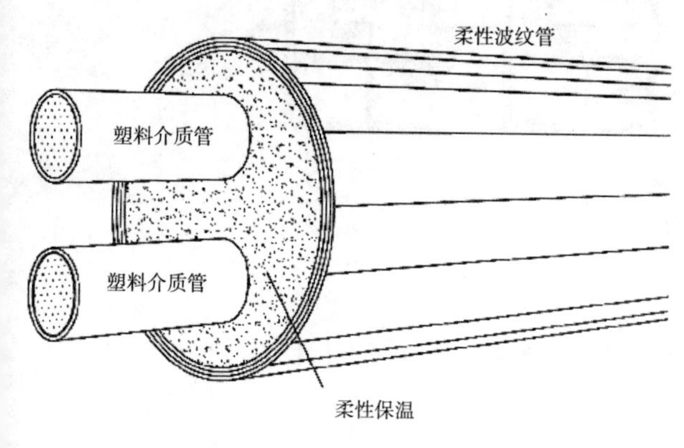

图12.7.3 有两种介质的柔性塑料综合管道

资料来源：Carsten Petersdorff, Ecofys GmbH, Köln

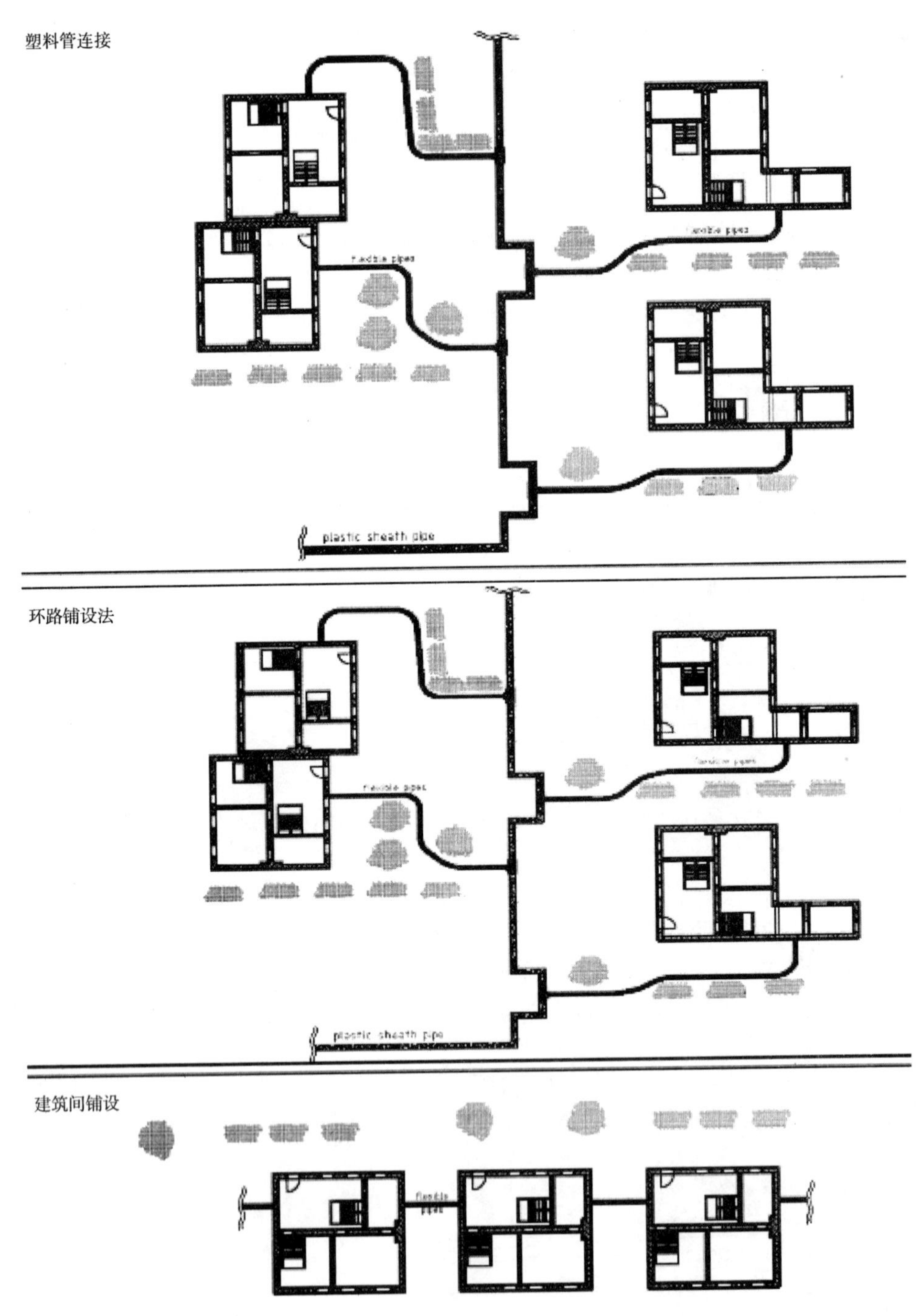

图12.7.4 管道铺设方式

资料来源：Carsten Petersdorff，Ecofys GmbH，Köln

管道系统成本。表 12.7.1 对比了常规管道系统的平均成本和丹麦 Odense 项目的最低成本。区域供热管网的总投资成本可降至常规管道系统的 30%。

区域供热管道系统成本 表 12.7.1

成本比较	直径（mm）	25	50	80	100	150
管道系统成本（常规铺设方法）	（€/m）	250	300	360	400	510
管道系统最低成本（丹麦Odense）	（€/m）	70	90	105	120	160
成本节约		72%	70%	71%	70%	69%

高成本效益的供热站

系统可直接或间接为终端用户供应热能。

间接供应系统在产能区和用户区均有换热器。这样不会对不同管网之间的压力比造成限制。此外，这种管网能够在用户端发生泄漏时保持正常运转。基于以上原因，间接连接是更常被采用的方式，此类系统对高性能住宅来说最具经济性。

直接供应系统中没有单独设置的分支系统。热水直接输送到用户的供热系统。生活热水既可在换热器加热并通过分开设置的卫生管道系统分配，也可以在各住宅中分别加热。直接连接的解决方案通常更经济实用。

供热子站成本 表 12.7.2

子站成本	直接系统（€）	间接系统（€）
独栋住宅	1500–2500	2000–3500
多户住宅	1700–3500	2200–5500

多栋住宅与供热子站连接，而这些“供热子站”专门用于高性能住宅。与直接供应系统相比，这样可节省 50% 成本。

配热成本示例

表 12.7.3 总结了典型小型区域供热区的主要参数。管网的热损失为每平方米建筑使用面积 5—10kW。区域供热系统成本（不含产热）约为 1000—2500 欧元。

小型配热系统的设计参数 表 12.7.3

		独栋住宅	联排住宅	多户住宅
各户使用面积	（m^2）	140	120	70
各户平均管道长度	（m）	14	7	3
额定热损失	（W/m）	10	12	14
运行时间	（h/a）	8760	8760	8760
管网热损失	［kWh/（m^2·a）］	**8.8**	**6.1**	**5.3**
管网额定成本	（€/m）	120	140	160
管网投资成本	（€）	1680	980	480
子站投资成本	（€）	800	800	500
各户总投资成本	**（€）**	**2480**	**1780**	**980**

注：符号€=欧元

示范项目

位于 Gelsenkirehen（德国 NorthRhine-Westphalia）的太阳房住宅区是小型半集中系统的优秀范例。南部地块的 48 幢独栋住宅中，每排住宅都配置有一个半集中式供热系统。住宅内产生的太阳能热量和电力都输送到各排住宅的中央热力 - 电力站。然后热量则根据各栋住宅的需求分别分配出去。太阳能可满足 60% 生活热水需求。而这些中央热力 - 电力站由当地公共部门集中管理。

12.7.4 结论

对于高水平保温且需热量极低的住宅而言，其剩余热量需求十分少，因而低成本的能源供给就足够了。常规的区域供热系统或者也是个不错的解决方案，但前提是需要降低管网连接的成本。

对于新的高性能住宅小区而言，如果目标是采用可再生能源满足大部分需求，那么区域供热系统就具有极大优势。集中式太阳能系统能够满足经济性规模要求并可实现季节性热存储。其他系统如大型燃料电池系统、生物质能源设备和热电联产系统都可选用。

对于绝对需热量非常低的情况，区域供热系统最大的挑战是成本控制和配热损失最小化。有许多成熟的工程方法可用于解决上述问题，这要求所选系统方式要与小区住宅密度相匹配。

参考文献

Dötsch, C., Taschenberger, J. and Schönberg, I. (1998) *Leitfaden Nahwärme*, Fraunhofer-Institut für Umwelt-, Sicherheits- und Energietechnik (UMSICHT), Oberhausen, Germany
Fisch, N., Möws, B. and Zieger, J. (2001) *Solarstadt. Konzepte*, Technologien Projekte, Stuttgart, Germany
Nast, P. M. (1996) *The Competitiveness of Group Heating in Modern Estates*, Euroheat and Power, Fernwärme International, Brussels, Belgium, and German District Heating Association (AGFW), Frankfurt (Main), Germany
Witt, J. (1995) *Nahwärme in Neubaugebieten – Neue Wege zu kostengünstigen Lösungen*, Öko-Institut e.V., Freiburg, Germany

12.8 热泵

Andreas Bühring

12.8.1 概念

热泵通过利用高（㶲）能量，将热量从低温转换至高温。（㶲）表示能量做功的能力。热泵常用能源是电力。最为人熟知的例子就是电冰箱。

在热泵低压端，液态工质受热后转变为气态（蒸发过程）。蒸发器从外界空气、土壤、水或排风中获取所需热量。压缩机同时提高工质压力和温度。最常用的小容量压缩机有活塞机或涡旋压缩机，通常由电机驱动。

在热泵高温端，热量通过工质传递至换热器（冷凝器）内的另一种液体。工质以这种方式凝结为液体。抽取的热量可用于采暖（通过送风器或散热器）或用于生活热水加热。有效热量大约等于蒸发器得热量与压缩机驱动力之和。工质回流至蒸发器的过程通过膨胀调节阀进行控制。由于是闭合环路，工质通常不会流出热泵。

热泵的性能特征由性能系数（COP）进行描述。性能系数指有效热输出与压缩机及辅助设备的能耗之比。根据公式 12.1 可得出热泵的年性能系数。

$$\beta_{a,hp} = \frac{\int_a \dot{Q}_{useful} \times dt}{\int_a (P_{el,cm} + P_{el,aux}) \times dt} \qquad [12.1]$$

12.8.2 环境影响

热泵供热系统的环境影响主要看电力的来源。如果通过可再生能源（如水力）发电，其消极环境因素影响将大大低于燃煤电力或核电力。

制冷剂泄露也会造成不利的环境影响。全球变暖潜能值（GWP）描述某类物质相对于 CO_2 的对大气变暖形成的影响。直接臭氧消耗潜能值（ODP）描述对大气臭氧层造成的影响。目前最常见的制冷剂均为氟化烃，如 R134a 或 R407c 和 R410A 的混合物，通常具有较高 GWP 而没有 ODP。老旧的热泵所使用的氯代烃 R22 或 R12 则有很高的 ODP。这些物质都不允许再使用。新的热泵则使用无 ODP 且 GWP 较小的纯碳氢化合物，如 R290（丙烷）或 CO_2。但它们还比较难用，有的化合物易燃（R290），有的则必须在高压下运行。

12.8.3 高性能住宅的热泵

低能耗住宅的热泵通常以土壤为热源。土壤从夏季到冬季都能储存太阳能。在 2m 及以下深度的土壤温度趋近平稳并接近年平均温度。在许多系统中，用水和乙二醇的混合物在管道中循环来吸取热量。也有些案例是让制冷剂在地埋管（直接蒸发系统）中循环。最常见的布管方式是在地下 1.5m 处埋设水平向管道，水平间隔 50cm，这种情况下可从土壤获取的热量约为 15—30W/m。管道也可垂直铺设，最大铺设深度通常为 100m，从土壤获取的热量为 30—60W/m。

对于高性能住宅，如果热泵只用于室内采暖，可以使用没有储水箱的系统（Afjei，2001）。譬如说，地板采暖系统的可利用建筑本身蓄热作为储热。这个方案是可行的，因为高水平保温住宅的降温非常缓慢。如果同一热泵也用于加热生活热水，就须要设置储水箱了。该储水箱也可作为太阳能集热器的储热设备。图 12.8.1 给出了典型的地埋管热泵系统。配热通过散热器实现，也可以经换热器由送风配热。热回收通风系统与热泵系统分开设置（如图 12.8.2）。

Fraunhofer ISE 赞助开发了用于被动式太阳房的紧凑型供热通风设备（Buhring，1999）。这些通风设备不仅包括用于被动式热回收的空气对空气换热器，还包括附加的排风热泵。通风设备可以吸收排风中的余热，并将其用于室内采暖和生活热水（Bühring，2001）。这些设备也可通过储水箱与太阳能热系统连接，这样设计可满足夏季期间所有热水需求（如图 12.8.3）。

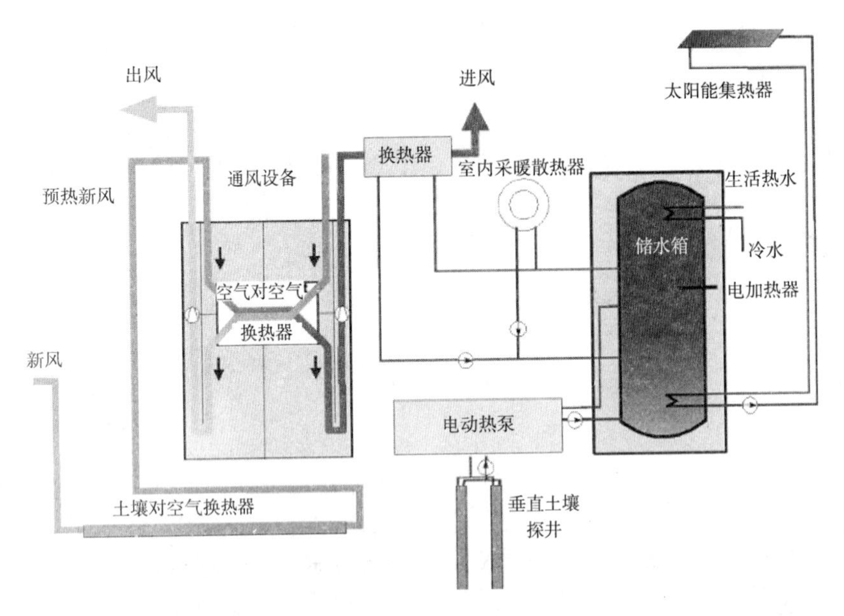

图12.8.1　低能耗住宅土壤耦合热泵应用原理

资料来源：Andreas Bühring

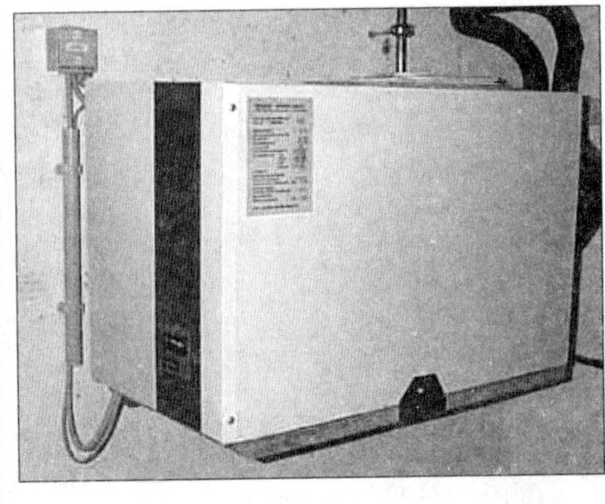

图12.8.2　某监测项目中土壤耦合热泵模块系统的部件；左图为通风系统，右图为热泵

资料来源：Andreas Bühring

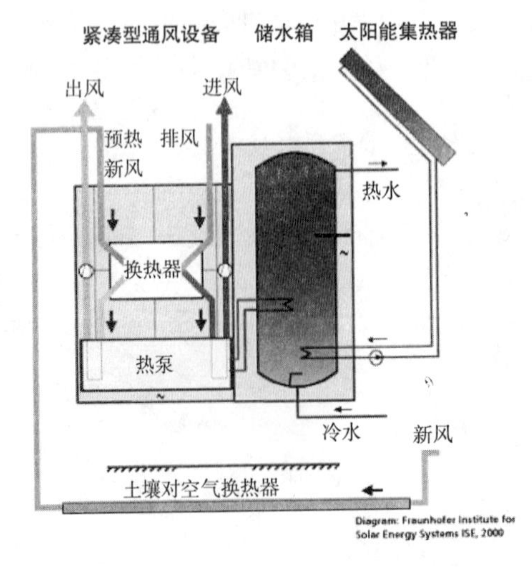

图12.8.3　被动式太阳房的紧凑型供热通风（HV）设备的原理

资料来源：Andreas Bühring

紧凑型供热通风（HV）设备已占据德国“被动式建筑”供能系统市场的30%（Feist，2001）。Freiburg ISE监测的78栋住宅中多数都采用了此类系统（如图12.8.4）。

12.8.4　测试和实践

德国巴登符腾堡州能源公司（EnBW），作为区域电力供应商，资助了Fraunhofer ISE项目，监测了巴登符腾堡州的78栋被动式太阳房。图12.8.5给出了位于Büchenau的某示范住宅的监测结果。这栋住宅的居住面积为120m²，采用了紧凑型通风设备，其中整合了排风热泵、土壤对空气换热器及太阳能集热器。实测全年室内采暖负荷为22kWh/（m²·a），生活热水负荷为15kWh/（m²·a），而住宅所有技术系统电耗13kWh/（m²·a），其中包括了通风和控制用电。热泵的全年性能系数达到3.2。

图12.8.6中总结了EnBW监测项目的测试结果。左侧是采用土壤耦合热泵模块的分组；右侧是采用紧凑型供热通风设备的分组。第一年，由于存在一些调控参数问题，导致热泵模块组电力需求相当高。第二年，热泵模块系统性能有所提高，但效率仍然低于紧凑型系统。

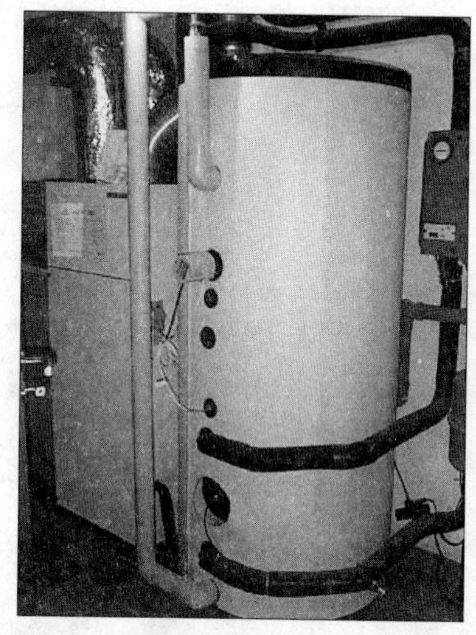

图12.8.4　紧凑型供热通风设备示例

资料来源：Andreas Bühring

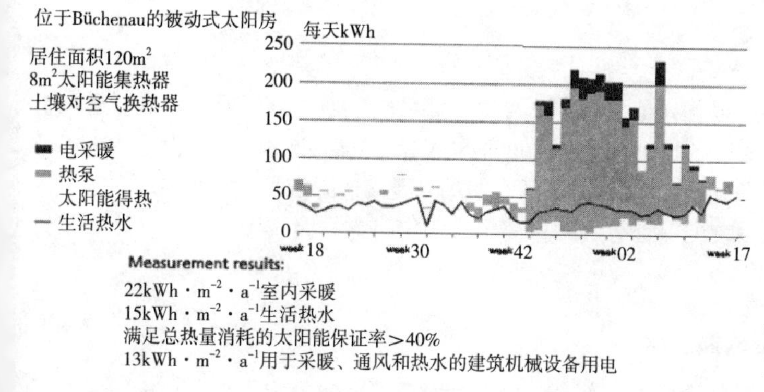

图12.8.5　Büchenau/Bruchsal地区的被动式太阳房的测试结果

资料来源：Andreas Bühring

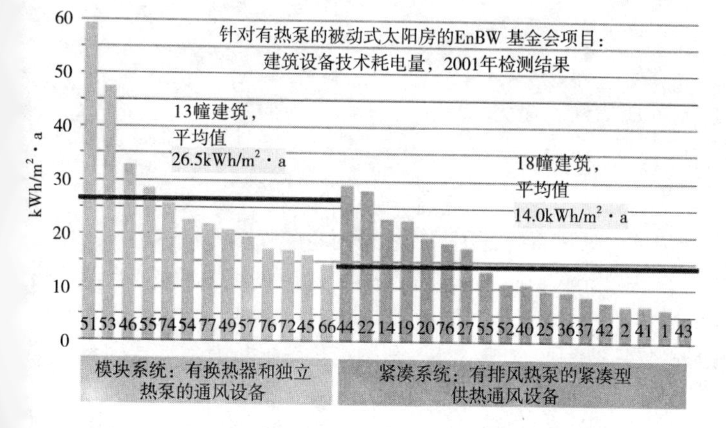

图12.8.6　比较被动式太阳房的建筑设备用电，左侧为多个独立部件组合的模块系统，右侧为采用紧凑型供热通风设备的系统。每个柱形条表示某单个被动房建筑设备系统的监测值

资料来源：Andreas Bühring

12.8.5 结论

对高性能住宅而言，采用电动热泵是一种经济高效的供热方案。紧凑型的整合系统比需要现场调试的多部件组合系统更可靠。

参考文献

Afjei, T., Betschart, W., Bühring, A., Shafai, E., Huber, A. and Zweifel, G. (2000) *Kostengünstige Niedrigtemperaturheizung mit Wärmepumpe – Technisches Handbuch*, Bundesamt für Energie, Switzerland

Bühring, A. and da Silva, P. (1999) *Heat Supply in Passive Houses with a Compact Ventilation Device and Integrated Exhaust Air Heat Pump*, Proceedings of the sixth International Energy Agency Heat Pump Conference, Berlin, Germany

Bühring, A. (2001) *Theoretische und experimentelle Untersuchungen zum Einsatz von Lüftungs-Kompaktgeräten mit integrierter Kompressionswärmepumpe [Theoretical and Experimental Investigations on the Application of Compact Heating and Ventilation Units with Integrated Compression Heat Pumps]*, PhD thesis at the Technical University, Hamburg-Harburg, Fraunhofer IRB-Verlag, Stuttgart, Germany

Feist, W. (ed) (2001) *Das Passivhaus 2001: Fakten, Entwicklungen, Tendenzen [The Passive House 2001: Facts, Developments, Trends]*, Conference Proceedings of the Fifth Passivhaustagung, Böblingen, Germany

12.9 土壤对空气换热器

Karsten Voss

12.9.1 概念

土壤对空气换热器包含一个或多个埋置在地下的空气管道。环境空气通过自由通风或机械通风引入管道，进而让土壤预热新风。随着深度的增加，土壤温度逐步接近全年恒定，可以认为是在全年平均环境温度上下。因此采用埋地 2m 深的管道，就可以在冬季加热流经管道的新风，以及在夏季对其冷却。土壤对空气换热器作为建筑通风系统的一部分，结构简单且稳定可靠。而土壤对空气换热器节省的能源十分有限，其建造成本必须低廉。

12.9.2 用于高性能住宅的土壤对空气换热器

高性能住宅采用土壤对空气换热器是策略的一部分，可提高对环境能源的利用水平。土壤对空气换热器具备三种功能：

1. 冬季预热新风。
2. 防止通风系统的热回收设备霜冻。
3. 夏季冷却新风。

功能 1：冬季预热新风

若高性能住宅配置有高效空气对空气热回收通风系统，则采用土壤对空气换热器预热进风的作用不大。土壤对空气换热器预热使气温上升，从而降低了通风系统空气对空气换热器的温差，会降低热回收率。空气对空气换热器运行效率越高，土壤对空气换热器益处就越小（如图 12.9.1）。如果空气对空气换热器的效率达到 100%，土壤对空气换热器就毫无益处。新型换热器运行效率可达到 80%—

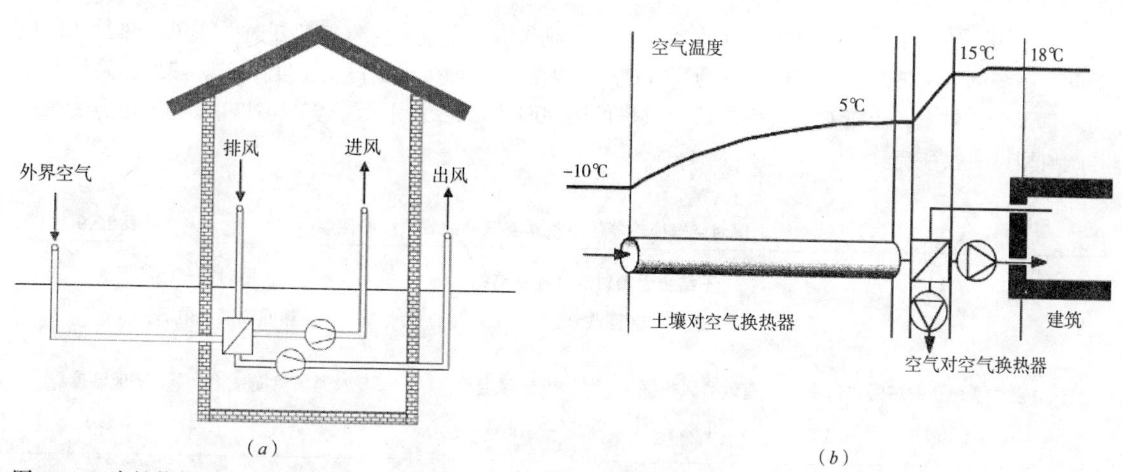

图12.9.1 高性能住宅冬季模式，(*a*)土壤对空气换热器的基本系统布局；(*b*)温度分布

资料来源：K.Voss，Wuppertal University

85%。实践证明，在高性能住宅中，不应采用结合了土壤对空气换热器的较低效率换热器设备，而应直接使用高效率的空气对空气换热器，这才是更明智的节能选择。

不过，应用土壤对空气换热器的情况下，舒适度可以有所改善。冬季室内空气和引入新风的温差，对室内舒适度影响很大。表 12.9.1 所示新风温度有所升高，尽管上升幅度很小，仍具有不可忽视的益处。在送风供暖的情况下，这方面好处最为突出。

图 12.9.2 (*a*)给出了德国 Neuenburg 的联排住宅项目中土壤对空气换热器示例。该系统包括 3 根平行铺设的塑料管道（PPs），每根长 20m，内径 110mm，埋深 1.5m。平均气流量 140m^3/h。

图 12.9.2 (*b*)显示全年性能的各月累计表现。由于运行策略较为简单，存在夏季略微得热，冬季略有制冷的情况。尽管如此，在其他季节的运行还是有所收益的。

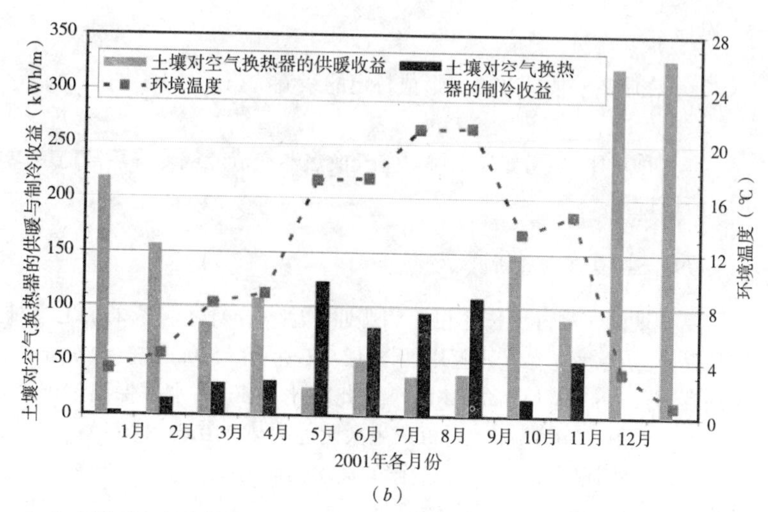

图12.9.2 德国诺因堡联排住宅项目，(*a*)土壤对空气换热器；(*b*)联排住宅的全年性能

资料来源：K.Voss，Wuppertal University

表 12.9.1 给出了空气对空气热回收系统在结合或未结合土壤对空气换热器时的通风需热量和送风温度。该案例有以下前提：环境温度为 –10℃，室内温度 20℃，土壤恒定温度 10℃。热回收系统在平衡质量流量条件下，土壤对空气换热器的效率可达 90%。标记线则强调这是高性能住宅采用节能策略时的典型热回收系统。

结合土壤对空气换热器的空气对空气热回收系统的性能　　表 12.9.1

	不结合土壤对空气换热器的热回收系统		结合土壤对空气换热器的热回收系统效率90%	
空气对空气换热器的热回收效率（%）	有效通风热损失（%）	送风温度（℃）	有效通风热损失（%）	送风温度（%）
50	50	5.0	18	14.0
60	40	8.0	16	15.2
70	30	11.0	12	16.4
80	20	14.0	8	17.6
90	10	17.0	4	18.8
100	0	20.0	0	20.0

功能 2：防止通风系统热回收设备霜冻

由于建筑中有水汽源，排风通常比环境空气水分含量高。在冬季典型室内条件下，室温 20℃，相对湿度 40%，当达到露点温度 6℃时，水蒸气就会凝结。在室内排风通过热回收设备时，这种情况就会发生。当进入换热器的环境空气低于 –2℃时，凝结的水分就会冻结。热回收效率越高，越容易发生霜冻现象。设置土壤对空气换热器是一种简易、可靠而成熟的防冻措施，它可将送风温度保持在 – 2℃以上。和此方案相比，还有其他方法可以选择：

- 加热排风；
- 在临界阶段调节气流形成特定的紊流状态。

在这种对比之下，如果土壤对空气换热器在节能或夏季热舒适度（功能 1 和 3）方面具有更大优势，那么应该选用。

功能 3：夏季冷却新风

夏季期间，高性能住宅可以和普通住宅一样舒适。若采用土壤对空气换热器冷却送风，会有助于实现夏季的热舒适度。其应用如图 12.9.2 所示。120m^3/h 空气流量，降温 8K，制冷能力为 317W［额定热容 $C_{p,\ air}$=0.33Wh/（m^3 · K）］。与此对比，1m^2 高水平保温三层玻璃（总能量透射率 g=42%）在全部受太阳辐射（500W/m^2）时可产生太阳能得热 210W。这种关系表明，通过土壤对空气换热器进行夏季制冷，无法补偿大面积、无遮阳的玻璃。而另一方面，如果窗户得到有效遮阳，并在炎热时段关闭，则此制冷功率尚可有效降低室内温度。

12.9.3 土壤温度

土壤温度与下列因素有关：

- 地表通过对流、短波和长波辐射进行的热交换；
- 蒸发冷却效应（取决于植被情况）；
- 土壤和地下水流之间的热传导。

根据典型气象数据文件（即参考年份的 MeteoNorm 数据）提供的空气温度数据生成各时段土壤温度，是一种简单可靠的方法。图 12.9.3 给出德国弗赖堡某项目土壤对空气换热器的相关数据，年均环境温度为 10.4℃，波动幅度 9.2℃，黏土土质。计算需要输入土壤特性，但这类资料通常很难获得。因此，多数计算程序采用一般土壤类型进行计算。若存在地下水，会十分有利于从地下输出热量。但缺点是多数情况下挖掘成本和密封问题会导致建设成本过高。土壤特性对热系统性能的影响高达 30%，因而仔细测定土壤类型，并确保管道周边充分回填，才能准确预测系统性能。更为重要的是土壤对空气换热器的布置方案。而为了应对土壤特性的误判问题，可将系统规模设计的略大一些。

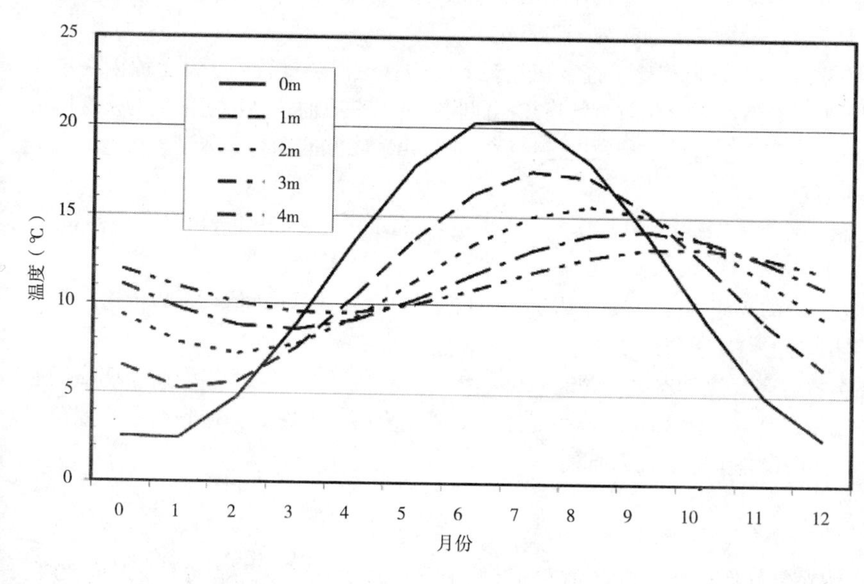

图12.9.3 德国弗赖堡实测土壤温度和黏土类土壤深度之间的关系

资料来源：K.Voss，Wuppertal University

12.9.4 系统配置与规模

确定系统规模的目的，是在特定的气候、空间、建筑使用等条件下，以最低成本实现一定的温度或得热。理论上 100% 热效率的土壤对空气换热器，其所提供的送风温度与土壤温度相等。

$$\eta=(T_{out}-T_{in})/(T_{ground}-T_{in}) \qquad [12.2]$$

由于土壤与管内空气的温差会逐渐缩小，管道入口端的热交换效率最高，而末端的效率最低。如果目标是要实现高得热，采用短管调风器比较好，而应避免使用低效的长管。如果目标只是要实现热回收设备防冻保护，则只采用一条长单管就足够了。

为了公正地评价土壤对空气换热器的优势，还必须考虑到驱动空气所用的风机所消耗的电能，并用得热量与之相比。

性能系数（COP）= 得热量 / 耗电量　　［12.3］

其典型的性能系数为 20—60。性能系数主要取决于土壤对空气换热器内的气流速度和输送距离。典型的压降应低于每米 2Pa 管长。土壤对空气换热器最高可使整个通风系统出现 10% 的总压降。

以下是系统工程设计的一些准则：

- 管道截面。多数工程中管道均为圆形截面，十分经济且是抵抗土壤压力最可靠的形式。
- 管道材料。多数小型系统采用内表面光滑的塑料管道。塑料管道既可以用较长的轻型管段（5m），也可用直径最大可达 110mm 的柔性软管。铺设此类管道十分经济，连接处渗漏风险小，同时可抵御土壤沉降不均匀带来的损害。若需要直径大于 150mm 的管道，采用混凝土更为经济。考虑到高昂的建设成本，只有大型工程中才采用混凝土管道。这种管道接头较多，地下水渗漏的风险较大。混凝土气密性差，也无法很好地防止氡气渗漏。
- 深度。受挖掘成本限制，铺设深度通常为 1.5—3m。
- 位置。与铺设于开放空间的管道相比，铺设在建筑下方的管道得热量较高。部分原因在于建筑热损失流失到了地下，然后被土壤对空气换热器回收。但另一方面，高性能住宅的采暖体量通常与地下室有保温措施，会降低这种效应。最后，一旦出现渗漏问题时，埋设于在地下室下方的管道会难以维修。
- 管道或管道调风器。在小型系统中，单管比平行管道更经济，因为连接空气进出口（塑料部件）的投资成本较高。
- 管间距。基于管道之间的热作用，平行铺设的管道性能比单管差。管道间隔 2m 以上时，管道相互作用较小（与单管的差异不超过 10%）
- 旁通管。不需要土壤对空气换热器时，旁通管也可作为空气流通路径。采用旁通管可降低通风系统风机的耗电量，从而提高 COP。高性能住宅的实践表明，考虑到旁通管调控的复杂程度和投资成本，小规模设备不宜设置旁通管。

12.9.5 卫生

在夏季运行期间，土壤对空气换热器可将空气冷却至低于露点温度（空气温度 30℃，湿度 80%，露点温度 26.2℃）。因此会产生凝结，而随着时间的推移，则会蒸发消失。问题在于管道内温暖潮湿的情况下是否会滋生细菌或真菌。瑞士的研究人员对 15 个不同系统进行了卫生调查。结果表明，采用地埋管时，细菌和真菌的浓度通常会下降。这是因为霉菌主要来源于外部，而进入室内的空气所携带的有机体数量不大。国际能源署一个示范住宅项目的进一步研究结论也证实了以上结果。由于卫生要求逐渐提高，细过滤网可进一步降低细菌和真菌孢子浓度。实践中，最好将新风口设置在地面以上（大于 2m），并且要远离污染源（如堆肥、植物、停车场或排污通风口）。

使用若干年后，可用水冲刷管道进行清洁。为了适应水流，管道应向某排水出口倾斜铺设（但不可与卫浴系统相连）。空气过滤器通常是系统中最重要的部分。必须保护过滤器不受雨水、冰雪、湿气和冷凝渗透而被损害。空气过滤器一定要便于检修，以便定期进行更换或清洗（至少每年一次）。

12.9.6 示例

表 12.9.2 列出了国际能源署各示范住宅中的土壤对空气换热器的不同配置。这些数据和注释概要性的说明了适用于高性能住宅的系统类型和相关注意事项。

国际能源署各示范建筑中应用的典型土壤的空气换热器的配置 表 12.9.2

位置	功能	气流 (m³/h)	土壤对空气换热器				材料	旁通管
			d (m)	l (m)	ϕ (mm)	A (m^2)		
Neuenburg，德国	1，2，3	120	1.0/2.0	60	110	20.7	PE	no
Büchenau，德国	1，2，3	150	1.5	30	150	14.1	PVC	no
Stuttgart，德国	1，2，3	100	2.0	30	200	18.8	PE	no
Rottweil，德国	1，2，3	88	1.0	34	200	21.4	PVC	yes
Wenden-Hilmicke，德国	1，2	255	1.2	99	126	39.2	PVC	no
Horn，Austria	1，2	150	1.7	50	160	25.1	PE	no
Klagenfurt，Austria	1，2	200	2.0	60	150	28.3	PVC	no
Dornbirn，Austria	1，2	200	2.0	60	150	28.3	PVC	no
Nebikon，Switzerland	1，2，3	127	1.6	30	200	18.8	PVC	no
Wallisen，Switzerland	1，2，3	450	0.8	25	150	11.8	PE	no
Winterthur，Switzerland	1，2，3	800	2.0	180	170	96.1	PE	no

注：d—埋设深度；l—单管长度；ϕ—内径；A—总表面面积。

12.9.7 结论

高性能住宅中采用土壤对空气换热器是提高环境能源或可再生能源利用的策略之一。土壤对空气换热器与通风系统中的空气对空气换热器存在竞争关系。若应用土壤对空气换热器进行新风预热，则空气对空气换热器驱动热回收的温差会降低。土壤对空气换热器的优势主要在于可防止空气对空气换热器发生霜冻，且在夏季可对送风适度降温。

模拟工具 表 12.9.3

名称	来源	网址	说明
GAEA	Universität Siegen，Germany	www.nesa1.uni-siegen.de	采用解析式因子模型对土壤对空气换热器进行时间步长模拟
PHLuft	Passivhaus Institut，Germany	www.passiv.de	采用容量模型（不考虑土壤与地埋管的相互作用）的土壤对空气换热器时间步长模拟
WKM	Huber Energietechnik，Switzerland	www.igjzh.com	采用容量模型的土壤对空气换热器时间步长模拟。WKM用户界面是基于MS Excel设立的，因此需要安装该软件。WKM适用于可变气流速率，计算显热流和潜热流以及冷凝水排放间隔

参考文献

Blümel, E., Fink, A. and Reise, C. (2001) *Luftdurchströmte Erdreichwärmetauscher – Handbuch zur Planung und Ausführung*, AEE-INTEC, Gleisdorf, Austria, and Freiburg, Germany

Dibowsky, G. and Wortmann, R. (2003) *Luft-Erdwärmetauscher, Teil 1 – Systeme für Wohngebäude, Luft*, Ministerium für Schule, Wissenschaft und Forschung des Landes Nordrhein-Westfalen, Düsseldorf, www.ag-solar.de/de/service/downloads.asp

Flückinger, B., Wanner, H. P. and Lüthy, P. (1997) *Mikrobielle Untersuchungen von Luft-Ansaugregistern*, ETH, Zürich

Gieseler, U. D. J., Bier, W. and Heidt, F. D. (2002) *Cost Efficiency of Ventilation Systems for Low-energy Buildings with Earth-to-Air Heat Exchange and Heat Recovery*, Proceedings of the International Conference on Passive and Low Energy Architecture (PLEA), Toulouse, France, pp577–583

Hollmuller, P. and Lachal, B. (2001) 'Cooling and preheating with buried pipe systems – monitoring, simulation and economic aspects', *Energy and Buildings*, vol 33, issue 5, pp509–518

Pfafferott, J., Gerber, A. and Herkel, S. (1998) 'Erdwärmetauscher zur Luftkonditionierung', *Gesundheitsingenieur*, vol 119, no 4, pp201–213

Sedlbauer, K., Lindauer, E. and Werner, H. (1994) 'Erdreich/Luft-Wärmetauscher zur Wohnungslüftung', *Bauphysik*, vol 16, no 2, pp33–34

Zimmermann, M. (ed) (1999) 'Luftansaug-Erdregister', in *Handbuch der Passiven Kühlung*, EMPA, Dubendorf

12.10 土壤耦合热泵和地热能

Hans Erhorn 和 Johann Reiss

12.10.1 概念

地热能可用于发电和产热，但中欧的地质情况限制了它的供热用途。尽管地热能有很大的能源潜力，目前这项环保技术却很少在实践中使用。与抵达地球的太阳能（5.4×10^{15}MJ/a）相比，经过地壳的地面热通量降低约 6000 倍（10^{12}MJ/a）。即便如此，这仍然比全球能耗总量多出三倍。

如何利用

在中欧，地热主要有以下利用方式（取决于各自的地质情况和地貌特征）:

- 岩石系统（利用岩石潜藏热量——如大型岩体或者干热岩体）;
- 大于 600J/kg 的高焓地热系统（高压水头、蒸汽系统）;
- 低于 600J/kg 的低焓水文地热系统（地下蓄水层或温泉）;
- 温度低于 25℃的近地表地热系统（地热探井 / 地环路、吸热桩、地热收集器、地下水井）;
- 深层地热地环路（深度 400m 以下）。

不同热密度和温度水平有以下各种用途:

- 发电（高焓的岩石和地热系统）;
- 直接利用（低焓水文系统和预热空气的近地表地热系统）;
- 回水前利用热泵抽取余热以增强近地表系统的直接利用（如图 12.10.1）。

也有一些简单的热存储系统（太阳能或热泵系统的余热或冷空气），譬如蓄水层或溶洞。

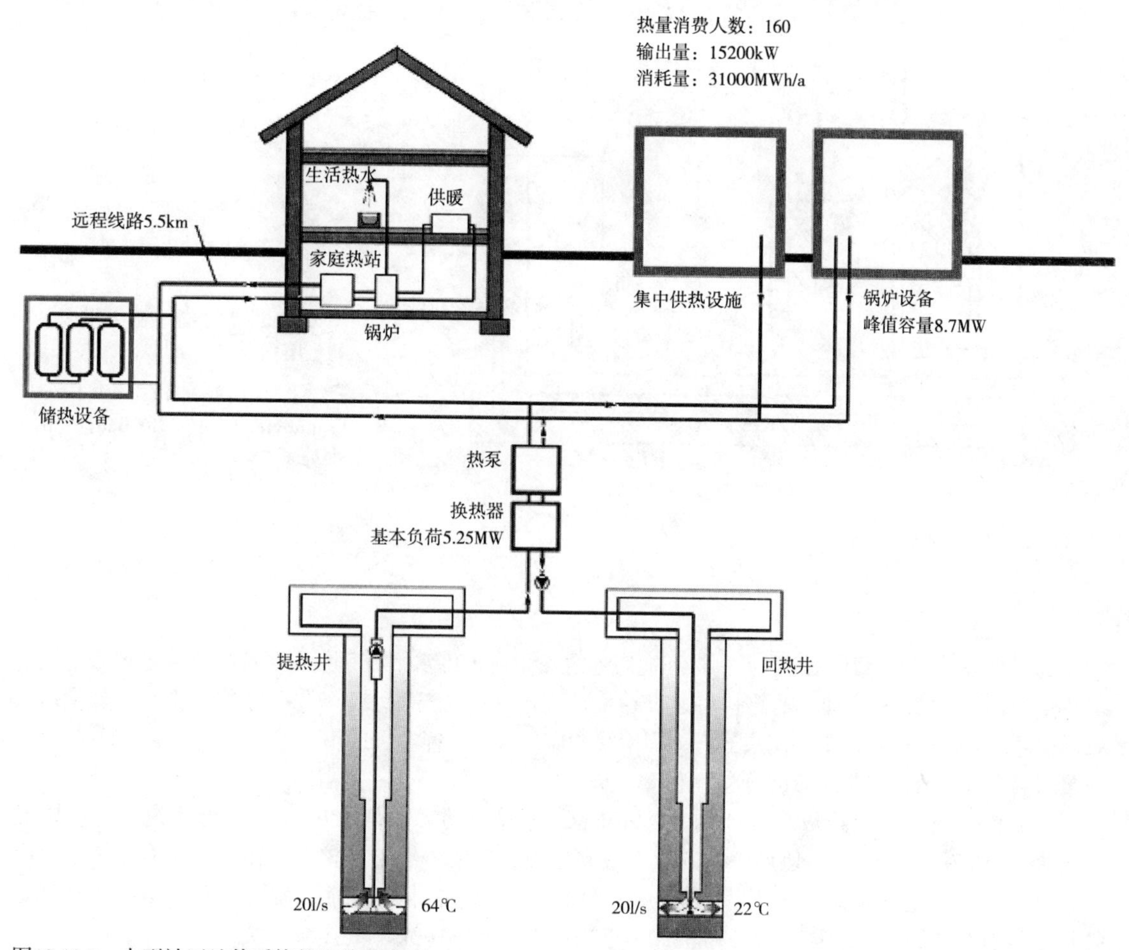

图12.10.1 大型社区地热系统的配热网方案

资料来源：H. Erhorn and J. Reiss，Fraunhofer Institut für Bauphysik，Stuttgart

12.10.2 应用

受高投资成本限制，只有少数有近地表蒸汽存储系统的特定地质区域才可以发电。除此之外，则会因每 100m 深度温度增加 3.5K 的规律，需要极深的钻孔（譬如 5000m）才能获得发电所需温度。

低温热量对于建筑采暖而言更合适，更理想的情况是应用于大型建筑或建筑群。而对于独户住宅，其成本通常会过高。建筑群可通过管网分配系统获取地热，该系统在巴黎已经得到应用。由于需要钻深井和配置多种必要设备（蓄水层初级循环系统和用户次级系统），其成本高昂，需要多用户通过网络共享更为合理。高性能住宅热需非常低，投资回报率也很低，因此并不是该系统理想的目标群。

近地表地热系统中，热泵的全年热通量几乎恒定，应用前景更广阔。该系统能够在室外空气进入空气处理器之前将其预热或冷却，同时显著减少通风系统造成的热损失。如图 12.10.2 所示，这样的配置也能够避免高效通风系统中的空气对空气换热器产生冻结问题。

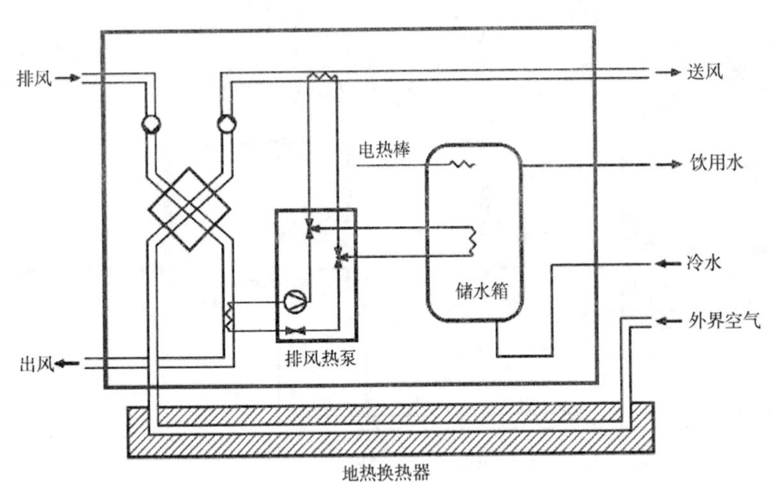

图12.10.2　高性能住宅中预热空气的土壤耦合空气换热器

资料来源：H. Erhorn and J. Reiss，Fraunhofer Institut für Bauphysik，Stuttgart

12.10.3　设计观点

供热

通过喷泉技术可直接从地下水获得近地表地层热量。也可水平或垂直安装换热器从近地表地层抽取热量（如图 12.10.3）。抽取的热量可通过热泵转换达到更高温度水平。供热系统的温度越低，热泵效率就越高。热泵通常以单一模式运行，利用缓冲储热器来平衡一天或不同季节间不断变化的需热量。热泵的典型负荷值为 5kW 至 100kW。

土壤耦合热泵的投资成本为€ 500—800/kW。而输出功率较低（2—3kW）的系统，其投资成本约为€ 3500。水平安装埋地换热器的成本最高，因为需要有大量的挖掘工作。为了有足够的空间埋放换热器，住宅花园面积需要达到住宅采暖面积的 1.5—2 倍。而通过喷泉技术利用地下水可导致年化成本增加 35%，原因是设备维护成本高昂。对于 5—100kW 的热泵和缓冲储热器，其投资成

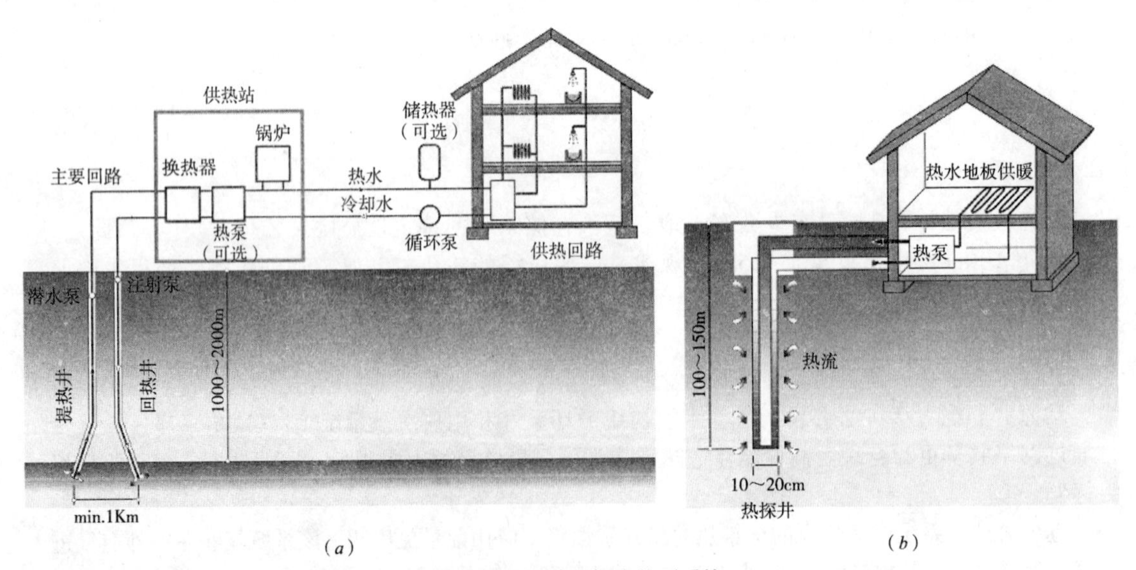

图12.10.3　比较（a）直接利用系统与（b）垂直地热换热器耦合热泵系统

资料来源：H. Erhorn and J. Reiss，Fraunhofer Institut für Bauphysik，Stuttgart

本达到€ 500—800/kW。而输出功率为 2—5kW 的小型热泵（包括缓冲存储器、布管和安装）成本大约可达€ 8000—10000。

常规住宅中，整个系统的热能相关成本为€ 0.05/kWh（假定热泵的电力成本为€ 0.055/kWh）。由于设备成本标准高，成本很容易提高到 2 倍；对于高性能住宅则会更高。但通常情况下，土壤耦合热泵设备的成本比太阳能辅助供热系统低 25%—40%。比土壤耦合热泵更经济的方式，通常也只有矿物燃料和生物质燃料系统了。

新风预热

在新风进入空气处理器（AHU）之前先通过地下管道，就能够高效利用地热。由于可直接利用现有基坑，而无须增加额外的挖土成本，此类方法通常成本效益很好。单一家庭的增量成本通常低于€ 200，而相应的大约可以节能 1000kWh。由此得到的热能系统相关成本约为€ 0.05/kWh。考虑到业主可能会自主选择是否安装换热器来节省成本，需特别注意以下几点：应有较大的管道尺寸以使压降最小化；应将风机电力需求降至最低；所有管道应设置排水口并向其倾斜，便于冲洗清洁；在进风口处安装滤网以防灰尘和碎屑进入。

参考文献

BMU (Federal Minister for the Environment, Nature Conservation and Nuclear Safety) (2004) *Geothermie – Energie für die Zukunft*, BMU, Berlin

FIZ (Fachinformationszentrum Karlsruhe) (ed) (2004a) *Geothermie, CD-ROM Energie, CD-ROM Datenbanken über erneuerbare und konventionelle Energien*, Eggenstein-Leopoldshafen

FIZ (Fachinformationszentrum Karlsruhe) (ed) (2004b) *Geothermie: Basic Energies 8*, Stuttgart

IRB (Fraunhofer-Informationszentrum Raum und Bau) (ed) (no date) *Erdwärmenutzung*, IRB-Literaturdokumentation, no 7046, Stuttgart, Germany

Sanner, B. and Bussmann, W. (eds) (2004) *Erdwärme zum Heizen und Kühlen [Geothermal Heat for Heating and Cooling Purposes]: Potentiale, Möglichkeiten und Techniken der Oberflächennahen Geothermie*, Geothermische Vereinigung e.V., Kleines Handbuch der Geothermie, vol 1, Geothermische Vereinigung e.V., Geeste

相关网站

Bundesministerium für Umwelt, Naturschutz und Reaktorsicherheit (BMU): www.erneuerbare-energien.de

Geothermische Vereinigung e.V. (GtV): www.geothermie.de

International Geothermal Association (IGA): www.iga.igg.cnr.it

Schweizerische Vereinigung für Geothermie (SVG): www.geothermal-energy.ch

13. 显热储热

13.1 储热

Gerhard Faninger

13.1.1 供暖系统储热的基本概念

在下列情况中供暖系统需要储热：

- 供热与需求不一致。
- 使用了间歇式能源。
- 要求太阳能供暖系统的波动必须控制在稳定平衡状态。

在高性能住宅中，储热需求通常是短暂的。在这种情况下，水对于室内采暖和热水生产都是非常有效的储热媒介。

储热的方式有三种：

1. 显热储热。显热储热基于材料的温度变化。单位储热容量（J/g）等于热容量乘以温度变化。“显热”的储热介质以液体（主要是水）和固体材料（通常为土壤和石头）为宜。
2. 相变储热。加热某材料时，若在一定温度条件下该材料发生相变，热量会在相变过程中储存起来。将该过程反过来，达到相变温度时，热量就释放出来，材料会冷却并恢复原来的状态。相变储热所用的常用材料是芒硝（硫酸钠）。
3. 可逆化学反应储热。通过吸附作用或热化学反应可存储热量。基于此原理的系统热损失非常微小。储热容量是反应过程的热量或反应过程的自由能。所有储热介质中，热化学储热材料的储热容量最高。一些储热材料的储能密度甚至接近生物质燃料。固体硅胶的储热容量是水的四倍。吸附储热技术还处于设计和测试阶段。其中一种办法是采用氢化金属。

表 13.2.1 给出了一些可用于储热的材料。储热容量和所需温度范围是选择储热系统以及确定其大小的两个主要参数。

储热材料样品和主要参数　　表 13.1.1

介质	温度 （℃）	容量 （kWh/m^3）
水	温差=50℃	60
石		40
十水硫酸钠	24	70
六水氯化钙	30	47
石蜡	20–60	56
月桂酸	46	50
硬脂酸	58	45
三羟甲基乙烷	81	59
硬脂酸丁酯	19	39
丙基棕榈酸酯	19	52
硅胶N+H_2O	60–80	250
13X沸石+H_2O	100–180	180
沸石+甲醇	100	300
氯化钙+氨	100	1000
金属氢化物（MeHx）+氢	50–400	200–1500
硫化钠+H_2O	50–100	500

13.1.2 水储热技术

太阳能热水与供暖联合系统中，用水储热可以在阳光较少的季节提供热量，可提高联合系统的功率，缓解电力需求高峰期的压力，并提高电热热水箱的电力供给功率。

水箱储热技术已发展到成熟可靠的水平。水媒介显热储热在便捷性和成本方面是其他技术无法匹敌的。在某些高级系统中，储水箱的入水口和出水口高度可按照供给和储热温度进行调节。热分层水箱可将全年系统效率提高 20% 甚至更多。图 13.1.1 表示保持不同分层效果对于达到最高储热效率的影响。对于室内采暖和热水联合系统，应采用多个储水箱，可以设置短期、中期和长期储水箱。

太阳能系统的储热需求通常取决于最大月太阳辐射量和最小月太阳辐射量的比值。图 13.1.2 给出了不同纬度地区的数据。若该比值小于 5，则即使是在冬季太阳能也足够满足热负荷；若比值大于 10，

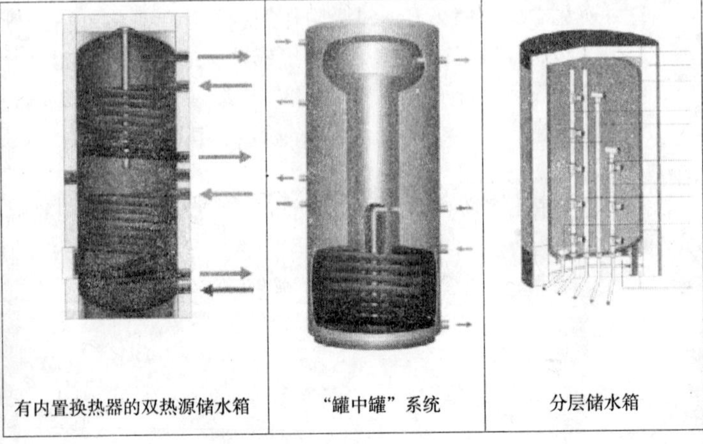

图13.1.1　分层储水系统的类型

资料来源：Gerhard Faninger，University of Klagenfurt

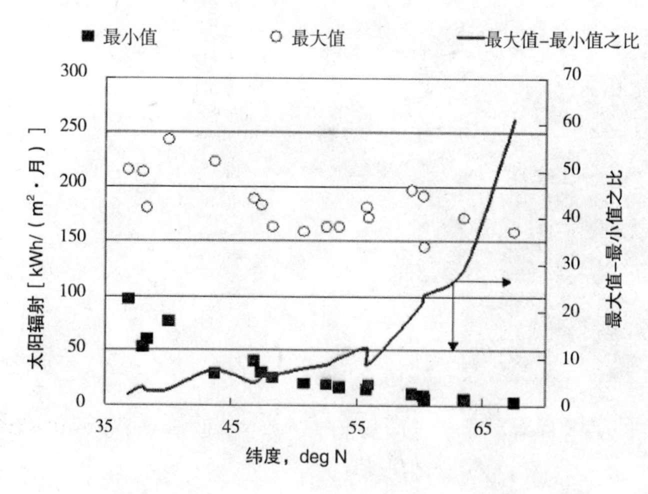

图13.1.2　不同纬度地区的太阳辐射，包括最小值、最大值以及两者之比

资料来源：Gerhard Faninger，University of Klagenfurt

就表明波动幅度过大，需要设置季节性储热或后备系统。在高纬度的北欧地区，冬季太阳辐射会降低到无法利用的状态。

水储热可按照储热持续时间进行分类。

短期储热时，太阳能热水系统的储水容量通常为日常热水需求的 1.5—2 倍。即使是短期储热也必须对储水箱采取良好的保温措施（见 12 章，12.2 小节《主动式太阳能供暖：水》)。

太阳能联合供暖系统和太阳能辅助区域供暖的中期储热，应当能够满足 3—5 天的需热量。对于独栋住宅和联排独户低能耗住宅，储水量达到 800—1500L 较为适宜。

在高纬度地区，季节性储热是提高太阳能得热贡献比例的一种办法。具体目标则是为现有住宅提供 6 个月的储热容量，或为高性能住宅（采暖季较短）提供 4 个月储热容量。

季节性储热的太阳能供暖设备可采用分散和集中两种方式。若采用分散式，储热器和集热器设置在单个住宅中，也就是一个普通的主动式太阳能供暖系统只不过体积略大一些。若采用集中式，则太阳能得热都收集到一个集中的储热设施中，并从此处将热量送至各住户，如图 13.1.3 所示。这种方式的优势是，由于储水箱较大、面积－体积比随之减小、相对热损失和储水箱成本均会有所下降。相对热损失和面积－体积比成正相关，即 $V^{2/3}/V=V^{-1/3}$。因此，当 V 趋于无限大时，相对热损失就趋于零。在低能耗住宅中可以考虑这种系统。若高性能住宅达到被动房标准，则管网成本和热损失与绝对需热量相比就显得非常高。此外，集中式系统的另一个优点是因大量购买集热器而降低了单位成本。

图 13.1.4 给出了大型显热储热的不同概念类型。如地窖和岩洞等概念都是在地下建造大型蓄水池。含水层储热利用了地下含水带的储热容量。含水层储热非常简单，只需要几座水井就能运行。立管铺设在地下，从而利用土地的热容量。若利用热泵则可使地下储热得到更有效利用。地下含水层储热是最常见的“季节性”储热技术。这项技术利用天然地下层（如沙、砂岩或石灰石层）为储热媒介，进行热量或冷量的储存。热能的传递的过程，是通过抽取地下水，并将利用后有温差的水注入附近区域来实现的。应用此项技术要求有合适的地质结构。

图13.1.3 季节性储热示例

资料来源：Gerhard Faninger，University of Klagenfurt

其他地下储热技术有井筒储热，洞穴储热和地窖储热。地窖储热主要用于办公和住宅区域。地埋管换热器能够从土壤中提取低温热量，也常与热泵结合利用使用。大规模地下储水（如洞穴储热和地窖储热）在技术上可行，但成本过高，应用有限。

采用季节性储热的太阳能热系统与场地密切相关，所以其设计必须考虑当地条件。为了对整体性能和经济状况进行设计和分析，必须开展详细的模拟并考虑设计参数的系统变量。

在某些特定情况下，季节性储热太阳能供暖在经济方面可能是合理的，但是这个结论并不一定适用于其他场地和其他用途。若能在潜热和化学储热方面着手提高储热容量，那么长期储热的实际可行性将显著提高，（见第 13.2 小节“潜热储热”）。

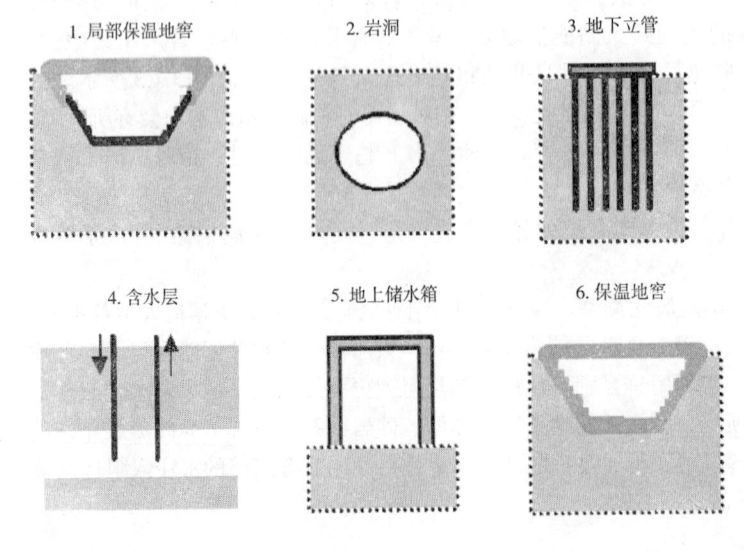

图13.1.4 季节性储热概念类型

资料来源：Gerhard Faninger，University of Klagenfurt

13.1.3 其他储热途径

相变储热

如果期望以小容积储存更多热量，相变材料可作为一种解决方案。相变可以是融化或汽化过程。融化过程的能量密度为 100kWh/m^2，而相比之下显热储热的能量密度仅为 25kWh/m^2。汽化过程则需要结合吸附过程。储热须在较低温条件下进行，而释放热量时则须在较高温条件下传递。其能量密度可高达 300kWh/m^2。

可逆化学反应储热

吸附过程的物理原理如图 13.1.5 所示。其基本原理是：AB+ 热量⟷ A+B。通过吸热，化合物 AB 分解成可以分开储热的成分 A 和 B。合成 A 和 B 即形成 AB，并释放热量。

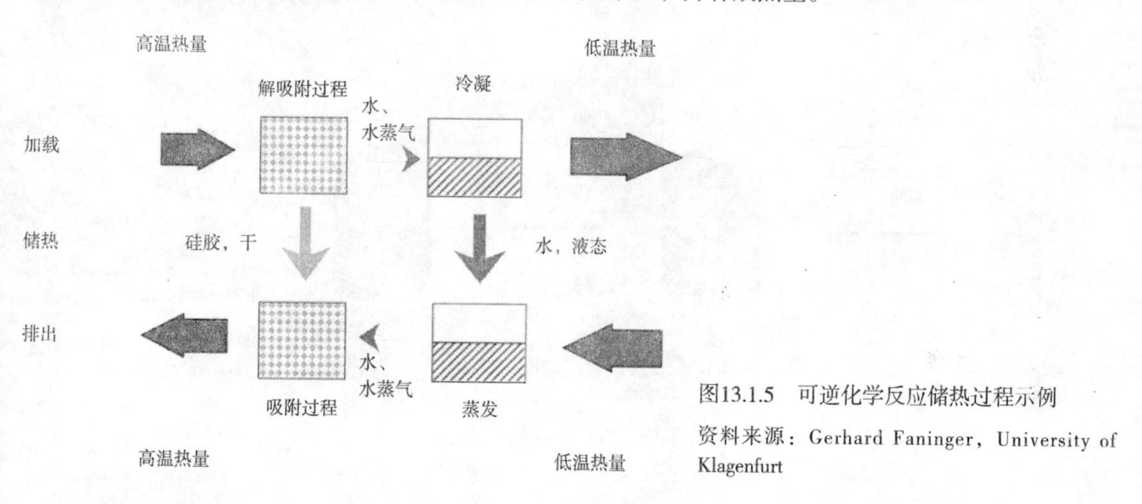

图13.1.5 可逆化学反应储热过程示例

资料来源：Gerhard Faninger，University of Klagenfurt

不可逆化学反应储热

这种储热方式优于上述所有方法，最典型的例子是石油。太阳能存储在植物原料中经分解后形成石油，直到数百万年后的今天，储能过程中没有任何能量损失。仅仅是燃烧就可以释放 10000kWh/m^3 的热量，其能量密度非常惊人。唯一的问题在于石油的时间跨度达数百万年，其目前使用的速度远超过采掘生产的速度。

参考文献

Fanninger, G. (ed) (1998) *Proceedings of the Fifth International Summer School Solar Energy*, University of Klagenfurt, July 1998, University of Klagenfurt, Austria

Faninger, G. (2004) *Thermal Energy Storage*, available at www.energytech.at

Lund, P. D. (1998) *Thermal Energy Storage*, Helsinki University of Technology, Advanced Energy Systems, FIN-02150 Espoo, Finland

相关网站

International Energy Agency (IEA):
www.iea.org; www.iea-shc.org; www.ecbcs.org/; www.cevre.cu.edu.tr/eces/

13.2 潜热储热

Gerhard Faninger

13.2.1 潜热储热的物理学原理

潜热储热运用的原理是材料相变时会吸收和释放热量。材料受热后状态发生改变（固态、液态或者气态），该过程可储存的热量远远超出温度升高 1K 的热量。材料冷却后就会回到最初的状态，同时释放热量。此类溶解过程产生的热量通常比把材料加热 1K 所需的热量多 80—100 倍。储热容量等于相变温度下的相变热焓加上整个温度变化过程中存储的显热。图 13.2.1 以水为例说明了这一过程。

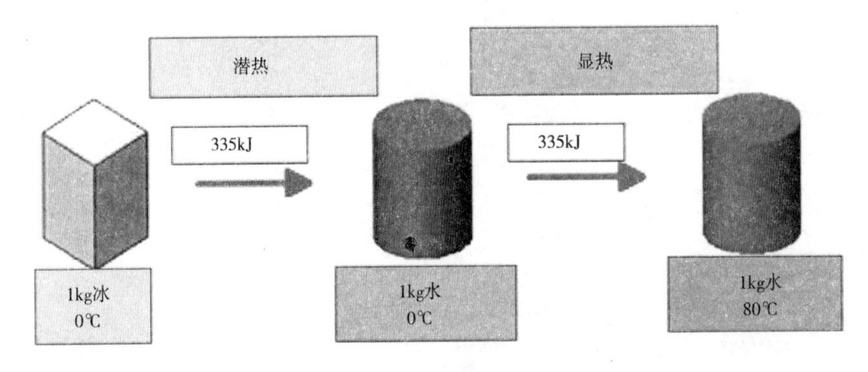

图13.2.1 相变过程中的吸热和放热

资料来源：Gerhard Faninger, University of Klagenfurt

13.2.2 储热材料

作为储热媒介，石蜡和共晶盐等相变材料（PCMs）可将储热容量提高一个数量级。而且最大的优势在于，它们几乎在恒温条件下吸收和释放热量。

典型的相变材料是盐水化合物。最常用的是 17 世纪由 Johann Glauber 发现的芒硝（$Na_2SO_4.10H_2O$，十水硫酸钠）。其熔点在 32℃，是用于建筑供暖的理想选择。

13.2.3 建筑中的相变材料

相变材料可与建筑材料结合，通过在冬季日间储存太阳能热量，夏季夜间储存冷空气冷量，从而降低能耗和电力需求。

由于相变材料在相变温度下储热或放热速率会强烈变化，因此可用于调节温度。例如，将相变材料与建筑材料混合能够提高墙板热容量。为说明其作用，这里以混凝土墙为对比：将墙体加热或冷却 10—15K，其吸收或释放的热量约为 10kWh/m^3。这只是石蜡——这一最常见变相材料储热容量的五分之一。以适当比例混合两种不同的相变材料，理论上能够使相变温度符合应用要求。

相变材料特别适合于轻型建筑结构。图 13.2.2 给出了一些实例。建筑中的相变材料应用通常是固－液转化。相变材料遇冷源时凝固，需要降温时熔化。相变材料用作储热媒介有两大优点：热容量提高一个数量级，并且对于单纯物质而言，其放热过程几乎也是等温的。

相变材料用于石膏板、抹灰或其他墙面材料时，可使储热成为建筑结构的功能之一。相变材料作为储热媒介的优势在于能使储热容量提高一个数量级。例如，将 BASF 的新产品 Micronal PCM 按 30% 比例混入抹灰，可以在 26℃上下使 0.5in 厚抹灰层的热容量与 6in 的砖墙相当。这样就可以储存大量能量并对室内温度影响不大。由于建筑内部存在储热作用，可平衡建筑内部的冷暖负荷，因而降低甚至不需要从外部输送更多能量。

利用 PCM 墙板实现更大的储热容量，使夏季夜间冷空气的冷量被蓄存，能够在不使用机械制冷的情况下，让室内温度接近舒适温度上限值。

在气候较温暖地区，住宅建筑制冷会对电耗和峰值电力需求造成显著影响，究其原因是荷载过高。这种情况下，可利用热质量原理，降低峰值电力需求，缩小制冷系统规模，并转用低能耗冷源。

在夜间室外温度低于 18℃的气候区，在办公建筑中用 PCM 墙板结合夜间机械通风，可以缩小系统规模。在夜间室外温度高于 18℃的气候区，PCM 墙板除需要结合机械通风外，还应有放热措施。

目前，PCM 类墙板仍非常少，但应用相变材料处理墙板的途径有很多。得益于最新的 PCM 微密封技术，2004 年推出新产品——BASF 的 Micronal 球颗粒，可以与抹灰结合施工，可提高墙板的热性能。

13.2.4 储水箱中的相变材料

各种形状的容器均可加入相变材料。常用的容器是在罐体内放置塑料密封球（SLT），罐体内传热介质（通常为水）会将相变材料熔化或凝固。图 13.2.3 所示为一些实例。多种熔点从 -21℃到 120℃的相变材料在市场上可以买到。相变材料和化学反应也可用于小型设备的加热或制冷，如暖手宝（三水乙酸钠）等。

在最新研究工作中，研究人员试图在太阳能储水箱中加入相变材料，从而提高分层效果和储热容量。乙酸钠加一些添加剂是不错的选择，能够提高导热性并减少超冷现象。商业化产品将在三年内投入市场。

液体中 PCM 微密封（称为浆体）能够增强液体的传热和储热能力。一些研究工作也朝着这个方向进行，目的是加强太阳能联合系统的太阳能环路效能。

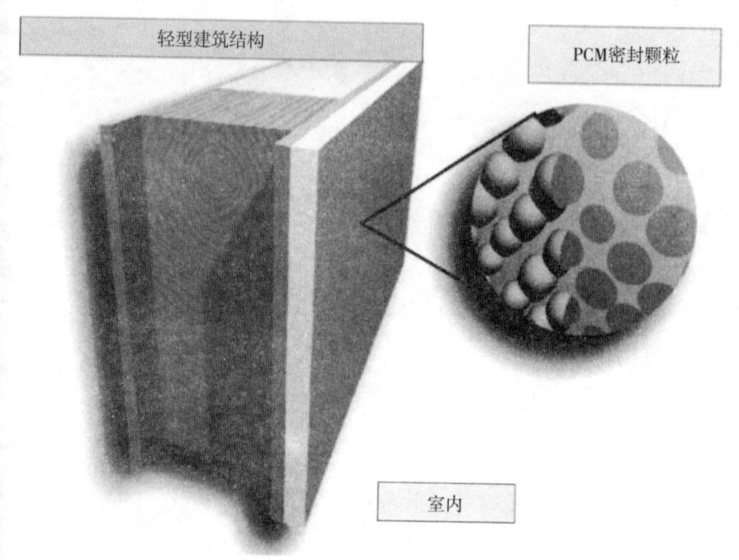

图13.2.2 建筑结构中的相变材料

资料来源：Gerhard Faninger，University of Klagenfurt

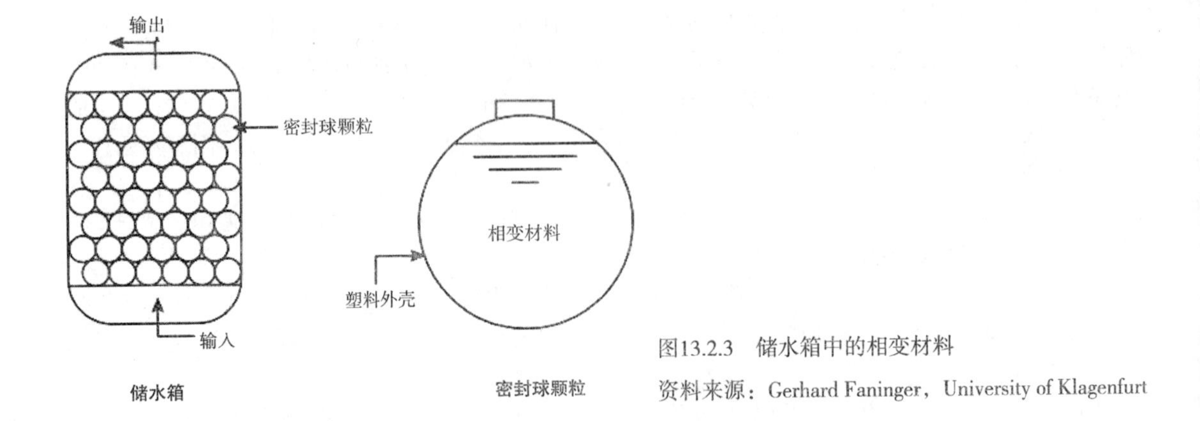

图13.2.3 储水箱中的相变材料

资料来源：Gerhard Faninger，University of Klagenfurt

小型 PCM 储热设备主要用作特殊用途。PCM 储热仍需进一步研究开发，以增强其可操作性。一项新开启的、以国际能源署太阳能供暖和制冷项目（IEA-SHC Task 32）为框架的国际研究项目，其主要任务就是研究在低能耗建筑供暖或制冷中系统储热的最新和最先进解决方案。

参考文献

Faninger, G. (2004) *Thermal Energy Storage*, available at www.energytech.at

Stetiu, C. and Feustel, H. E. (1997) *Phase-Change Wallboard and Mechanical Night Ventilation in Commercial Buildings*, Lawrence Berkeley National Laboratory, Berkeley, CA

相关网站

International Energy Agency (IEA): www.iea.org; www.iea-shc.org

14. 电力

14.1 光伏系统

Karsten Voss 和 Christian Reise

14.1.1 概念

高性能住宅需热量很低，但是耗电量较大，从一次能源方面考虑，耗电的比重显得尤为突出。在此，我们作出的设定是，天然气产热 1kWh 的一次能源为 1.14kWh，而其产电 1kWh 要消耗的一次能源是 2.35kWh。因而，最好能充分利用场地内产出的可再生能源电力。光伏（PV）系统成本昂贵，但是可以在生命周期内以极少的维护实现持续发电。

按照成本最低的规划原则，应该比较一下光伏系统和各项节能措施的成本概况。在多数欧洲国家，由于发电需消耗大量一次能源，因而光伏系统的发电几乎与太阳能热系统产热相同，不论用一次能源或二氧化碳减排量来衡量，其相关效益都是相当的（Voss et al，2002）。

如上所述，住宅光伏系统全年产电一次能源当量，能抵消该住宅部分或全部的一次能源需求（矿物燃料和电力）。完全使用电力的住宅（譬如以压缩热泵进行室内采暖和生活热水供应），其光伏发电量可与技术系统电耗等量齐观。而此类住宅完善的节能措施，则是应用光伏系统的前提条件。图 14.1.1 给出了不同高性能住宅中应用光伏产电的概念关系。浅灰色箭头表示从外部输入的一次能源；深灰色箭头则表示与光伏系统年产量一次能源当量。箭头的线宽表示能源量。除自维持住宅外，所有光伏系统均并网连接。

尽管光伏板很昂贵，但全电气化系统操作相当简单，也是具有经济性的。譬如与太阳能热利用系统相比，若要达到同等的年太阳能覆盖率，太阳能热系统就需要设置大型储热箱，而光伏系统则不必。以目前光伏系统在建筑领域的应用情况看，尚需要将电网作为“储能设施”。在有限系统数量范围内，此类住宅几乎对电网电力品质、线路荷载或变压器没有任何影响。不过在大规模的太阳能开发项目中，这些因素还是必须考虑的。

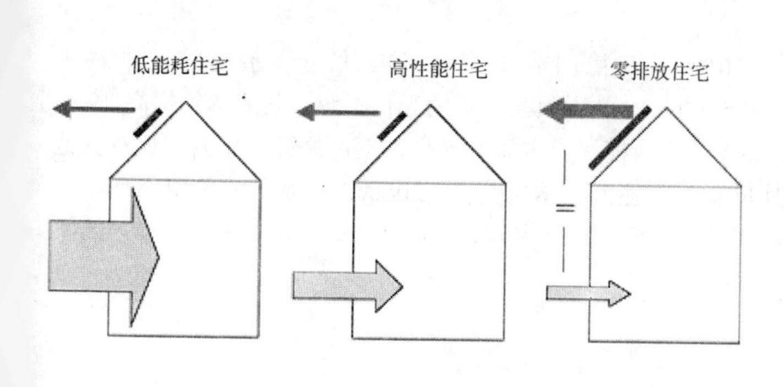

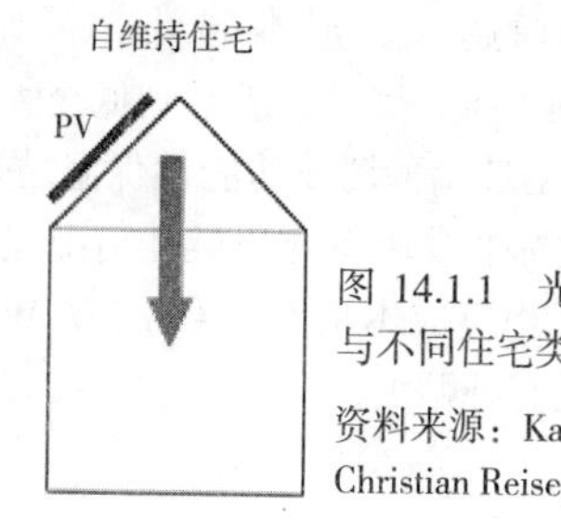

图 14.1.1　光伏能源产量与不同住宅类型的关系

资料来源：Karsten Voss and Christian Reise

14.1.2 光伏系统的性能

能源

中欧地区优化的 1kWp 光伏系统年产量可达到发电 800—900kWh。单位"kWp"表示光伏电池在标准测试条件——即温度 25℃、太阳辐射 1kW、1.5 个标准大气压的太阳光谱下的发电量。以中欧地区太阳辐射水平，设计发电量为 1kW 的光伏系统，每年可发电 950—1025kWh，相当于一次能源 2200—2400kWh。根据光伏模块效率的差异，1kWp 所需晶体硅面积为 8—10m^2；若采用非晶体硅则需要两倍面积。可透过阳光的玻璃 – 玻璃或保温玻璃光伏模块就需要更大面积，因为其中的太阳能电池之间存在空隙。

光伏系统产量主要取决于太阳辐射和模块朝向。在一定的倾角和朝向范围内，可收集到能量可以达到太阳辐射最高值的 90% 以上。然而即使建筑立面朝南，其获得的能量也不会超过最高太阳辐射的 70%。与在屋顶上安装光伏板相比，这样安装会产生更多的反射损失，且受周围建筑影响容易受到遮挡，通常其最高产出量也只能实现 60%。例外情况是安装部位长时间面对覆雪表面，这会极大提高立面的太阳辐照水平（譬如山间小屋）。

图 14.1.2 中（*a*），（*b*）和（*c*）给出了不同朝向（以 180° 为南向）和不同倾角（0° 为水平向）的表面的相对年度辐射总量。斯德哥尔摩（瑞典）、苏黎世（瑞士）和米兰（意大利）的各数据情况列在表 14.1.1 中，对于其中缺乏的中欧地区数据，可根据全球总辐射量按比例推算。图中等值线分别为最高太阳辐照量的 97.5%、95%、90%、85%、80%、75%、70%、60% 和 50%。

三座城市的年太阳辐照量数据 表 14.1.1

		斯德哥尔摩	苏黎世	米兰
纬度	° N	59.21	47.20	45.43
经度	° E	17.57	8.32	9.28
$G_{水平}$	kWh/（m^2 · a）	952	1087	1272
$G_{水平}$	kWh/（m^2 · a）	1199	1240	1437
$\alpha_{最优}$		45°	35°	35°

注：$G_{水平}$=即水平方向的总辐射
$G_{水平}$=即最优倾角的总辐射
$\alpha_{最优}$=即最高辐射倾角

经济性

系统规模越大，成本越低。譬如，2004 年间德国的小型标准模块光伏系统的成本约为€ 6500/kWp，而大型系统成本则低至大约€ 5000/kWp。屋顶瓦形式的光伏系统，其成本约提高 2%—30%。用作全玻璃幕墙或功能性保温玻璃部件的光伏模块成本显著提高，不过这种应用方式也有其他价值。大型标准模块系统的最佳情况是其折算一次能源成本约为€ 0.20/kWh。而住宅采用小型设备的案例中，相应成本值约为€ 0.25/kWh（前提：25 年生命周期；2% 的维护及保险费用；4% 的实际利率，没有补贴）。

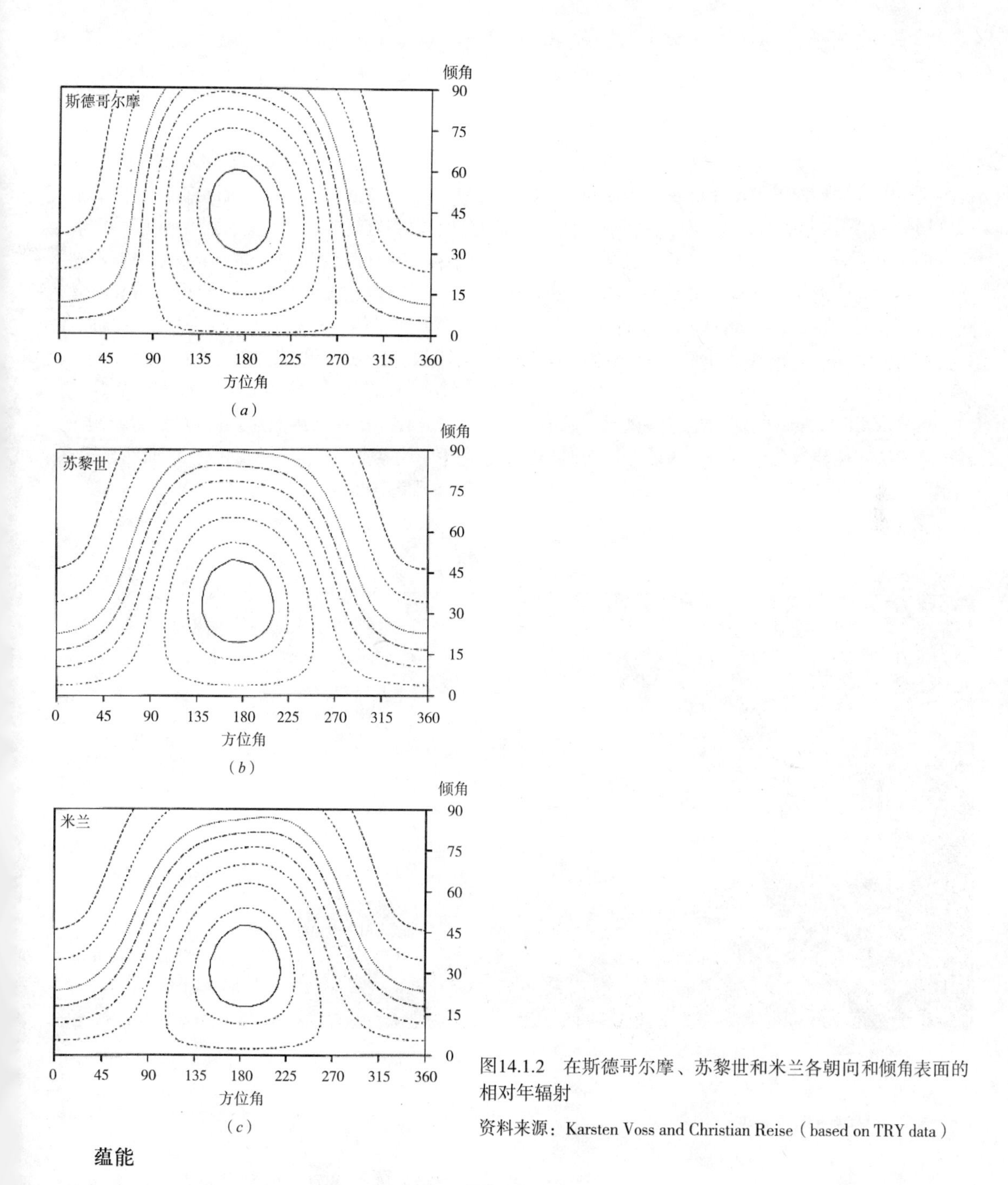

图14.1.2 在斯德哥尔摩、苏黎世和米兰各朝向和倾角表面的相对年辐射

资料来源：Karsten Voss and Christian Reise（based on TRY data）

蕴能

目前，对于晶体硅太阳能电池标准模块而言，生产这样的光伏系统所需要消耗的一次能源是8000—11000kWh/kWp。对于最佳朝向系统，这些能耗可在3—5年内偿还（Moller et al，1998）。如果采用非晶体硅，生产能耗约为5000kWh/kWp，偿还时间不超过两年。不论何种情况，应该考虑到生产部件所需蕴能会随着生产程序和设备效率的进步而有所下降。

如果考虑到全生命周期能量，就应该选择发电水平最高的光伏系统。与此相比，高性能住宅的需热量较低，于是生产这部分热量就显得十分昂贵，偿还周期也会变长。而在发电并网的情况下，光伏能源生产的增加，将缩短其偿还的周期。

14.1.3　高性能住宅中的光伏系统

住宅光伏系统规模通常为1—3kWp。假设一套占地150m² 的标准住宅的一次能耗量为33000kWh/a，自身供电可达到一次能源（含供暖、通风和生活热水供应）总需求的8%—24%。而在高性能住宅中，该比例可达到20%—60%。将光伏系统与各种节能措施相结合，很容易实现"零一次能源平衡"住宅。

图14.1.3给出了一座由德国预制住宅制造商建造的示范住宅（建筑设计：Seifert und Stöckmann，法兰克福；能源设计与监测：Fraunhofer ISE，弗赖堡）。屋顶上安装光伏系统27m²，规模为3kWp。供热由冷凝燃气炉联合8m² 太阳能集热器进行。2001—2002年间，对住宅能耗量和光伏系统的贡献进行了监测（如图14.1.4）。减去供暖、通风和生活热水技术系统的电耗之后，仍剩下19.8kWh/（m²·a）是供给到电网的。若采用一次能源计算，供暖和生活热水需要消耗天然气21kWh/（m²·a），仍有结余34kWh/（m²·a）。余下的能源足以满足所有家电的电力需求。图14.1.4给出其建筑设备和所有家电的耗电量。所有能源数据都表示一次能源。依据光伏产量和需求平衡制作能量平衡曲线，该曲线显示存在季节性能源供需不平衡，因而电网就具备了所谓跨季节性的储能功能。

图14.1.3　德国Emmendingen的"零能源平衡"住宅

资料来源：Fraunhofer ISE

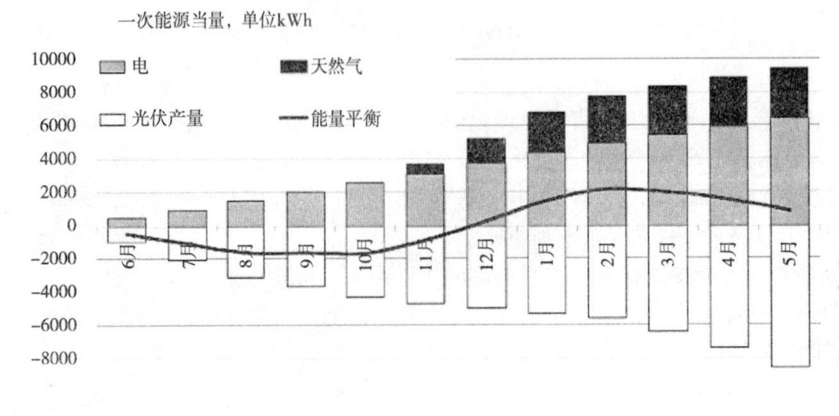

图14.1.4　在2001—2002年度，德国Emmendingen示范住宅测得的能耗数据

资料来源：Karsten Voss and Christian Reise

14.1.4 结论

若高性能住宅安装光伏系统，在实际投资成本方面，光伏系统可补偿供暖、通风和生活热水所消耗的大部分一次能源。同一系统用于普通住宅时，则不能满足其大部分能源需求。要达到经济性和生态性的目的，必须有朝向好、倾斜度适宜的高效光伏系统。并不是所有的系统都能满足这些标准的。因而，我们的任务就是在可持续发展和成本合理前提下，使建筑能够成功地整合建筑建设与能源技术。高性能住宅需要高性能光伏系统！光伏系统在高性能住宅中的应用必有良好发展前景。

参考文献

Goetzberger, A., Stahl, W., Bopp, G., Heinzel, A. and Voss, K. (1994) 'The self-sufficient solar house Freiburg', *Advances in Solar Energy*, vol 9, pp1–70
Möller, J., Heinemann, D. and Wolters, D. (1998) *Ecological Assessment of PV Technologies*, Proceedings of the Second World Conference and Exhibition on Photovoltaic Solar Energy Conversion, Vienna, pp2279–2282
Voss, K., Kiefer, K., Reise, C. and Meyer, T. (2002) 'Building energy concepts with photovoltaics – concept and examples from Germany', *Advances in Solar Energy*, vol 15, American Solar Energy Society, Boulder, US

相关网站

International Energy Agency www.iea-pvps.org

14.2 光伏－光热混合模块和聚光部件

Johan Nilsson，Bengt Perers 和 Bjorn Karlsson

14.2.1 热电联产

光伏－光热（PV/T）混合模块，原则上就是能够同时提供电能和热量的光伏模块。典型混合模块如图 14.2.1 所示，图中多晶硅电池呈薄片状放置在有铜管的普通太阳能吸收器上。如图 14.2.1，混合模块吸热体的热量通过铜管中的流水来收集。另一个方式是利用空气冷却电池，利用热空气进行通风或制备热水。聚光器可用于提高混合系统的太阳辐照量，第 14.2.4 小节将对此进行详细介绍。

图14.2.1 将晶体硅电池光伏–光热模块分开以说明设计原理

资料来源：Energy Research Centre of the Netherlands

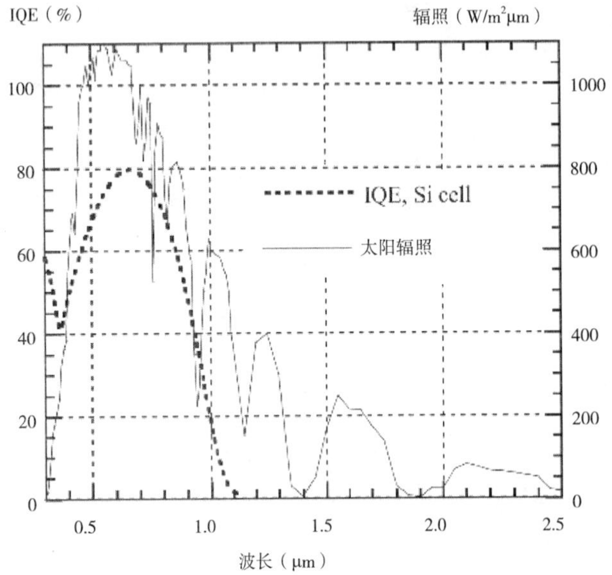

图14.2.2 太阳辐射光谱分布和太阳能硅电池的内部总功率

资料来源：Björn Karlsson

当太阳辐射到太阳能电池，电池正反面之间的电压约为 0.6V，同时加热电池和两翼。如果在铜管中加水使得两翼降温，即可同时获取电能和热量。图 14.2.2 说明了太阳能电池将太阳辐射转化为热量和电力的机制，并给出太阳能电池的光谱感光度。

光伏硅电池吸收所有波长低于带隙（1.1μm）的辐射，并且将一部分辐射转化为电子势能，进而提取电力。大部分辐射则转换为热量。电池对高于带隙的波长完全不吸收。也就是说，所有此类辐射都可以穿过电池，并被吸热体板片吸收。对于小于带隙的波长，辐射则以不同效率转换为电力。商用太阳能电池的辐射转电效率为 10%—15%，也就是说 85%—90% 的太阳辐射会转换为热量。若采用普通光伏模块，这部分热量将流失到环境中。若采用混合模块，这部分热量就能用于加热冷却介质（通常为水或空气）。

14.2.2 光伏–光热混合模块与独立系统的对比

典型太阳能电池每升高 1℃，其性能就下降 0.4%。相应地，单晶硅模块运行效率 25℃时为 14%，60℃时下降到 12%。

由于环境热损失和吸热体与环境间的温差成正比，太阳能集热器的性能随运行温度的升高而下降。这表明降低运行温度有助于生产电力和热量。最低运行温度应按照用途确定。泳池加热的最低运行温度通常为 25℃，制备生活热水为 55℃，太阳能区域供暖为 75℃。另一个导致问题复杂化的因素是，如图 14.2.1 所示，在高辐照期间的电池温度只比冷却介质高 5—10℃。

表 14.2.1 对标准平板集热器（选择性吸热体）和混合吸热体集热器进行了热性能比较。混合吸热体的热发射率高，因而 U 值也高于标准集热器。由于硅电池的吸收率低于吸热体，其光效率通常也较低。电荷载作用于光伏电池时，光效率会由于部分辐射转换为电力而进一步下降。

对于混合集热器生活热水系统，运行过程中电池温度约为65℃。假定标准光伏模块的运行温度为40℃，混合模块的全年电产量将比标准模块低10%。而作为集热器的混合吸热体则显示出较高的热放射率，并导致高热损失，从而降低效率。热输出性能下降也10%的范围。

与相邻设置的集热器和光伏板相比，等量电池和等面积集热器的混合模块所输出的电力和热量均要少10%。但是PV/T系统只需占用平行系统安装面积的一半，这就足以平衡性能方面的损失了。事实上，将两个部件整合，还能降低安装成本。混合系统还有一个重要优势——外观的一致性。相邻安装的太阳能集热器和光伏模块外观有所不同，而所有光伏－光热模块具有相同外观，具有统一的外观。

平板集热器与混合集热器的典型性能参数 表14.2.1

	光效率 η_0	热损系数 $F'U$ [W/(m²·K)]
有选择性吸热体的集热器	0.75	4.4
无电力载荷的混合集热器	0.72	6.8
有电力载荷的混合集热器	0.66	6.8

14.2.3 光伏–光热混合模块类型

水和空气是光伏－光热混合模块最常用的集热介质（Elazari，1996；Hollick，1998）。图14.2.3为这两类混合模块的草图。

如前文所述，热水可用于室内供暖、生活热水供应或泳池供热。冷水被注入图示下部的混合集热器，流经光伏模块到达顶端，然后热量收集在储热器内。图14.2.4所示为光伏－光热水介质混合模块。

对于光伏－光热空气介质系统，空气可自动流到光伏电池背面，或者通过风机强制进行。强制循环可更有效地收集热量，但风机会导致耗电增加。暖空气可在通风过程中预热进风，在这种情况下，通风机可用于空气的循环。

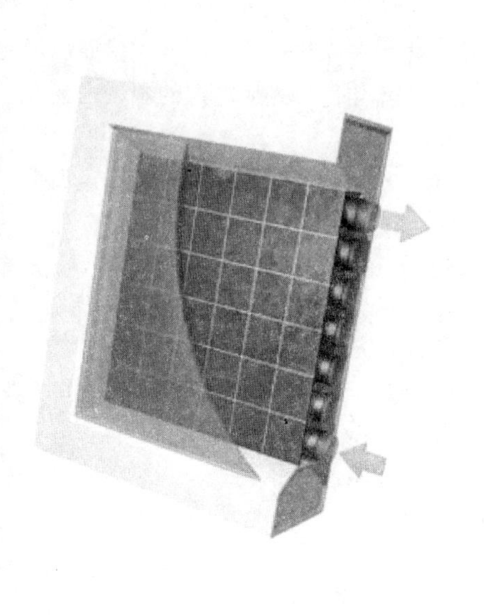

图14.2.3 水介质光伏–光热混合模块（左）和空气介质光伏–光热混合模块（右）

资料来源：Energy Research Centre of the Netherlands

图14.2.4 PV双胞胎：光伏-光热水介质模块

资料来源：Energy Research Centre of the Netherlands

空气介质光伏系统的主要问题是如何确定预热空气的需求量。环境温度较高时会获取热空气，而此时期供热负荷反而较低。如果是高水平保温的建筑（仅在少数低温情况下有采暖需求）或者是在温和气候的条件下，这种现象会更加明显。这表明，可通过利用空气对水换热器，用热空气来加热水。温和气候下，当光伏模块在白天受热时，空气会自动流通，可将此原理用于进行自然通风（Tripanagnostopoulos et al，2002）。

14.2.4 PV/T系统的聚光部件

光伏系统主要问题在于模块成本很高。如果将太阳辐照尽可能集中于光伏模块，所需光伏面积可达最小。于是也能大大缩短系统的能源回报周期。与普通太阳能集热器相比，光伏电池的利用大幅增加了混合模块的能源回报周期。

普通聚光系统追寻太阳轨迹。而追踪系统和活动部件比较复杂，在实际应用或经济方面看，追踪系统并不适宜结合在建筑中。

目前，太阳能集热器领域已开发出非追踪聚光器，其中一种名为复合抛物面聚光器（CPCs）。图14.2.5为标准型复抛物面聚光器。该系统为抛物面反射镜凹槽式系统，底部设平板吸热体用于吸收辐射。

聚光器用于光伏系统时，由于辐射强度高，电池温度会升高。解决此问题需采用光伏－光热吸热体取代普通光伏板，从而有效降低电池温度。如图14.2.5所示的CPC仅吸收一定入射角度内的光线，图中用 θ_a 表示。其中右图表明全CPC会吸收入射角度小于 θ_a 的所有光线。热力学定律表明，聚光系数（可聚集的多少光）取决于方程14.1所确定的接受范围。据此接受范围为依据，尽可能多地收集太阳辐照。

$$C=\mathrm{I}/\sin(\theta_a) \qquad [14.1]$$

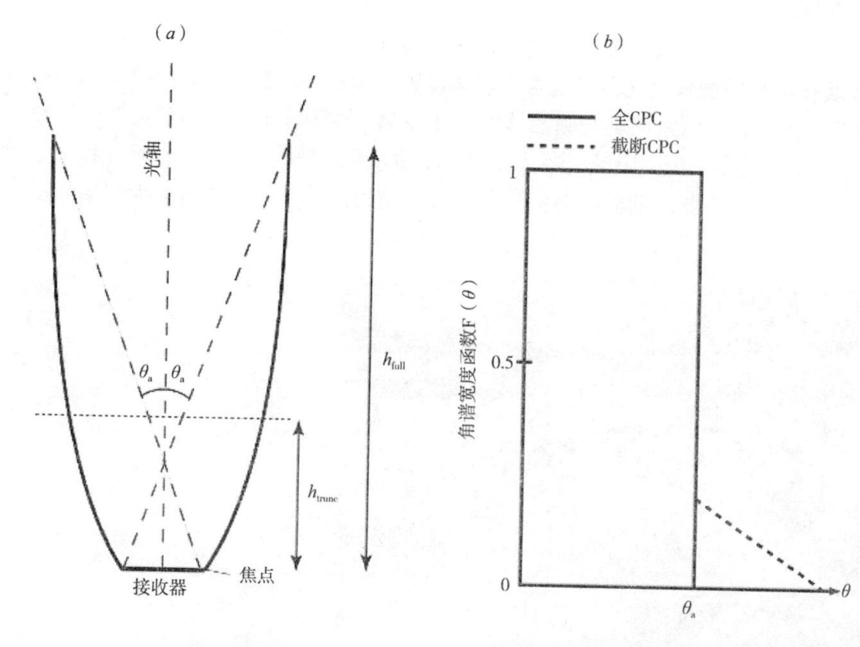

图14.2.5 复合抛物面集热器（CPC）的几何形式（左图）；全CPC和截断CPC的角谱宽度范围（右图）

资料来源：Johan Nilsson

由于反射镜呈抛物面形状，聚光率高的 CPC 会很深。如图 14.2.5 所示，截断反射镜可大幅缩小 CPC 尺寸，而不对聚光率造成太大影响。右图中给出了截断 CPC 的接收函数。左图则可看出，截取 CPC 的孔径较小，其收集的光也会有所减少。

图 14.2.6 所示的聚光器每年需沿东西轴倾斜 4—6 次，以确保太阳辐射在聚光器的接收角谱范围内。显然，此类聚光器不太适宜与建筑结合，而应当安装在地面或平整的屋顶上。若在屋顶上安装可参看 14.2.6。

图14.2.6 截断标准CPC聚光器的几何形式，聚光率C=4，角谱宽度范围q=12°

资料来源：Björn Karlsson

14.2.5 聚光部件的建筑整合设计

通过参照与图 14.2.5 所示几何形式，按照光学几何原理，可将聚光部件结合于建筑（Mallick 等，2004）。图 14.2.7 给出了安装在屋顶的槽式聚光器。混合吸热体设置在槽中心位置，可同时接受两侧反射镜的太阳辐照。该系统是固定的，且沿东西轴与吸热体安装在一起。由于两个抛物面反射镜的倾角不同，全年都不必移动槽体。该系统设计适用于冬季太阳辐射较低的寒冷气候。冬季、春季和秋季主要由后面的镜面反射光线；夏季期间主要由前面的镜面反射光线。镜面的尺寸和倾角需按太阳辐照量收集最大化原则来设计。

图14.2.7　斯德哥尔摩建筑屋顶上安装的固定非对称CPC聚光器（MaReCo），是范围为20°—65°

资料来源：Adsten et al（2005）

另一种光伏－光热混合模块为太阳能百叶窗，如图 14.2.8 所示。太阳能抛物线窗由可调节抛物面反射镜和混合吸热体组成。当反射板条如图所示呈打开模式时，光线可进入室内，而非

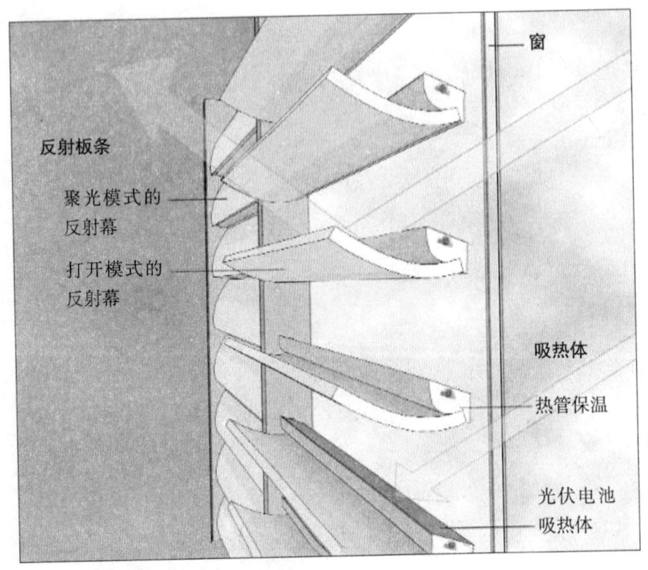

图14.2.8　太阳能百叶窗：百叶窗呈打开模式时，光线进入房间；百叶窗关闭时（反射板条顺时针倾斜），光线集中在混合式吸热体上，聚光系数为2.45

资料来源：Fieber（2005）

集中在吸热体。只有在光线直射吸热体时，才能产生热量和电力。即关闭反射板条时，所有光线都会集中在吸热体上。系统的聚光系数为2.45。

反射板条背侧采取了保温措施，以便在反射板条呈关闭模式时降低窗户 *U* 值。天气晴朗但天色不够亮时，应当关闭窗户，从而降低夜间热损失；在光线充足时，尽可能集中光线，同时发挥其遮阳功能。阴天时，该百叶窗无法聚集漫辐射，应当将其打开使更多光线进入室内。

太阳能百叶窗的反射板条尺寸非常适宜与建筑墙体结合：与其高度相比，其厚度很小。这样就能够作为墙体构件生产，从而很容易与建筑立面设计结合起来。图 14.2.9 所示为瑞典 Aneby 的一个与建筑整合的太阳能百叶窗设计（Adsten et al，2005）。

图14.2.9　与建筑立面整合的聚光式太阳能集热器

资料来源：Björn Karlsson

参考文献

Adsten, M., Helgesson, A. and Karlsson, B. (2005) 'Evaluation of CPC-collector designs for stand-alone, roof or wall installation', *Solar Energy*, vol 79, no 6, pp638–647

Elazari, A. (1996) 'Multi-purpose solar energy conversion system', *Solar Energy*, vo. 57, no 3, pIX

Fieber, A. (2005) *Building Integration of Solar Energy – A Multifunctional Approach*, Report EBD-T–05/3), Division of Energy and Building Design, Department of Construction and Architecture, Lund University, Lund, Sweden

Hollick, J. C. (1998) 'Solar cogeneration panels', *Renewable Energy*, vol 15, pp195–200

Mallick, T. K., Eames, P. C., Hyde, T. J. and Norton, B. (2004) 'The design and experimental characterization of an asymmetric compound parabolic photovoltaic concentrator for building façade integration in the UK', *Solar Energy*, vol 77, no 3, pp319–327

Tripanagnostopoulos, Y., Nousia, T., Souliotis, M. and Yianoulis, P. (2002) 'Hybrid photovoltaic/thermal solar systems', *Solar Energy*, vol 72, no 3, pp217–234

相关网站

Solarwall: ww.solarwall.com

14.3　家用电器

Johan Smeds

在过去几十年里，家用电器的耗电量持续增长。譬如，1970—1999 年间，瑞典住宅的家用电器能耗量增加了一倍，从 9.2TWh 跃升到 19.6TWh（Energimyndigheten，2000）。这说明很有必要关注家用电器能耗。本节所讨论的家用电器可划分为以下几类：洗衣机和烘干机；洗碗机；冰箱和冷柜；电子炊具（如微波炉、烤箱）；以及照明和其他设备，如收音机、电视机、电脑等。

14.3.1 家庭能耗

由于家用电器的能耗量等于甚至高于现代高水平保温住宅的采暖能耗，降低家电能耗显然是具备经济效益和环境效益的。家用电器耗能以电为主，与其他家庭能耗相比，降低家用电器能耗尤为重要。从外部输送的电力要包含电厂和电网中的能量损失。因此，即便仅降低少量能耗，也会极大影响累积的一次能源消耗量。在瑞典，对于以 1990 年标准建造的节能独栋住宅，其全年能耗约为 15000kWh，其中 5000kWh 用于供暖，4500kWh 用于家用电器，3500kWh 用于生活热水，2250kWh 用于风机和泵（Lovehed，1995）。能耗比例如图 14.3.1 所示。

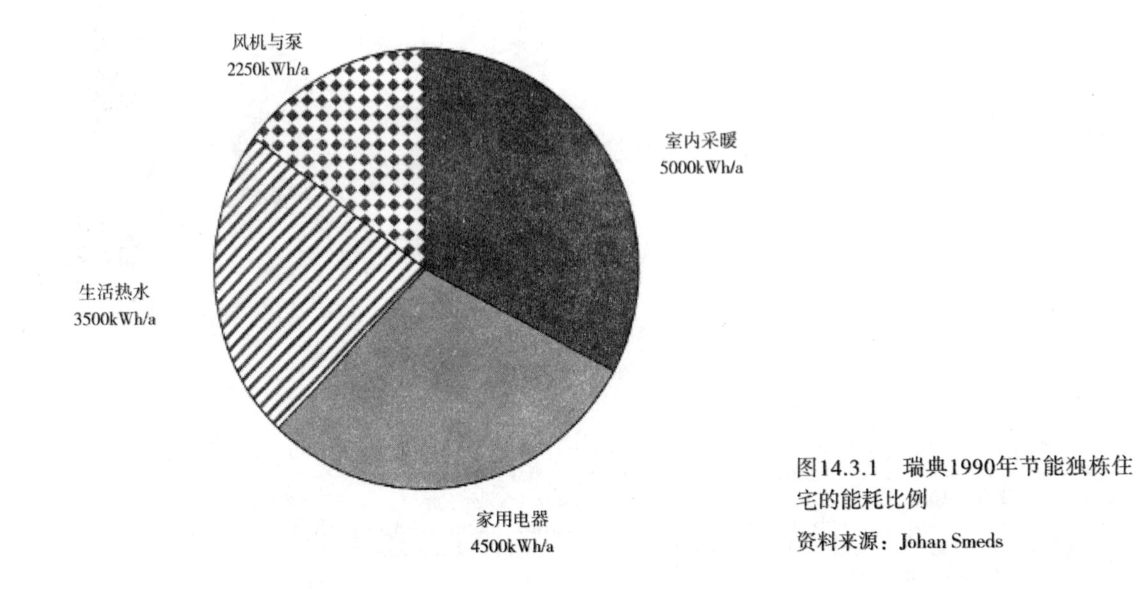

图14.3.1 瑞典1990年节能独栋住宅的能耗比例
资料来源：Johan Smeds

14.3.2 家用电器能耗的节能潜力

1987 年标准家用电器能耗总量为 4000—5000kWh。若采用 1995 年时的最佳可行技术（BAT），可减少 42% 的能耗，达到每年 2700kWh。与 1987 年平均值相比，采用 2002 年的 BAT 可使能耗减少 54%（Niedrig Energie Institut，2001）。如表 14.3.1 所示，全年能耗量可降到 2178kWh。由 BAT-1995 年和 BAT-2002 年的能耗消减量可见，新开发的节能产品成果显著。7 年内就使 BAT 应用能耗降低了 21%。表 14.3.1 给出了家庭烹饪、洗涤、干燥以及使用洗碗机、冰箱、照明设备、收音机和电视机等电器的平均能耗。住宅 BAT 的 Mure 报告则显示了类似的节能效果。冰箱和冷柜电耗已经大幅减少外，但还存在进一步降低电耗的可能。模拟实验表明，采用现代真空保温技术可使德国冰箱的平均能耗减少 93%，从 370kWh/a 下降至 27.6kWh/a（Feist，2001）。根据 Feist（2001），若采用当前最新科技，未来的冰箱 / 冷冻柜的能耗量可降低至 100kWh/a。与此相比，2002 年市场上能耗最低的冰箱 / 冷柜则为 230kWh/a。

家用电器的全年能耗 表 14.3.1

家用电器	1987年标准（kWh/a）	1995年BAT（kWh/a）	2002年BAT（kWh/a）
烹饪	1030	568	568
洗涤+烘干	750	621	308
洗碗机	370	250	198
冰箱+冷柜	1450	457	230
照明+其他	1180	874	874
总计	4780	2770	2178

14.3.3 环境影响

为计算环境影响，设电力为欧洲混合电力（EU-17）。在这种情况下，不可再生一次能源系数为 2.35，1kWh 电力将产生 CO_2 当量排放 0.43kg（GEMIS，2004）。对于 1987 年标准的设备，年耗能 4780kWh 将产生 CO_2 当量排放 2055kg，消耗一次能源 11233kWh。对于 2002 年的 BAT 设备，全年能耗为 2178kWh，产生 CO_2 当量排放为 937kg，而一次能源消耗量则降低至 5118kWh。

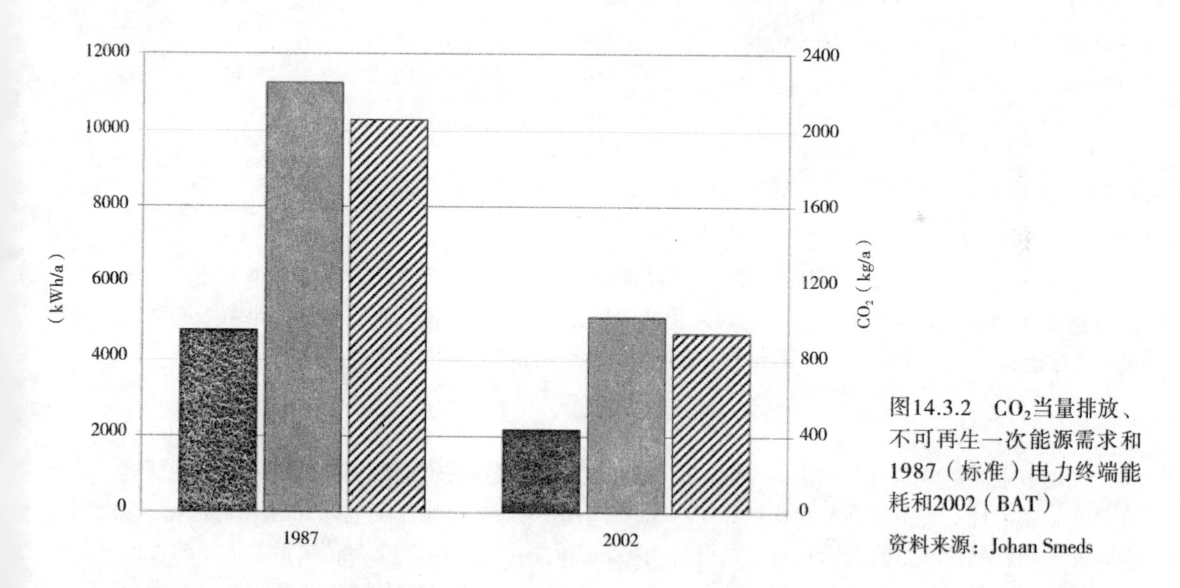

图14.3.2 CO_2当量排放、不可再生一次能源需求和1987（标准）电力终端能耗和2002（BAT）

资料来源：Johan Smeds

14.3.4 内部负荷与室内采暖需求

对于有高水平保温围护结构和高效排风换热器的住宅，为了避免出现过热问题，一定要舍得在 BAT 方面投入资金，多应用节能设备。不过这一点对洗碗机、洗衣机来说并不明显，因为这些设备产生的余热会随废水排出室外。对于干燥机、冰箱、冷柜和照明设备来说，这却非常重要，因其全部能耗都会成为室内环境的得热来源。为降低家庭总能耗并避免过热问题，高性能住宅各家用电器的能耗量应控制在非常低的水平。即使在寒冷气候区域，新型高性能建筑的采暖季只有冬天为数不多的几个月。而在其他时候，电器的内部负荷，或将有助于保持舒适的室内温度，或将导致过热问题。

研究中应用了 DEROB-LTH 程序（KVIST，2005）进行了动态建筑模拟，模拟对象是一套符合被动房标准的独栋家庭住宅（位于斯德哥尔摩）。结果表明，采用标准电器每年可使室内采暖需求减少 257kWh，而电器耗电量则比节能家电高 1893kWh。这意味着，标准电器所高出的能耗中仅有 13% 有效地降低了建筑的采暖需求。该模拟中，独栋家庭住宅的建造符合本书上册第 8 章的 8.2 小节中高性能独栋家庭住宅示范方案 1a 的情况。表 14.3.2 所示为假设的四口之家（2 个成人和 2 个儿童）的家用电器耗电量。

标准家电和节能家电的耗电量　　表 14.3.2

设备	标准家电	节能家电
冰箱	350	128
冷柜	550	299
烤箱、微波炉、咖啡机	212	212
烤箱	356	356
洗碗机	430	218
洗衣机	420	188
烘干机	640	214
照明	850	300
其他	574	574
总计	**4382**	**2489**

14.3.5 讨论

假设采用 BAT（最佳可行技术）可使能耗量减少 50%，瑞典家用电器的全年能耗量将从 19.6TWh 减少到 9.8TWh。假设家用电器的平均寿命及其使用方式与今天相同，那么今后如果每个必须新购买家电的人都能选择最节能的产品，那么上述能耗消减值就可以在未来 15 年内实现。

降低峰值负荷

使用节能家用电器对电网也有好处，因为这样就可以按照较低的峰值负荷来确定电网规模。峰值通常在冬季出现，集中在早上和傍晚，住户在家中使用电器的时候。家电设备的功率越小，对电网总负荷的影响就越少。目前尚未有对家电设备功率做出的限制。制定相关规范可能有助于避免必须以化石燃料为辅助能源时出现极端峰值。展望未来，也许会出现这样的解决方案，电力公司可通过遥控设备确定何时让生活用水加热或何时让衣物烘干，以便其均衡电力负荷。如此一来，电力公司就能够优化其发电系统。这还可能在电力公司和消费者之间建立一种新的合作关系，若消费者允许电力公司实施远程控制，消费者就可享受更优惠的电价。德国已经有了类似的系统，不过目前还只是针对住宅中的电采暖方面。

替代能源

家用电器使用替代能源有助于降低电网负荷。在某些情况下，这样还有助于减少 CO_2 排放和一次能源用量。譬如欧洲的白色家电市场上，洗衣机有两个接水管分别连接家用热水和冷水（Spargerate website，2005）。此时如果是应用非电力的可再生能源供应生活热水，环境效益将有所提升。加热生活热水可采用太阳能集热器、生物质能源或环保的区域供暖。市场上一些设备也可使用天然气，有气源时可作为电力的替代能源。天然气的使用也有助于降低电网负荷，但由于北欧发电过程较少使用矿物燃料，其环境效益较为有限。

若大幅降低家庭设备的总功率，则应用独立的太阳光伏系统也可部分满足这些电力需求。家电耗能负荷极低的情况下，就能使光伏系统的备用电池不仅可用于满足夜间的需求，还能满足冬季漫长黑暗时期的用电需求。今天已经有许多直流电（DC）设备，这就不必将太阳能电力转化为交流电（AC），就不会产生转换损失。目前，公寓或独栋住宅用的风机可用直流电（Ziehl-ebm website，2005），市场上也有一些可用直流电的照明设备、冰箱和冷柜等。

投资成本与回报周期

目前的问题在于，节能家电的投资何时能达到合理水平。从消费者角度来看，如果需要将旧家电更新，那么节能家电和标准家电的价格接近时才会被认为是合理的。不幸的是，当前的市场上BAT在价格上还缺乏优势。由于开发此类产品的投资成本较高，生产商制定的产品价格也高于普通设备。节能家电价格的增量与其降低能耗所节约的成本相对应。但即便是市场上最节能的家电，其投资回报期也会非常漫长。节能滚筒衣物烘干机的价格是普通产品的3倍（普通滚筒烘干机价格为€540），除非是狂热的环保主义者，估计没有消费者会愿以如此高的价格购买一个烘干机。依据瑞典消费调查网站(www.konsumentverket.se)提供的数据，普通烘干机进行一次烘干衣物的耗电为3.53kWh，而节能最好的滚筒烘干机耗电仅为1.75kWh。如果每周使用3次烘干机，含税电力价格按€0.11/kWh计算，每年将节省（3.53−1.75）×3×52×0.11=30.50，投资回报期为1080/30.50/a=35年（1080为普通滚筒烘干机和最节能滚筒烘干机的价格差）。由于其投资回报期远远超过其预期寿命，这种节能滚筒烘干机的投资效益非常差。不过必须强调的是，尽管存在这样的反面案例，目前还是有许多价格合理的节能设备的。即使是普通收入或低收入水平家庭，也可以选择这些低价位产品并实现节能。耐用家电的价格不仅取决于其能源性能，还取决于产品质量和品牌知名度等因素。瑞典国内市场的零售商竞争不大，仅有几家白色家电生产商主导家电市场。大多数情况下，瑞典市场上出售的此类产品，包括许多采用天然气的设备，或有两个接水管的洗衣机等，都可以在相邻的欧盟国家以更低的价格找到。由于存在增值税差异，对于个体消费者而言，从欧盟其他国家进口家电是个不错的选择。

投资责任

当前的一个问题，特别是在瑞典的房地产市场，是开发商主要提供的新房产品，都是已含所有白色家电的“交钥匙工程”。开发商通过购买最便宜的家电产品来提高利润边际效益。而另一方面，购房者感兴趣的却应该是能耗最低的产品，因为这将影响他们未来十年甚至更长时间的能源费用。因而在购买新居时，应当由购房者——而非开发商——来决定安装哪些家电。在其他欧洲国家，譬如德国，由于住宅出售时不包含任何家电，因而通常是由购房者来负责配置家电的。而在瑞典，租赁公寓也往往会发生矛盾。业主出租房屋时通常家电齐全，并且从利益出发只购买最廉价的设备。而租客则不得不支付所有电费，却无法对家电的能耗情况做出调整。

14.3.6 结论

从宏观尺度看，采用节能家用电器，并降低住宅所安装设备的总功率，将对我们的能源系统发挥积极的作用。这一转变可让我们将多生产的能源用于其他方面，或者干脆关闭那些对环境有害的能源设施。此外，节能家电也有助于保持高水平保温住宅的室内环境舒适度，并能避免出现过热问题。

参考文献

Eichhammer, W. (2000) *Mure Case Study: Best Available Technologies in Housing*, Fraunhofer Institute for Systems and Innovation Research (FhG-ISI), Karlsruhe, Germany

Energimyndigheten (2000) *Energiläget 2000*, Report ET 35: 2000, Statens Energimyndighet, Sweden

Energy + Lists (2002) *Energy + Lists*, database, accessed 28 February, www.energy-plus.org

Eriksson, J. and Wahlström, Å (2001) *Reglerstrategier och beteendets inverkan på energianvändningen i flerbostadshus*, Projektrapport, EFFEKTIV, Sveriges Provnings och Forskningsinstitut, Sweden

Feist, W. (1997) *Stromsparen im Passivhaus*, Passivhaus Institut, Darmstadt, Germany

Feist, W. (1998a) *Sparsames Wäschetrocknen*, Passivhaus Institut, Darmstadt, Germany

Feist, W. (1998b) *Elektrische Geräte für Passivhäuser und Projektierung des Stromverbrauchs*, Passivhaus Institut, Darmstadt, Germany

Feist, W. (2001) *Energieeffizienz*, Passivhaus Institut, Darmstadt, Germany, www.passiv.de

Fung, A. S., Aulenback, A., Ferguson, A. and Ugursal, V. I. (2003) 'Standby power requirements of household appliances in Canada', *Energy and Buildings*, vol 35, pp217–228

GEMIS (2004) *Global Emission Model for Integrated Systems*, Öko-Institut, Germany, www.oeko.de/service/gemis/

Kvist, H. (2005) *DEROB-LTH for MS Windows, User Manual Version 1.0 –20050813*, Energy and Building Design, Lund University, Lund, Sweden

Lövehed, L. (1995) *Villa ´95*, Report TABK–95/3029, Institutionen för byggnadskonstruktionslära, LTH, Lund, Sweden

Lövehed, L. (1999) *Hus utan värmesystem – Delrapport effektiv hushållsutrustning*, Internal report, Department of Building Science, Lund Institute of Technology, Lund University, Lund, Sweden

Meier, A. (1995) 'Refrigerator energy use in the laboratory and in the field', *Energy and Buildings*, vol 22, pp233–243

Niedrig Energie Institut (2001) *Besonders sparsame Haushaltsgeräte 2001*, Niedrig Energie Institut, Detmold, Germany

Persson, A. (2002) *Energianvändning i bebyggelsen en faktarapport inom IVA-projektet energiframsyn Sverige i Europa*, Kungliga ingenjörsvetenskapsakademien, Statens Energimyndighet, Sweden, www.stem.se

Waide, P., Lebot, B. and Hinnels, M. (1997) 'Appliance energy standards in Europe', *Energy and Buildings*, vol 26, pp45–67

相关网站

Konsumentverket: www.konsumentverket.se
Spargeräte: www.spargeraete.de
Ziehl-ebm: www.ziehl-ebm.se

15. 建筑信息系统

Johan Reiss

15.1 简介

信息技术对日常生活的影响日益显著。如今，在住宅中采用信息技术可以实现对许多功能的控制。需要控制的功能越多，建筑设备的调控就越复杂。常规情况下，要让多个系统并行运作。而各系统需分别单独设置通信线路和网络连接。这对于惯常于围绕配电及开关电闸设置的普通电子设备而言，要同时控制这么多的功能，就会遇到技术和经济成本的限制。

然而，建筑自动化早已成为商业建筑领域的标准，但在住宅领域却只有少数项目应用此类技术。多数情况下，家庭自动化系统是设置在“未来住宅”示范项目或高端住宅之中。这类技术在多层公寓楼的应用还尚未实现突破（Brillinger et al，2001），但它仍然有着巨大的市场潜力。商业住宅和私人住宅用户可以体验到家庭自动化系统舒适、灵活、安全可靠的优点，并且操作便捷，还能降低能源成本。

15.2 总线系统和传输系统

建筑调控系统或家庭自动化系统是通过可编程序微处理机对建筑设备整体进行计量、调控和管理。绝大多数情况下，总线系统是用于实现这些目标的。技术术语“总线”，源自计算机工程，即各外围设备连接到一台计算机——换句话说，就是实现网络化。目前，通信总线系统已用于汽车工程、工业自动化和建筑自动化。

数据可通过串联或并联方式传输：

- 并联总线由多条并联安装的线路组成。每条线路都有其指定的功能。并联总线设置在数据处理器（如个人电脑）内，这是因为传输路径短，并且传输速度要求高。
- 远距离数据传输采用串联总线系统。与并联总线系统相比，串联总线系统更加可靠，并且只需两条数据线传输数据，可以节省建设材料。建筑内部数据传输，需采用串联总线系统。

在建筑领域中，常用到几种不同的总线系统，本章将介绍其中几种（Harke，2004）。

15.2.1 欧洲安装总线（EIB）

与总线系统连接的设备必须能够彼此通信，因此必须制定统一标准；否则，安装不同厂家的产品必然会出现问题。为解决此类问题，1990 年在布鲁塞尔成立了欧洲安装总线协会（EIBA），协会成员为安装业的 80 家公司。协会成员达成共同目标，即推广一套开放型分散式总线系统，该系统按照电力设备的需求制定，从而适用于各类功能的建筑包括住宅。此后，欧洲安装总线（EIB）系统得到发展，早在 1993 年就已面对市场销售了。

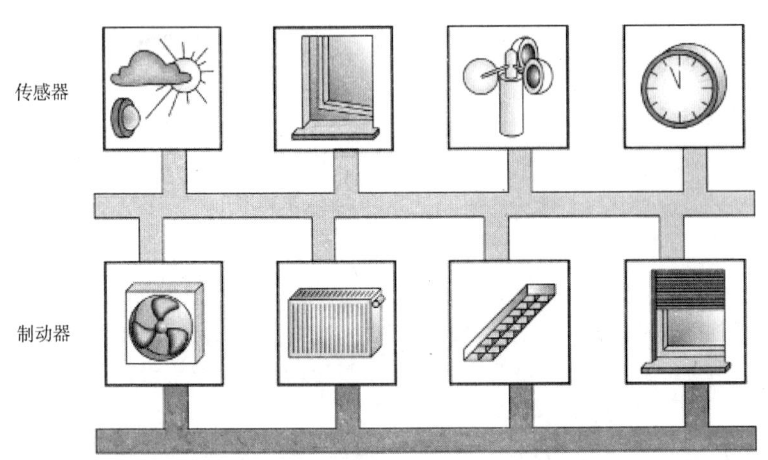

图15.2.1　不同建筑控制功能与欧洲安装总线系统（EIB）的互联

资料来源：J. Reiss，Fraunhofer Institut für Bauphysik，Stuttgart

欧洲安装总线中，传感器发出指令（例如控制键、温度传感器等），制动器完成指令（发动机、调节阀等），控制器作为针对逻辑功能的可编程序元件（如图 15.2.1）。传感器、制动器和控制器合称为总线设备。所有与 EIB 总线相连的设备（传感器 / 制动器）需符合相同构建原理：各构成设备均包括总线耦合单元（BCU），其中包括应用接口（AST），应用模块（AM）和应用软件（AS）。图 15.2.2 给出 EIB 构成设备的通用配置。

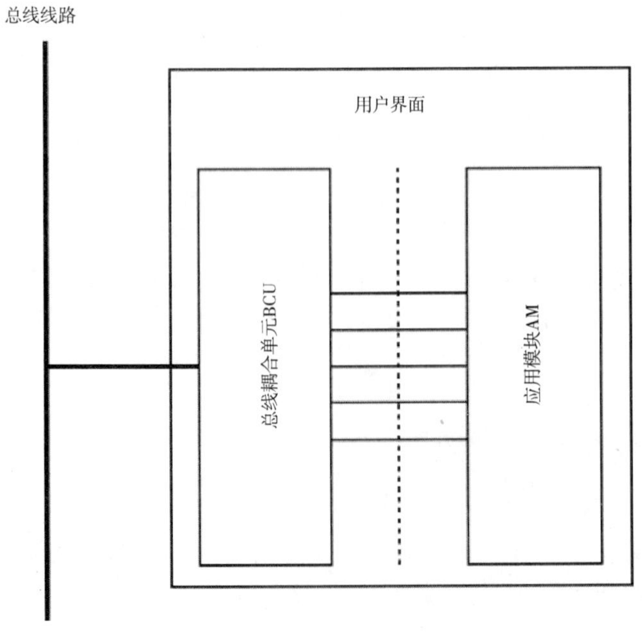

图15.2.2　EIB设备的通用配置

资料来源：J. Reiss，Fraunhofer Institut für Bauphysik，Stuttgart

总线耦合单元接收总线上的电信号，将其传递给应用模块（如制动器）。构成EIB系统的每个设备（传感器/制动器）都有名称，这里称为物理地址。在整个EIB系统中，物理地址是唯一的，并且按照安装位置，以区域/线路/设备进行定义。

EIB系统的特点是构成设备分层排列。这种拓扑结构便于对小型和大型系统进行检查，构成设备及其相互关系一目了然。最小单元是EIB线段（如图15.2.3）。EIB线段需设置一个EIB电压源，最多可接驳64个设备。一条EIB线路最多可包含4条线段，每个线段最多64个设备（如图15.2.4）。

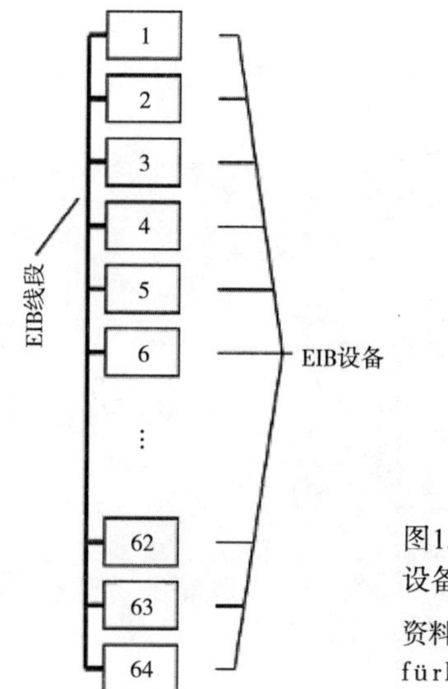

图15.2.3　与一个线段相连的EIB设备

资料来源：J. Reiss，Fraunhofer Institut für Bauphysik，Stuttgart

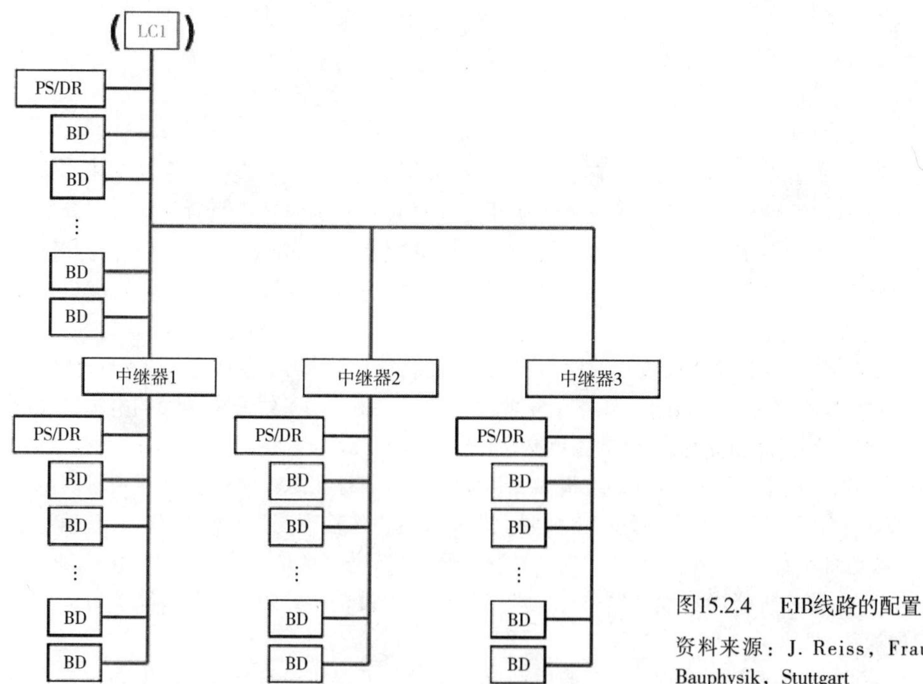

图15.2.4　EIB线路的配置

资料来源：J. Reiss，Fraunhofer Institut für Bauphysik，Stuttgart

各个单独的线段通过中继器或线路放大器相连接。该中继器将线段电流分离，但同时也传送EIB信号。因而，一个完整的EIB线路最多包括256个EIB设备。如果所需设备超过256个，该线路可以通过线耦合器（LC）连接到主线。主线则将各EIB线路连接在一起（见图15.2.5）。此外，可以采用各种区域耦合器（AC）将15条线路结合到一个区域内。区域线路最多可将15个区域耦合器连接在一起（见图15.2.6）。

所有参与设备均按照指定的规则——即总线协议，来交换信息。EIB的拓扑结构包括线路、主线路和区域线路。最小的EIB布局由一个电压源、一个传感器和一个制动器组成。

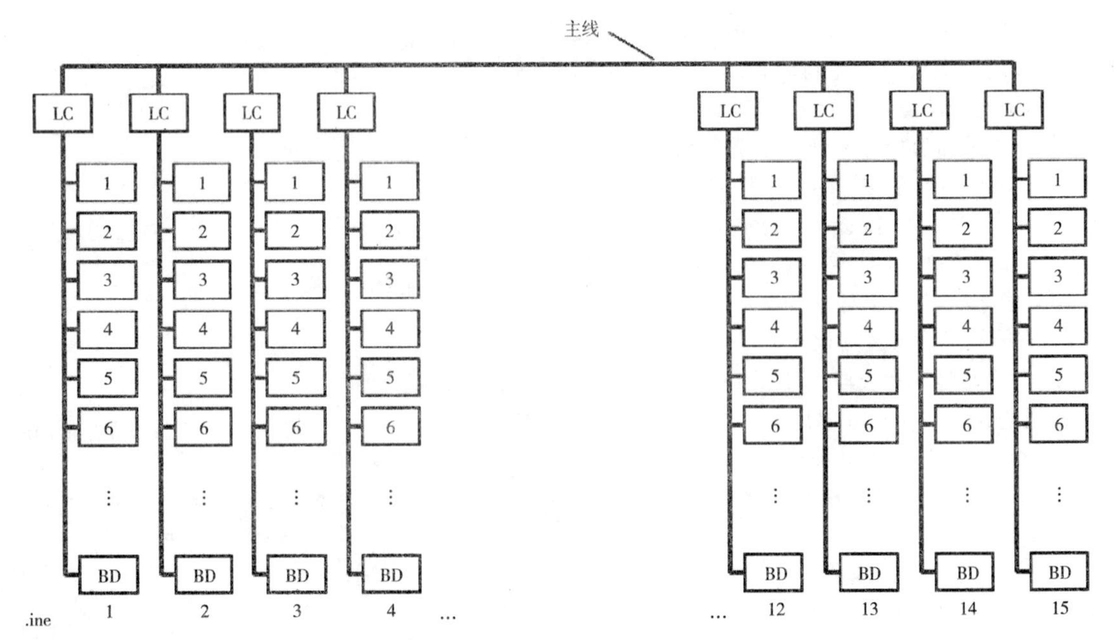

图15.2.5 主线的配置

资料来源：J. Reiss，Fraunhofer Institut für Bauphysik，Stuttgart

每条线段都包含一个独立的 EIB 电压源系统（SV），从而确保某一条线段停电时其余线路能够维持运行。线路耦合器还具有过滤功能。该功能可用来传递几条线路共有的电信号。而与此同时，其他线路或区域发出的任何不针对同一线路设备的信息会被阻止。区域耦合器也如此。因线路耦合器和区域耦合器的分层结构和过滤功能，数据流量可被减少。这样就能大大简化系统操作，并且可以减少诊断和维护。

按照标准设计，EIB 配线需采用“双绞线”作为双线总线，也可采用四线总线电缆（两条作为后备线路），可用电缆规格为 YCYM2 × 2 × 0.8 和 J-Y（St）Y2 × 2 × 0.8。一条线段中铺设的电缆总长度不得超过 1000m。两个总线设备之间的最大电缆长度必须小于 700m。

标准化 EIB 电压源以自由电位形式运行，可提供直流电 29V。信息在总线电缆中因两条总线电缆之间存在电压差而得到传递，作为。数据编码严格按照二进制进行，传输速度为 9600bit/s。EIB 信号包括控制字段（8 位），源地址（16 位），目标地址（17 位），另一个控制字段（7 位），可用数据（8—128 位）和数据保护字段（8 位）。源地址指向物理地址——也就是信号发出设备所处的范围和线路。目标地址则表示将接收信息的通信对象。

在 EIB 系统中，线路可铺设为直线型、星型或树型。总线设备可以在线路适配器内串联安装，即可隐藏安装也可于表面嵌装。

为了进行编程，EIB 工具软件（ETS）为所有 EIB 产品提供了标准化工具。ETS 可以处理以下程序：指定物理地址和分组地址，下载应用程序至 EIB 设备，加入标志并指定设备参数。此外，EIB 工具软件有各种诊断功能（EIBA，1998 年）。EIB 软件由在布鲁塞尔的欧洲安装总线协会（EIBA）统一提出并发布。

15.2.2 局域操作网（LON）总线

LON 即局域操作网，是分布式自动化系统中普遍采用的通用性工具。该技术常用于几个方面，包

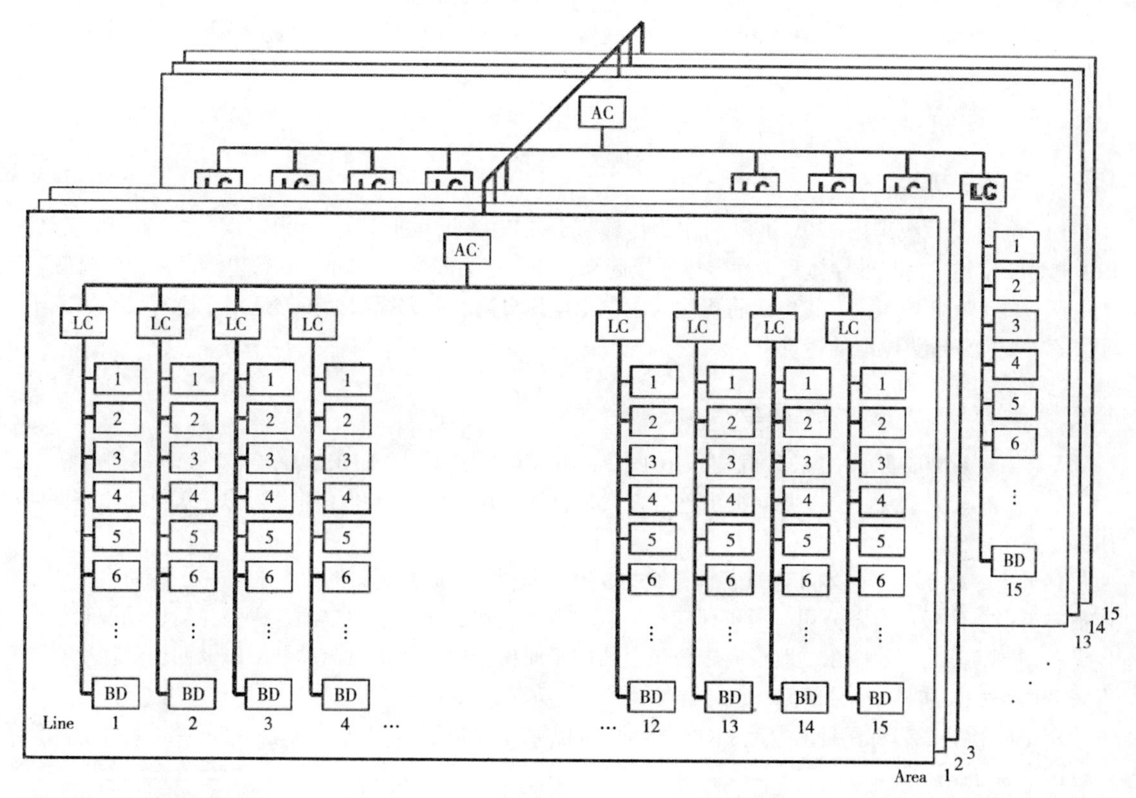

图15.2.6 区域线路配置

资料来源：J. Reiss，Fraunhofer Institut für Bauphysik，Stuttgart

括过程自动化、机械控制系统、飞机、船舶或无线电通讯。另一重要应用领域是建筑自动化系统（尤其是功能性建筑）。LON 技术以 LONWorks 技术为基础。由摩托罗拉公司和东芝公司授权生产的神经元芯片是该项技术的“核心”。该可编程处理器有助于实现智能数据处理，配有高效通信接口从而与其他设备实现数据交换。LON 组件包括控制器、传感器、制动器和系统部件，各组件通过双线线路进行通信。信息分配到独立组件（结点），从而形成分布式结构。这使该系统更能在相当程度上抵抗干扰和故障。如果某个组件出现故障，则除了该故障部件外，其余系统可以不受影响继续运行（Harke，2004）。

LON 总线主要用于中型和大型工业建筑中。在住宅和小规模功能性建筑中，EIB 总线更为普遍。

15.2.3 无线总线系统

通常，有线总线系统主要用于新建筑中，而无线系统更适合修复或翻新改造工程。采用无线总线系统时无须铺设多个互相分离的总线线路。传感器、制动器等部件可依靠电池运行，因此无须布线。除了 EIB 无线总线系统和 Vaitronik 系统（Harke，2004 年），不同厂家还可以提供其他无线总线系统。所有系统使用的频率范围均是 868—870MHz。

EIB 无线系统与 EIB 有线总线系统相一致，因而其设计与操作与前述系统无异。EIB 总线可以只由无线网络构成，也可以包括无线系统和电缆系统。自由场传输距离为 300m。建筑内部的传输取决于既定结构条件。而总线系统可通过中继器得到拓展，故实际上建筑的规模并不会成为限制条件。

供暖调控是 Vaitronik 系统的主要功能方面，同时还可调节天窗、百叶窗、采光等。

15.2.4 EIB电力线

EIB 电力线系统采用 230V 供电网作为传输媒介（EIBA，1998 年），无须铺设独立的总线线路。EIB 电力线设备只需与外导体和中性导体连接起来。随着电力线数据传输，50Hz 电源频率以较高频与低电压叠加。在接收点上，该电压将再次与主电源电压分离。电力线数据传输适用于既有设施，或不能或不需要额外铺设电缆的建筑中。

15.2.5 现有总线系统的发展趋势

早在 1996 年，欧洲的三家机构：BCI（Batibus 国际协会）、EIBA（欧洲安装总线协会）和 EHSA（欧洲家庭系统协会）共同提出整合方案，目的是在商业建筑和住宅市场的建筑自动化方面应用提出通用标准。

1999 年，欧洲电子技术和建筑管理领域的 9 家大公司签署成立了新的协会 Konnex。该协会的创始成员有博世电信股份有限公司、西班牙三角洲金块电子公司、法国电力集团、伊莱克斯、德国哈格专用设备制造有限公司、摩尔腾股份有限公司、西门子股份公司自动化与驱动分部以及西门子楼宇科技有限公司 Landis 和 Staefa 分部。

Konnex 协会的目标是针对家庭和建筑自动化问题，总结欧洲当前三项总线标准的相关经验，制定一套统一的专业标准。

2000 年 5 月 15 日，Konnex 协会的名字和标志最终在布鲁塞尔得到确定，新的建筑自动化标准正式颁布。

Konnex 协会作为一个领导机构，管理着一个由制造商、服务供应商（电信公司）和其他合作伙伴组成的团体。Batibus 国际协会、欧洲安装总线协会和欧洲家庭系统协会所辖成员，加入其中组成了一个新的组织。

欧洲家庭系统协会（EHSA）

欧洲家庭系统协会是基于欧洲家庭系统（EHS）规范 EHS1.3 建立起来的，包括了传递数据、能源和信息的各类媒介。目前使用最广泛的系统是基于 230V 网络的电力线载波（PLC），数据传输速度为 2.4kbps（自由拓扑），采用 TP（双绞线），直流 15V 时数据传输速度为 48kbps（CSMA/CA 协议，自由拓扑）。

电子设备（灰色电器，如电视机、录像机、DVD 播放机及多媒体设备等）和家用电器（即白色电器，如电炉、洗衣机等）将配备此项技术，配置将采用即插即用形式。

Batibus Club International（BCI）

1989 年，BCI 正式成立并注册商标。今天，BCI 合作伙伴大约已达到 100 个，专业涉及领域包括能源管理；安防；门禁；供暖技术；百货公司管理；照明；信息通信技术；监视 / 监控软件以及系统工程。BCI 已在全球执行 10000 多个项目，成功安装超过 150 万个 Batibus 连接，BCI 在建筑系统工程领域获得了广泛经验。基于此，BCI 能够为双绞线网络开发出具成本效益的通信方式。

按照整合框架，展开了 7 个标准化阶段：

1. 传输媒介的选择；
2. CENELEC（欧洲电工标准化委员会，www.cenelec.org）制定的安装准则；
3. 全体成员支持的通信协议；
4. 应用程序连接模块；
5. 明确针对电工、安装员、装配工和水管工的三种配置规范；
6. 不同厂家产品的兼容性；
7. 认证产品数据库。

通过该办法，来自不同总线系统的最佳特点综合到共同的总线系统上：

- 共同的核心；
- 多种支持形式（双绞线、电力线、高频电缆、红外线）；
- 三种配置类型；
- 多学科系统。

15.3 EIB 在住宅领域的领先优势

除了以上总线系统，市场上还有一些厂商指定生产的总线系统。而 EIB 已占据住宅领域大部分市场份额。与其他解决方案相比，EIB 有几大优势：

- EIB 系统是标准化通信平台。
- 目前约有 5000 种 EIB 产品，由欧洲 100 多家厂商生产制造。
- 所有 EIB 产品都符合欧洲现行安全与建造规范，并符合欧洲通信协议。
- EIB 系统的不同厂商所提供的家电都具有基本标准功能，例如：配电整流、调节亮度、发动机 / 制动器启动和控制以及传输数值。
- 设备基本功能相同且能够互换。
- 在欧洲有六所公众认可的实验室，获授权检测产品的一致性。通过检测的产品将获得统一认证，获得认证的厂商可以在产品上加印 EIB 商标。
- 由此，产品和系统能够兼容协作，符合零售商和施工人员的需求与能力。
- 欧洲获得认证或已注册的 EIB 培训中心达到 50 多家，为 EIB 用户提供标准化培训，且符合零售商需求。
- 标准化 EIB 工具软件（ETS）应用于项目设计和 EIB 运行。其中整合了诊断、故障检测以及项目管理的模块。
- EIB 是一个开放系统；由零售商和施工人员代表了解、接受和安装。
- 正确配备了建筑自动化系统的建筑将为用户呈现“整合技术系统”；是在计划编制、授权、运行和功能范围等方面的“均衡系统”。

15.4 安装总线在住宅领域的应用

总线技术源自计算机领域，首先用于工业应用工程。在建筑技术领域，安装总线技术最初是用在工业设备上，在住宅领域的应用则是在若干年前出现增长的。下面的章节将介绍一些基本案例，是采用常规电子设备可部分运转的情况，而总线系统的应用将提高其运行效果；在个别案例中，总线系统是解决某些问题的关键。

15.4.1 照明

与普通方案相比，总线技术对于公寓或住宅的照明控制有多种功能，并且配线和设备成本较低。总线技术的功能包括：

- 定时自动开关（控制时钟可安装在总线线路的任意位置）；
- 亮度控制（和总线光感器一样可安装在任意位置）；
- 用户照明控制；
- 开关/按键和照明产品的位置可自由设计，且方便日后调整；
- 从整个照明系统的中心进行控制和监控，其位置可以适当调整。
- 以各类人工照明模拟居住状态，提高安全性；
- 通过编程调整按键和照明产品的设置，而无需重新布线；
- 亮度可控，可根据用户需求调整，节省电能。

不应只关注照明而忽视使用安装总线技术的其他区域。与常规电子安装系统相比，只有与其他部分联系起来，总线系统的主要优势才能体现出来（例如，通过多功能传感器）。

15.4.2 调控天窗、百叶和墙窗

电动操控的天窗、百叶和墙窗的数目正在稳步增长。结合安装总线，电控天窗和百叶可具备许多与照明控制相似的自动功能。

- 定时开关；
- 亮度控制（例如，根据阳光情况进行调整）；
- 天窗和百叶可由同一中心节点进行调节或监控；
- 模拟居住状态；
- 安全功能，例如在大风警报时关闭天窗或下雨时关闭窗户。

除照明相关功能外，进一步的优点还包括了安全性能的提升。另一方面，由于现代窗户的保温水平很高，所以尽管冬季夜间可时常关闭百叶，但其节能效果不十分显著。

15.4.3 供暖

总线系统可帮助优化供暖系统调控，有助于节约供热能源。

- 通过应用 EIB 自动调温器，并连接分房间独立控制的阀动器，可以实现对各房间所需温度的独立调节。室温控制器可通过总线方式控制所有房间内的制动器。
- 另外，与 EIB 兼容的中央供暖调控有助于节省更多能源。中央供暖炉控制器将控制所有与 EIB 系统相连的阀动器。如果关闭所有阀门，循环泵就可被关闭，介质温度下降。于是，实际需要的热能将会（通过调整介质温度）精确地供给公寓。
- 不定常供暖调控（如夜间或周末供暖降低）可按照不同房间需求分别编程。

- 租赁住宅更需要远程读取能耗数据。入户读表无须再进行，也不再需要与租客见面约谈，获取能耗费用清单的过程也会更经济。

15.4.4 通风

由于围护结构保温水平的提高，传热损失越来越少，通风热损失变得更为重要。通过应用总线技术可以在这方面实现节能：

- 当某个窗户打开时，如果散热器调节阀能够自动（通过各类闭窗器）降至防冰温度，则通风热损失可降至最少。闭窗器还能起保护作用——如防盗（传感器多档设置应用）。
- 如果已安装能量回收平衡式通风系统，则在窗户打开时，可自动关闭该系统。
- 与室内采暖独立控制相同，独立室内通风也可采用相同过程得到调节。
- 采用适合的传感器，就可以调节室内空气质量。送风量和排风量可根据传感数据进行控制。

不安装总线系统的情况下，也可实现上述功能。不过已经安装了的，通过总线系统控制上述功能效果会更好。

15.4.5 负荷管理

负荷管理即采取措施，以便最经济的利用好能源，并采取措施防止电路系统超负荷。负荷管理在工业设施方面最常见不过；而在住宅领域也有一些不错的应用方式，具体如下：

- 将高能源耗家用设备的运行时间调整到低电价时段（如夜间价格）。
- 关掉不需要的电路（这将减少待机模式的耗电量）。

通过应用总线技术，住宅领域的负荷管理将更具成本效益。

15.4.6 建筑安全

建筑安全越来越受到关注。采用总线系统使建筑围护结构的监督成为可能，也能够实现由住户直接对建筑内部进行监控，以及保护建筑免受火灾破坏和恶劣天气影响。在这种背景下，总线系统构件可发挥多种功能——例如，连接照明制动器的总线线路，也可用于集合系统内部涉及建筑安防的传感器。此类建筑安全防护的功能包括：

- 提示门窗（开 / 关）状态；
- 住户主导的、通过建筑室外运动传感器实现的监测；
- 存在模拟（通过控制照明及移动天窗和百叶可提高安全等级）；
- 将内部警报从建筑内部网络传输到外部网络。

15.5 应用 BIM 实现节能

Meyer（2000）的一项研究报告中，受访者被问及他们期望家庭自动化系统具备什么功能，排在首位的是希望住户外出时能够降低室内温度。这一要求是为了减小供暖能耗以及相关供暖成本。

如前所述，安装总线系统可实现房间独立调控。各房间某一时刻的目标室内温度可以（预先）确定。

进而，供暖介质温度可根据每个房间的供热需求进行调整。只要适当编程，这些控制方法就可以降低供暖能耗。然而，实际节能量还是主要取决于指定建筑的结构条件。建筑热质量越小、外层保温性能越差，可节约的能源就越多。因而，保温差的轻型结构具有最大节能潜力，因此无法得出一般的节能率数值。

Bitter（2000）的研究中，包括了在测试房屋中针对散热器控制器的调控性能的研究。测试包括三个连续电子控制器和一个常规恒温阀。测试结果表明，与恒温阀相比，采用电子控温阀可使供暖能源需求降低 15%。

为确定实际情况下采用智能控制系统的节能量，需进行住宅实测，即同时包括房屋和住户因素（Balzer，1999）。报告对 1161 套住房进行了研究，这些住房均配有时间可编程独立温控系统和综合能耗计量器。另外 950 套住房作为对比，室温采用普通恒温阀进行控制。除了时间可编程独立温度控制，该控制系统还包括窗户状态的监测，以便在窗户打开时停止加热水流。但如果窗户通风时间超过 30 分钟，水流将再次运转以保持舒适度。这一功能还有助于降低供暖能源需求。实测表明，与采用普通恒温阀进行控制的住房相比，智能控制系统的供暖节能量约为 15%。

以上数值是在供暖能耗量约为 110kWh/（m^2·a）的住房中测得的。实践经验表明当前新建建筑的能源需求显著降低，因而针对新建筑的节能幅度较小。按照德国标准 DIN 4101（DIN4701- 第 10 部分，2003），向配有恒温阀的建筑传递热量时，单位面积热损失需设定为 3.3kWh/（m^2·a）（设计比例边际：2K）；而另一方面，对于配有电控系统和窗户状态监测系统的住宅，上述热损失值仅为 0.4kWh/（m^2·a）。这就意味着其中已设定了（与传统恒温阀相比）会有 2.9kWh/（m^2·a）的节能量。

还需要注意的是，独立房间控制和窗户状态监测功能，通过 EIB 系统或由厂商指定的其他解决方案都是可以实现的。

总线系统所实现的照明节能主要取决于住户行为，无法进行量化。经验表明，相对于自觉节能的用户所操控的普通照明系统，总线系统并不能节约太多能源。

15.6 成本

住宅电气设备的成本取决于建筑类型（独栋、半独栋或多户住宅）以及设备标准。因此不可能直接给出安装总线系统所需的一般额外费用。

各设备标准下有或无总线系统的电气设备成本　表 15.6.1

建筑类型		成本（€）		
		设备标准1	设备标准2	设备标准3
独栋住宅	常规系统	9477	20833	23289
	总线系统	12515	21016	22586
	差额	3038	183	-704
半独栋住宅	常规系统	7181	16119	18611
	总线系统	8886	16382	18115
	差额	1706	262	496
多户住宅	常规系统	3422	7873	9147
	总线系统	4434	8481	9959
	差额	1012	608	813

作为概览，这里给出了 Brillinger 等（2001）研究报告中确定的不同建筑类型和不同设备标准下的成本。各成本项包括了独栋住宅、半独栋住宅（半栋）和多户住宅中一套公寓的电气设备成本，涉及三种不同的设备标准。常规电子设备的每个变量都与采用总线系统的变量进行了比较。表 15.6.1 总结了以上各项成本数值。成本包括布线、线路和设备安装。在独栋住宅中，常规电气设备的成本为€ 9477（按照最低水平设备进行计算），若采用最高标准设备，其成本将上升至€ 23289。配有总线系统的电气设备成本为€ 12515（最低水平），最高水平设备成本达到€ 22586。对于最低水平设备标准，总线系统的成本高出 32%，差额€ 3038。若提高设备标准，常规设备和总线设备之间的差额减小直至消失。若采用设备标准 3，独栋住宅安装总线时成本反而会更低。这是由于采用设备标准 1 时，常规电气设备被设定于最低值，调控结果不是很舒适。而采用需求较高的设备标准 3，如果安装常规系统，将付出巨大的努力和高昂的设备成本。另一方面，如果无须发挥所有功能，与安装基本设备的情况相比，安装总线系统就会显得很贵。而对于高水平配置，总线系统则可以充分发挥优势。对于半独栋住宅和多户住宅，其成本与独栋住宅相当接近。

与基本设备相较，总线系统成本非常高，但它日后可进一步扩展，用途广泛且颇具灵活性。伴随设备质量的日渐提高，这种成本差额会降低，总线系统成本最终将低于常规设备。

15.7 家庭自动化系统的市场认可度和未来发展

决定建筑调控系统能否取得快速发展的关键条件是潜在用户的认可度。Meyer（2000）就这一问题进行了专项研究。其研究表明，人们对建筑调控系统的认可度越来越高。其中最受认可的是供暖控制和建筑安防。除用户外，家庭自动化产品供应商对产品进一步发展也起到关键作用。厂商和供应商众多，其主导方法与目标各异，这会导致潜在用户的困惑，从而产生犹豫心理。对此，有必要持续观察了解用户的行为和详细信息。同时，销售网络和设备贸易也面临同样需求。在住宅领域，建筑设备通常是由两类人员来执行——即电工、管工，以及暖气工程师。于是，这两种行业的产品的销售网络是分别组织的。而家庭自动化系统的经济性，却需要跨学科应用与实施。减少障碍将有助于促进这项新技术在住宅领域的发展。

15.8 概括与展望

纵观工业和商业领域的新建筑，可以看出建筑自动化的持续进步。而在住宅领域，这项技术尚未得到广泛应用。约数十年前，电子设备仅限于电力传输和分配。然而现代建筑设备的要求已经改变，在许多方面的要求都有所提高，例如：

- 舒适度 / 宜人性；
- 空间灵活运用；
- 集中和分散控制；
- 安全性；
- 不同建筑系统间的智能连接；

- 通信选择；
- 环境和谐性；
- 能耗和维护成本最小化。

采用总线技术我们就能达到上述要求，甚至实现更多功能，市场上目前有多种总线系统。EIB 系统的市场占有率最高。EIB 总线技术基于共同的欧洲概念。EIB 部件厂商作为欧洲成员，已经加入欧洲安装总线协会（EIBA）。EIBA 成员公司确保总线兼容产品在全球均可获得，通过 EIB 安装总线运行的电子设备要能够在所有建筑领域中兼容工作，而不会引起任何问题。

局域操作网（LON）总线不仅用于建筑自动化，也用于过程自动化、机械调控和电信领域。在建筑领域的运用主要在大中型建筑中，目前尚未用于住宅领域。建筑翻新配装家庭自动化系统时，推荐采用无线总线系统。此类系统的制动器和感应器依靠电池供电运行。想要翻新设备又不增加额外电缆，还可以采用 EIB 电力线系统，该系统采用 230V 供电网作为传输媒介。

EIB 部件制造商参加的除欧洲安装总线协会之外，还有两家——Batibus 国际协会（BCI）和欧洲家庭系统协会（EHSA）。1999 年，上述三家机构的部分成员设立了 Konnex 协会（KNX）。该机构的目标是将现有系统合并到基于 EIB 的统一标准，因此形成了名为 KNX 的标准。KNX 标准基于统一的系统平台。现有的 EIB 产品均符合 KNX 标准。

建筑调控系统的总体节能量无法给出统一的数值，因为它取决于很多因素，例如建筑保温标准和建筑热质量。根据节能规范（EnEV），与普通调温阀相比，有独立房间电动控制且有窗户状态监测的住宅节能潜力是 2.9kWh/m^{2}a。其他相关研究表明，其节能量可达到 15%。建筑中安装家庭自动化系统的额外成本（与没有建筑控制系统的常规建筑相比）取决于建筑设备标准。如果设备标准很低，额外成本将超过普通电子设备成本的 30%。如果设备水平很高，成本则会持平甚至更少。

建筑控制系统的未来发展高度取决于潜在用户的接受程度。过去，众多各异的标准实际上抑制了它的发展。将来，Konnex 协会将融合现有各系统为一体，形成以 EIB 为基础的统一标准。这将有助于提高专业透明度，并提升用户的认可度。

参考文献

Balzer, J. and Happ, V. (1999) Intelligente Einzelraumregelung spart Heizkosten', *HLH*, vol 50, no 6, p65

Bitter, H. (2000) *Pruefbericht ueber das Regelverhalten von Heizkoerperreglern in Simulationsversuchen*, Test report no 99.06.4001, Test laboratory WSPLab, Stuttgart, Germany

Brillinger, M. H., Guenzel, M. and Pufahl, T. (2001) *Kosten-Nutzen-Bewertung von Bussystemen und Gebaeudeautomation im Wohnungsbau*, Fraunhofer IRB Verlag, Stuttgart, Germany

DIN 4701 (2003) *Energetische Bewertung von heiz- und raumlufttechnischen Anlagen, part 10: Heizung, Trinkwassererwaermung, Lueftung*, Beuth Verlag, Berlin

EIBA (European Installation Bus Association) (1998) *Project Engineering for EIB Installations, Basic Principles*, fourth edition, EIBA, Brussels

Harke, W. (2004) *Smart Home: Vernetzung von Haustechnik und Kommunikationssystemen im Wohnungsbau*, C. F. Mueller Verlag, Heidelberg, Germany

IMPULS-Programm Hessen (ed) (no date) *Installations-Bus-Systeme unter dem Aspekt der Energieeinsparung*, Seminar documentation

Meyer, S. (2000) *Von 'Otto Normalverbraucher' zur 'Smart Family': Trends und Analysen des Consumer-Verhaltens, e/home, Kongressmesse Intelligentes Heim*, Berlin, p205

Sperlich, P. (no date) www.eib-home.de

Staub, R. (1999a) 'Grundlagen der Gebaeudeautomation, Folge 6: Der Europaeische Installationsbus EIB, Part 2', *Heizung/Klima*, vol 8–99, p88
Staub, R. (1999b) 'Grundlagen der Gebaeudeautomation, Folge 5: Der Europaeische Installationsbus EIB, Part 1', *Heizung/Klima*, vol 6/7–99, p84

附录1　一次能源与CO_2换算系数

Carsten Petersdorff 和 Alex Primas

建筑物用于采暖和热水而需要传输和消耗的能源通常包括化石燃料（天然气及石油）、区域供热、电力或可再生能源，这些能源在转换为热量时会产生不同的 CO_2 排放量。为了判断建筑使用过程中的不同环境影响，本书采用了两大指标：

1. 一次能源：它是现场能耗与能源转换、分配和提取过程中能量损失的总和。
2. CO_2 排放：与热能消耗有关，存在于从载能体中提取到转化为热能的整个过程中。CO_2 当量排放值（CO_2 eq）包括 CO_2 和所有温室气体，用它来衡量它们对全球气候变暖的影响。

可以采用不同方法来确定一次能源使用量或相关 CO_2 当量排放本附录用于说明本书模拟试验中的定义和边界条件：

- 只考虑一次能源中的不可再生部分。
- 一切因素均与下限热值（LHV）相关，因而不包含冷凝消耗的能源。也就是说，理论上讲，当采用冷凝燃气炉时，供热系统功效可能超过 100%。不过，我们在此设定燃气效率为 100%，石油为 98%，生物质颗粒燃料为 85%。对于家用热水系统，功效设为 85%。
- 空间边界为建筑用地边线，这意味着输送至建筑的各种能源形式是通过加权系数法换算为一次能源和 CO_2 当量排放。
- 为了更好地对比模拟状况，在此考虑了欧洲平均值。

表 A1.1 是本书模拟实验中一次能源和二氧化碳排放当量的换算系数，该计算基于 GEMIS 工具（GEMIS，2004）。

一次能源系数（PEF）和 CO_2 换算系数　　　　表 A1.1

一次能源系数（PEF）和CO_2换算系数	PEF（kWh_{pe}/kWh_{end}）	CO_2eq（g/kWh）
轻质油	1.13	311
天然气	1.14	247
硬煤	1.08	439
褐煤	1.21	452
原木	0.01	6
木屑	0.06	35
木质颗粒燃料	0.14	43
EU-17 电力，电网	2.35	430
热电联供区域供热（CHP）- 煤冷凝70%，油30%	0.77	241
区域供热CHP - 煤冷凝35%，油65%	1.12	323
区域供热，供热厂；油100%	1.48	406
局部区域供热（热电联供）- 煤冷凝35%，油65%	1.10	127
局部区域供热厂；油100%	1.47	323
本地太阳能	0.00	0
太阳能（平板）集中供热	0.16	51
光伏（多晶）	0.40	130
风电	0.04	20

需要注意的是一次能源和 CO_2 转换因具体国家环境的不同而不同。尤其是电力换算系数的差异对国家层面的判断有显著影响（见图 A1.1 和图 A1.2）。另一方面由于电力市场是国际性的，比如这会使 EU-17 电网的平均值出现变化。

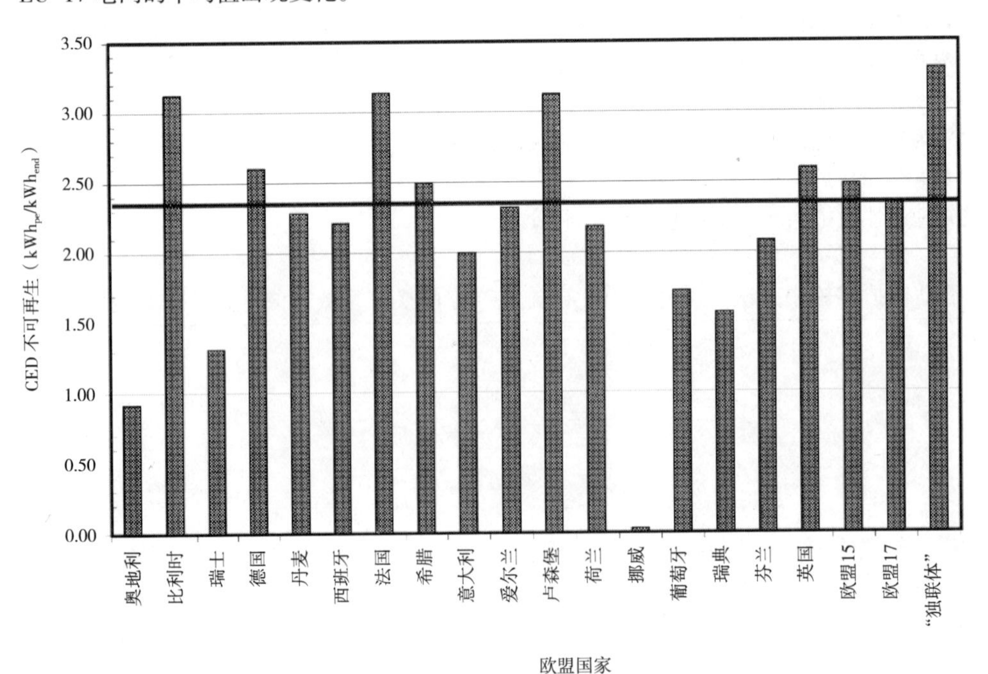

图A1.1　各国电力一次能源系数；图中线条表示本书所采用的EU-17混合系数

资料来源：Carsten Petersdorff and Alex Primas

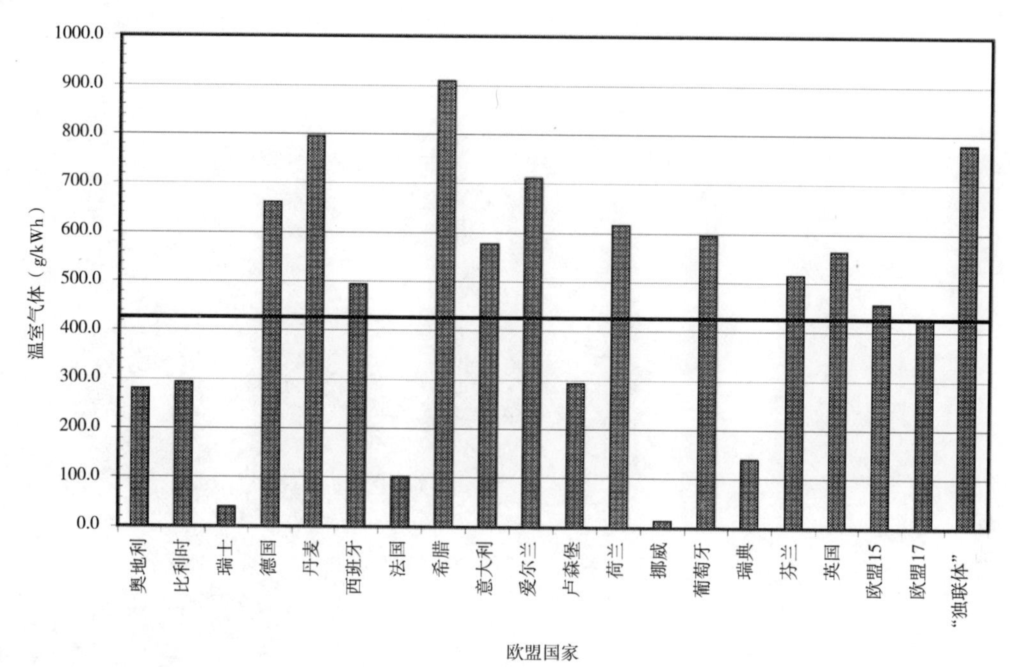

图A1.2 各国电力CO_2排放当量换算系数；图中线条表示本书所采用的EU-17混合系数

资料来源：Carsten Petersdorff and Alex Primas

A1.1 全生命周期分析设想

全生命周期分析中（见上册第 3 章），在此使用了欧洲电力传输协调联盟（UCTE）的混合电力。表 A1.2 显示全生命周期分析中电力（UCTE 混合电力）的一次能源系数，以及在各典型解决方案的能源分析中电力（EU17 混合电力）的一次能源系数。欧洲电力传输协调联盟和欧盟 17 国的混合电力不同导致这两个数值存在差异。另外，由于两个数据源（Frischknecht et al，1996；GEMIS，2004）各自的方法论中对基准（热值）的定义不同，从而使其中的差异变得更为明显。

电力（不可再生）的一次能源系数 表 A1.2

系统	基准	一次能源系数（PEF）（kWh_{pe}/kWh_{end}）	数据源
UCTE 混合电力	总热值	3.56	Frischknecht et al（1996）
EU 17 混合电力	净热值	2.35	GEMIS（2004）

参考文献

Frischknecht, R., Bollens, U., Bosshart, S., Ciot, M., Ciseri, L., Doka, G., Hischier, R., Martin, A., Dones, R. and Gantner, U. (1996) *Ökoinventare von Energiesystemen, Grundlagen für den ökologischen Vergleich von Energiesystemen und den Einbezug von Energiesystemen in Ökobilanzen für die Schweiz*, Bundesamt für Energie, (BfE), Bern, Switzerland

GEMIS (2004) *GEMIS: Global Emission Model for Integrated Systems*, Öko-Institut, Darmstadt, Germany

附录2 国际能源署

S. Robert Hastings

A2.1 引言

本书介绍的工作内容均在国际能源署（IEA）两个执行协议的资助框架下完成：

1. 太阳能供热与制冷（SHC）;
2. 建筑和社区系统节能（ECBCS）。

本书内容为研究项目 SHC Task 28 / ECBCS 子项目 38：可持续太阳能住宅

A2.2 国际能源署

国际能源署（IEA）成立于 1974 年，是隶属于经济合作和发展组织（OECD）框架下的一个独立机构，旨在于欧洲共同体 25 个成员国间广泛推行能源合作项目。

国际能源署的一项重要工作就是协调新能源技术的研究、开发和示范，从而降低对进口石油的过度依赖，促进长期能源安全并减少温室气体排放。国际能源署总部设在巴黎，其关于太阳能供热与制冷的研发活动是在能源研究和技术委员会（CERT）领导下，并在秘书处成员的支持下进行的。另外，能源署有三个工作组负责监督各种能源合作协议，拓展新的合作区域，并且对能源研究和技术委员会议题给予指导。

不同能源技术领域的合作项目需要按照协议各方（政府机构或政府机构指定单位）签订的实施合约来执行。目前有涉及化石燃料技术、可再生能源技术、终端能源节能技术、核聚变科学与技术以及能源技术信息中心等 42 个实施中的协议。IEA 总部通信地址如下：

IEA Headquarters
9，rue de la Federation
75739 Paris Cedex 15，France
Tel：+33 1 40 57 65 00/01
Fax：+33 1 40 57 65 59
info@iea.org

A2.3 太阳能供热与制冷项目

太阳能供热与制冷项目是首批 IEA 实施协议中的一项。自 1977 年以来，能源署成员一直积极合作推广主动式太阳能、被动式太阳能和光伏技术的发展及其在建筑中的应用。

能源署共提出了 36 项任务，其中的 27 项已经圆满完成。每项任务都会由来自其一成员国的执行机构进行管理。整个项目则由协议中各国代表组成的执行委员会全面控制。除此以外，能源署还组织有工作组、会议和研讨等多项专设活动。国际能源署的太阳能供热与制冷项目包括以下（已完成的和操作中的）任务：

已完成任务：

1. 太阳能供热与制冷系统性能调查；
2. 太阳能供热与制冷的研发合作；
3. 太阳能集热器性能测试；
4. 日射能手册和工具包开发；
5. 太阳能应用技术当前气象信息利用；
6. 真空集热器太阳能系统的性能；
7. 季节储热式太阳能集中供热系统；
8. 被动式与混合式太阳能低能耗建筑；
9. 太阳辐射与天空辐射测量方法研究；
10. 太阳能材料研究与开发；
11. 被动式与混合式太阳能商业建筑；
12. 太阳能应用技术的建筑能源分析与设计工具；
13. 先进太阳能低能耗建筑；
14. 先进主动式太阳能系统；
15. 建筑光伏系统；
16. 光谱辐射测量与模拟；
17. 太阳能应用技术中的先进玻璃材料；
18. 太阳能空气系统；
19. 建筑改造中的太阳能；
20. 建筑自然采光；
21. 建筑能源分析工具；
22. 大型建筑太阳能利用优化；
23. 主动式太阳能获取；
24. 建筑物太阳能辅助空调系统；
25. 组合式太阳能系统；
26. 太阳能幕墙构件性能；
27. 太阳能可持续住宅。

进行中的任务：

28. 太阳能谷物干燥技术；
29. 21 世纪自然采光建筑；
30. 太阳能采暖的先进存储理念；
31. 低能耗建筑中的系统；
32. 用于工业生产的光热技术；
33. 建筑能源模拟工具的测试与验证；
34. 光伏 / 热系统；
35. 太阳能资源知识管理；
36. 应用太阳能与节能技术的高水平房屋改造。

欲了解更多国际能源署太阳能供热与制冷项目资料，请登录网址：www.iea-shc.org，或联系执行秘书 Pamela Murphy；邮箱 pmurphy@MorseAssociatesInc.com.

A2.4 建筑和社区系统节能项目

国际能源署在能源相关领域展开多方面研究与开发。建筑和社区系统节能项目（ECBCS）就是其中之一，其目的是通过在决策、建设组合系统与商业化过程中通过创新和研究，以加快和促进在绿色建筑和社区引入节能和环境可持续技术。由于国际能源署成员国在建筑工程、能源市场和研究方面面临能源环境挑战，迫切需要在 ECBCS 研发项目中寻求合作。ECBCS 面临的重要挑战和机遇主要在以下方面：

- 信息技术开发与创新；
- 节能措施对室内健康的影响和有效性；
- 建筑节能措施和工具与生活方式、工作环境和商业环境变化的结合。

A2.4.1 执行委员会

本项目由执行委员会全面掌握，不仅需要监督现有项目还需要确定适宜合作的新领域。迄今为止，该执行委员会已在建筑与社区节能系统中开展以下项目。

已完成的子项目：

1. 建筑物负荷能源的确定；
2. 人类环境生态学与高级社区能源系统；
3. 住宅中的节能措施；
4. 格拉斯哥商业建筑监测；
5. 能源系统与社区设计；
6. 地方政府能源规划；
7. 居住者行为对通风的影响；
8. 最低换气率；
9. 建筑暖通空调系统模拟；
10. 能源审计；

11. 窗户及其布局；
12. 医院能源管理；
13. 冷凝与能源；
14. 学校的能效；
15. BEMS 1- 用户界面与系统集成；
16. BEMS 2- 评估与仿真技术；
17. 需求控制通风系统；
18. 低坡度屋顶系统；
19. 建筑内气流圈；
20. 热模拟；
21. 节能社区；
22. 多区域气流模拟（COMIS）；
23. 围护结构内的热量、空气与水分转移；
24. 实时 HEVAC 模拟实验；
25. 大面积围护结构的节能通风；
26. 内部通风系统的评估与示范；
27. 低能耗制冷系统；
28. 建筑的日照；
29. 从模拟实验到实践；
30. 与能源相关的建筑物环境影响；
31. 建筑围护结构整体性能评估；
32. 高级本地能源规划；
33. 暖通空调系统性能的计算机辅助评估；
34. 高能效混合通风（HYBVENT）设计；
35. 文教建筑翻新；
36. 建筑物供热与制冷的低火用系统（LowEx）；
37. 太阳能可持续住宅；
38. 高效保温系统；
39. 增强能效的建筑空调系统调试。

进行中的子项目：

40. 空气渗漏与换气中心；
41. 建筑整体热量、空气与水分响应（MOIST－ENG）；
42. 建筑集成燃料电池和其他联合系统（COGEN－SIM）的模拟实验；
43. 建筑能源模拟软件的测试与验证；
44. 建筑环保型构件的整合；
45. 未来的建筑节能照明；
46. 政府建筑节能改造措施的整体评估工具箱（EnERGo）；
47. 现状建筑和低能耗建筑的成本效益；
48. 热泵与可逆式空调；

49. 高效建筑环境与社区的低㶲系统（Low Exergy Systems）；
50. 低能耗 / 高舒适性建筑更新的预制系统。

欲了解更多 ECBCS 项目资料请访问网址：www.ecbcs.org

A2.5 国际能源署太阳能供热与制冷任务 28 / ECBCS 38：可持续太阳能住宅

持续时间：2000 年 4 月—2005 年 4 月

目标：国际能源署本次研究活动的目标是通过对市场策略、详细分析得出的设计与施工构思、示范住房项目展示和项目监测结果进行研究和交流，从而帮助会员国在 2010 年之前有效实现可持续太阳能住宅的市场化。已通过多种途径对研究结果进行交流：

- 国际能源署太阳能供热与制冷网址上发表了一本小册子："可持续住宅的商机"，可访问网站：www.iea-shc.org，同时也可以通过挪威国家住房银行获得纸张印刷版小册子：www.husbanken.no；
- IEA SHC 网站上以 PDF 格式发表的 30 个样板建筑手册，作为本书各文章的参照，由各建筑所在当地语言撰写。（www.iea-shc.org）；
- 参考书《制冷需求为主气候下的可持续太阳能住宅》（Sustainable Solar Housing for Cooling Dominated Climates）（即将出版）；
- 图书《环境设计大纲》（即将出版）。

图A2.1 Bruttisholz超低能耗住宅，建筑师Norbert Aregger

资料来源：D.Enz，AEU GmbH，CH-8304 Wallisellen

A2.5.1 对国际能源署太阳能供热与制冷任务28 / ECBCS 子项目38：《可持续太阳能住宅》作出贡献的积极参与者

项目领导人
S. Robert Hastings
（子项目的领导）
AEU 建筑，能源与环境有限公司
瓦利塞伦，瑞士

奥地利
Gerhard Faninger
克拉根福大学
克拉根福，奥地利

Sture Larsen
Architekturburo Larsen
A-6912 赫尔布兰茨，奥地利

Helmut Schöberl
Schöberl & Pöll OEG
维也纳，奥地利

澳大利亚
Richard Hyde
（Cooling Group Leader）
昆士兰州大学
布里斯班，澳大利亚

巴西
Marcia Agostini Ribeiro
米纳斯吉拉斯联邦大学
贝洛奥里藏特，巴西

加拿大
Pat Cusack
Arise Technologies
Corporation
基奇纳，安大略

CZECH REPUBLIC
Miroslav Safarik
捷克环境研究所
布拉格，捷克

芬兰
Jyri Nieminen
VTT Building and Transport
芬兰

德国
Christel Russ
Karsten Voss
（Sub-task D Co-leaders）
Andreas Buehring
Fraunhofer ISE
弗赖堡，德国

Hans Erhorn/
Johann Reiss
Fraunhofer Inst. für Bauphysik
斯图加特，德国

Frank D. Heidt/
Udo Giesler
Universität-GH Siegen，
德国

Berthold Kaufmann
Passivhaus Institut
达姆施塔特，德国

Joachim Morhenne
Ing.büro Morhenne GbR
乌珀塔尔，德国

Carsten Petersdorff
Ecofys GmbH
科隆，德国

伊朗
Vahid Ghobadian
（Guest expert）
Azad Islamic

意大利
Valerio Calderaro
University La Sapienza of
罗马，意大利

Luca Pietro Gattoni
Politecnico di Milano
米兰，意大利

Francesca Sartogo
PRAU Architects
日本

Kenichi Hasegawa
Org. Akita Prefectural
秋田大学
日本

Motoya Hayashi
Miyagigakuin Women's
仙台学院
日本

Nobuyuki Sunaga
东京城市大学
东京，日本

荷兰
Edward Prendergast/
Peter Erdtsieck
（Sub-task A Co-leaders）
MoBius consult bv.
Driebergen-Rijsenburg，

荷兰
新西兰
Albrecht Stoecklein
Building Research Assoc
波里鲁阿，新西兰

挪威
Tor Helge Dokka
SINTEF
特隆赫姆，挪威

Anne Gunnarshaug Lien
（子项目的领导）
Enova SF
特隆赫姆，挪威

Trond Haavik
Segel AS
努尔菲尤尔埃德，挪威

Are Rodsjo
挪威国家住宅银行
特隆赫姆，挪威

Harald N.Rostvik
Sunlab/ABB Building Systems
斯塔万格，挪威

瑞典
Maria Wall
（子项目的领导）
隆德大学
隆德，瑞典

Hans Eek
Arkitekt Hans Eek AB
Alingsås
瑞典

Tobias Boström
Uppsala University，瑞典

Johan Nilsson/Björn Karlsson
隆德大学
隆德，瑞典

瑞士
Tom Andris
Renggli AG
瑞士

Anne Haas
EMPA
迪本多夫，瑞士

Annick Lalive d' Epinay
Fachstelle Nachhaltigkeit
Amt für Hochbauten
Postfach，CH-8021 Zürich
瑞士

Daniel Pahud
SUPSI - DCT - LEEE
Canobbio，瑞士

Alex Primas
Basler and Hofmann
CH 8029 Zürich，瑞士

英国
Gökay Deveci
Robert Gordon，
阿伯丁大学，苏格兰，英国

美国
Guy Holt
Coldwell Banker
堪萨斯城 MO，美国

缩略语表（List of Acronyms and Abbreviatious）

AC	alternating current 交流电
ach	air changes per hour 每小时换气次数
AFC	Potassium oxide fuel cell 碱性燃料电池，氧化钾燃料电池
AHU	air heating unit 空气加热器
AM	application module 应用模块
AS	application software 应用软件
AST	application interface 应用接口
ATS	architecture towards sustainability 可持续性建筑
A/V	area to volume ratio 面积－体积比
BAT	best available technology 最佳可行技术
BCI	Batibus Club International Batibus 国际协会
BCU	bus coupling unit 总线耦合单元
BI	business intelligence 商务情报
C	Celsius 摄氏度
C_3H_8	propane 丙烷
CED	cumulative energy demand 累积能源需求
CERT	Committee on Energy Research and Technology 能源研究与技术委员会
CH_4	methane 甲烷
CHP	combined heat and power 热电联产
CI	competitive intelligence 竞争情报
cm	centimetre 厘米
CO	carbon monoxide 一氧化碳
CO_2	carbon dioxide 二氧化碳
CO_{2eq}	carbon dioxide equivalent 二氧化碳当量
COP	coefficient of performance 性能系数
CPC	compound parabolic concentrator 复合式抛物面聚光器
dB	decibel 分贝
DC	direct current 直流电
DHW	domestic hot water 生活热水
DOE	US Department of Energy 美国能源部
ECBCS	Energy Conservation in Buildings and Community Systems 建筑和社区系统节能项目
EHS	European Home System 欧洲家庭系统
EHSA	European Home Systems Association 欧洲家庭系统协会

EHX	earth-to-air heat exchanger 土壤对空气换热器
EIB	European Installation Bus 欧洲安装总线
EIBA	European Installation Bus Association 欧洲安装总线协会
EnBW	Energie Baden-Württemberg 德国巴登符腾堡州能源公司
EPS	expanded polystyrene insulation 膨胀聚苯乙烯保温层
ERDA	US Energy and Research Administration 美国能源研究开发署
eta-hx	earth-to-air heat exchanger 土壤对空气换热器
ETS	EIB tool softwareEIB 工具软件
EU	European Union 欧盟
g	gram 克
GW	gigawatt 吉瓦，十亿瓦特
GWP	global warming potential 全球变暖潜力
h	hour 小时
H	hydrogen 氢
H_2S	hydrogen sulphide 硫化氢
H_2SO_3	sulphurous acid 亚硫酸
HE	heat exchanger 换热器
HR	heat recovery 热回收
HV	heating and ventilation 采暖通风
HVAC	heating, ventilating and air conditioning 暖通空调
Hz	hertz 赫兹
IEA	International Energy Agency 国际能源署
ISO	International Organization for Standardization 国际标准化组织
J	joule 焦耳
K	Kelvin 开尔文
Kd	Kelvin degree days 开尔文度日
Kg	kilogram 公斤
KI	carcinogenicity index 致癌性指数
km	kilometre 千米
KNX	Konnex Association Konnex 协会
kW	kilowatt 千瓦
kWp	kilowatt peak 千瓦峰值
l	litre 升
LC	line coupler 线耦合器
LCA	life-cycle analysis 全生命周期分析
LCI	life-cycle inventory 全生命周期清单
LCIA	life-cycle impact assessment 全生命周期影响评估
LHV	lower heating value 低热值
LON	local operating network 局域操作网
μm	micrometre 微米
m	metre 米

MCDM multi-criteria decision-making 多准则决策
MCFC Molten carbonate fuel cell 熔融碳酸盐燃料电池
MHz mega hertz 兆赫
MJ megajoule 兆焦
mm millimetre 毫米
MW megawatt 兆瓦，百万瓦特
N nitrogen 氮
NCS net cost savings 净节约成本
NES net energy savings 净节能量
NO_x nitrogen oxide 氮氧化物
O oxygen 氧
ODP ozone depleting potential 臭氧消耗潜力
OECD Organisation for Economic Co-operation and Development 联合国经济合作与发展组织
OSB oriented strand board 定向刨花板
Pa Pascal 帕，帕斯卡
PAFC phosphoric acid fuel cell 磷酸燃料电池
PC personal computer 个人电脑
PCM phase-change material 相变材料
PE primary energy 一次能源
PEF primary energy factor 一次能源系数
PEM polymer electrolyte membrane 聚合物电解质膜
PEM-FC polymer electrolyte membrane fuel cell 聚合物电解质膜燃料电池
PEST political, economics, social and technological 政治-经济-社会-技术分析法
PLC power line carrier 电力线载波
PP plastic pipe 塑料管
ppm parts per million 百万分之一
PUR polyurethane 聚氨酯
PV photovoltaic（s） 光伏
PV/T photovoltaic thermal 光伏-光热
rh relative humidity 相对湿度
s second 秒
S sulphur 硫
SF solar fraction 太阳能保证率
SFP specific fan power 额定风机功率
SHC Solar Heating and Cooling Programme 太阳能供热与供冷计划
SO_2 sulphur dioxide 二氧化硫
SO-FC solid oxide fuel cell 固体氧化物燃料电池
SPF seasonal performance factor 季节性能系数
SV voltage supply system 电压源系统
SWH solar wall heating 太阳墙供热

SWOT	strengths, weaknesses, opportunities and threats 优势 – 劣势 – 机遇 – 威胁分析法
TI	transparent insulation 透明保温层
TIM	transparent insulation materials 透明保温材料
TP	twisted pair 双绞线
TQA	total quality assessment 全面质量评估
UCTE	Union for the Coordination of Transmission of Electricity 欧洲输电联盟
UK	United Kingdom 英国
US	United States 美国
VAT	value-added tax 增值税
VIP	vacuum insulation panel 真空隔热板
VOC	volatile organic compound 挥发性有机化合物
W	watt 瓦，瓦特

撰稿人名称（List of Contributors）

Andreas Bühring
Fraunhofer Institute for Solar
Energy Systems (ISE)
D-79110, Freiburg, Germany
buehring@ise.fhg.de
www.ise.fhg.de

Hans Eek
Arkitekt Hans Eek AB
Alingsås, Sweden
hans.eek@ivl.se

Daniela Enz
AEU Architecture, Energy
and Environment Ltd
Wallisellen, Switzerland
CH 8304
daniela.enz@aeu.ch

Hans Erhorn
Fraunhofer-Institut für Bauphysik
Stuttgart, Germany
DE-70569
erh@ibp.fhg.de

Gerhard Faninger
Faculty for Interdisciplinary Research
and Continuing Education (IFF)
University of Klagenfurt
A-9020 Klagenfurt, Germany
Gerhard.Faninger@uni-klu.ac.at

Wolfgang Feist
Passivhaus Institut
D-64283
Darmstadt, Germany
info@passiv.de
www.passivehouse.com

Anne Haas
EMPA 175
CH-8600 Dubendorf, Switzerland
anne.haas@empa.ch

S. Robert Hastings
AEU Architecture, Energy
and Environment Ltd
Wallisellen, Switzerland
CH 8304
robert.hastings@aeu.ch

Frank-Dietrich Heidt
Fachgebiet Bauphysik und Solarenergie
Universität Siegen
D-57068 Siegen, Germany
heidt@physik.uni-siegen
www.nesa1.uni-siegen.de

Björn Karlsson
Energy and Building Design
Lund University, Sweden
bjorn.karlsson@ebd.lth.se

Berthold Kaufmann
Passivhaus Institut
D-64283
Darmstadt, Germany
berthold.kaufmann@passiv.de
www.passivehouse.com

Joachim Morhenne
Morhenne Ingenieure GbR
DE-42277 Wuppertal, Germany
info@morhenne.com

Johan Nilsson
Energy and Building Design
Lund University, Sweden
johan.nilsson@ebd.lth.se

Bengt Perers
Energy and Building Design
Lund University, Sweden
bengt.perers@ebd.lth.se

Carsten Petersdorff
Ecofys GmbH
D-50933 Köln, Germany
c.petersdorff@ecofys.de

Werner Platzer
Fraunhofer Institute for Solar
Energy Systems (ISE)
D-79110, Freiburg, Germany
werner.platzer@ise.fraunhofer.de

Alex Primas
Basler und Hofmann
CH-8029 Zürich, Switzerland
aprimas@bhz.ch

Christian Reise
Fraunhofer Institute for Solar
Energy Systems (ISE)
D-79110 Freiburg, Germany
christian.reise@ise.fraunhofer.de

Johann Reiss
Fraunhofer Institut für Bauphysik
DE-70569 Stuttgart, Germany
johann.reiss@ibp.fhg.de

Helmut Schoeberl
Schoeberl und Poell OEG
A-1020 Wien, Austria
helmut.schoeberl@schoeberlpoell.at

Rüdiger Schuchardt
Universität Bochum
Ruhr-Universität Bochum
D- 44801 Bochum, Germany
schuchardt@lee.ruhr-uni-buchum.de
www.lee.ruhr-uni-bochum.de

Benoit Sicre
Fraunhofer Institute for Solar
Energy Systems (ISE)
D-79110 Freiburg, Germany
benoit.sicre@ise.fraunhofer.de
www.ise.fhg.de

Johan Smeds
Energy and Building Design
Lund University, Sweden
johan.smeds@ebd.lth.se

Karsten Voss
Bauphysik und Technische
Gebäudeausrüstung (BTGA)
D-42285 Wuppertal, Germany
kvoss@uni-wuppertal.de
www.btga.uni-wuppertal.de

Maria Wall
Energy and Building Design
Lund University,
Lund, Sweden
maria.wall@ebd.lth.se